普通高等教育"十三五"规划教材 **园林园艺系列**

园林艺术及设计原理

洪 丽 ◉ 主编　　王 崑　朱春福 ◉ 副主编

 化学工业出版社

·北京·

本书共分10章，其中第1章主要介绍了园林相关概念及基本要素、园林艺术的欣赏、世界园林体系与发展趋势；第2章从对美的认识开始，讲述了美感的特性及自然美和园林美的认识；第3章介绍了传统园林布局形式的基本特征、园林布局审美与其影响因素等，同时结合案例介绍了西方景观设计的新思潮；第4章从景和境的概念入手，讲述景的感知方法和园林造景艺术手法（包括主配景的布局、分景手法、借景与框景手法、前景处理手法、层次手法等）；第5章介绍了园林空间的基本知识、园林空间的组织方法；第6章主要讲述了园林设计的依据与原则、园林形式构图原理（包括重点与一般、对比与协调、均衡与稳定、统一与变化、园林意境表达）；第7章介绍了园林地形和假山艺术，水景设计要点；第8章介绍了地被、花卉、乔灌木、攀援与水生植物配置要点；第9章和第10章，分别讲述了园林建筑布局艺术、园林广场道路与小品布局艺术。

本书内容全面、系统性强，可作为园林、风景园林、园艺、城乡规划、景观设计、建筑、环境艺术、旅游等专业师生的教材，也可作为各类设计人员和园林施工人员的参考用书。

图书在版编目（CIP）数据

园林艺术及设计原理/洪丽主编． —北京：化学工业出版社，2015.7（2024.1重印）

普通高等教育"十三五"规划教材·园林园艺系列

ISBN 978-7-122-23940-2

Ⅰ．①园… Ⅱ．①洪… Ⅲ．①园林设计 Ⅳ．①TU986.2

中国版本图书馆CIP数据核字（2015）第098565号

责任编辑：尤彩霞　　　　　　　　　　　　装帧设计：韩　飞
责任校对：边　涛

出版发行：化学工业出版社（北京市东城区青年湖南街13号　邮政编码100011）
印　　刷：三河市航远印刷有限公司
装　　订：三河市宇新装订厂
787mm×1092mm　1/16　印张14¼　字数384千字　2024年1月北京第1版第9次印刷

购书咨询：010-64518888　　　　　　　　　　售后服务：010-64518899
网　　址：http://www.cip.com.cn
凡购买本书，如有缺损质量问题，本社销售中心负责调换。

定　　价：49.00元

本书编写人员名单

主　　编　　洪　丽（东北农业大学）

副 主 编　　王　崑（东北农业大学）

　　　　　　朱春福（东北农业大学）

参编人员　　廉　华（黑龙江八一农垦大学）

　　　　　　孟凡娟（东北林业大学）

　　　　　　马光恕（黑龙江八一农垦大学）

　　　　　　耿美云（东北农业大学）

前 言

随着城市化进程的逐步加快，全国各地都在倡导建设生态城市、森林城市、绿色城市等。改善生态环境、提高人居环境质量，目前正成为我国城市建设的主旋律。园林规划与设计作为人类文明的一面镜子，能反映一个时代的环境需求与精神文化需求，它的宗旨在于营造优美适宜的人居城市。

自20世纪80年代以来，我国国民经济持续快速增长、城市化进程加快、房地产业兴起、旅游及休闲度假产业崛起、国民环保意识提高，再加上重大基础设施建设如交通建设对园林绿化和环境建设等配套项目的拉动，中国园林产业经历了一个高速发展的阶段。

《十八大报告》首次提出包含生态文明建设的"五位一体"社会主义现代化建设总布局。习近平主席提出的"一带一路"战略将会带动新一轮的基础设施建设。这些都为我国园林行业未来的发展指明了方向。今后的风景园林设计将趋于生态化和精细化，对于从业人员也提出了新的目标和要求——如何提高设计的质量？如何建设中国特色的新园林？要解决这一问题，需要设计人员有深厚的专业理论积淀。

园林艺术及设计原理，是园林、风景园林行业的一门重要的基础理论课程，也是为今后学习相关规划与设计类课程打基础的入门课程。它涉及园林艺术欣赏、园林美的创造、园林造景艺术手法、园林山水地形和水景设计要点、园林艺术构图原理、园林空间艺术、园林植物配置和造景方法、园林建筑和广场布局等诸多领域。

本书着重介绍传统园林艺术原理与手法，突出对传统的继承；介绍现代的新工艺和新技术、新方法等，体现时代性；引用大量实例和图片讲述抽象概念，凸显行业的实践特性；引入园林景观生态化设计与建设的内容，适应城市发展的新趋势。本书注重学生理论知识的掌握和设计能力的培养，同时通过掌握整个园林艺术的发展历程和基本创作规律，培养学生发展性和相对性思维方式，并为将来解决专业性问题，打下坚固的基础。

本书内容全面、系统性强、案例丰富、图文并茂，主要作为园林、风景园林专业学生的教材用书，也可供景观设计、城市规划、环境艺术、园林建筑、建筑学等专业的学生以及从事园林工作的人员的参考用书。

限于笔者经验和知识水平有限，在编写过程中不乏有错误和疏漏之处，诚请广大读者和专家批评指正。

编者
2015年9月

目 录

第一章

园林概述

第一节 园林相关概念与基本要素

一、园林相关概念

园林,在不同的历史发展阶段有不同的内容,不同的国家和地区对园林的界定也不尽相同。它是一个动态的概念,随着社会历史和人类认识的发展而变化。在中国,园林一词的含义尤其丰富。

据历史文献记载,"园林"一词最早出现于魏晋南北朝时期,东晋陶渊明曾在《庚子岁五月中从都还阻风于规林二首》中就有佳句"静念园林好,人间良可辞"。"园林"是游赏园林从"园"字上分化出来的,至唐代得到了广泛的肯定和应用。元末明初,有"造园"一词代替了"园林",出现了"造园学"。建国初期,受前苏联城市绿化的影响,"园林学"又代替了"造园学"。

所谓造园的"园",就是指园林而言。造园就是指园林的建立和怎样建立园林的概念。造园学即研究造园的学问。传统的造园学同样是以研究园林的设计、施工与维护为主要内容的科学。这与园林学的中心内容没有差别,所以造园学也可作为园林学的同义词。

园林学是一门自然科学与社会科学交织在一起的综合性学科,其研究范围包括传统园林学、城市绿化、大地景观等三个层次。传统园林学主要包括园林形式、园林艺术、园林植物、园林建筑等分支学科。城市绿化学是研究绿化在城市建设中的作用、确定城市绿地定额指标、城市绿地系统的规划和公园、街道绿地以及其他绿地的设计等。大地景观的研究是把大地自然景观和人文景观当作资源,从生态效益、社会效益、审美效益等方面进行评价和规划,使得在开发时最大限度地保存自然景观的同时合理利用土地。

因此,园林是各门学科与文化艺术融合的结晶,是自然和人工的完美组合,既是对自然的模拟,也是对自然的升华,一草一木都能显示造园者的匠心。可以说园林是综合运用生物科学技术、工程技术和美学理论来保护和合理利用自然环境资源,协调环境与人类经济和社会发展,创造生态健全、景观优美、具有文化内涵和可持续发展的人居环境的科学和艺术。

从广义的角度来看,园林可定义为:包括各类公园、庭院、城镇绿地系统、自然保护区在内的融自然风景与人文艺术于一体的为社会全体公众提供更加舒适、快乐、文明、健康的游憩娱乐的环境。从狭义角度来看,园林又可定义为:在一定地域内运用工程技术和艺术手段,通过因地制宜地改造地形、整治水系、栽种植物、营造建筑和布置园路等方法创作而成的优美的游憩境域。

绿化是栽种植物以改善环境的活动。而城市绿化是栽种植物以改善城市环境的活动。

城市绿地是以植被为主要存在形态,用于改善城市生态、保护环境、为居民提供游憩场地和美化城市的一种城市用地。园林绿地主要包括城市街道、广场、居住区、各类公园、风景区、机关、学校、工厂企业等。

园林设计，就是园林的筹划策略。具体地讲，园林设计就是在一定的地域范围内，运用园林艺术和工程技术手段，通过改造地形（或进一步筑山、叠石、理水）、种植树木、花草，营造建筑和布置园路等途径创作而建成的美的自然环境和生活、游憩境域的过程。

园林规划设计时首先要对多种功能要求进行综合考虑，对服务对象、环境容量、地形地貌、周围环境等进行周密的调查研究。园林道路、园林建筑、桥梁、挖湖堆山等均需要按严格的工程技术要求设计施工，同时按照科学规律进行植物栽培管理。

我国历史悠久，素有"上下五千年，纵横一万里"之说。最早见于史籍记载的园林形式是"囿"，园林里面的主要构筑物是"台"。中国古典园林产生于"囿"和"台"的结合，时间在公元前11世纪，也就是殷末周初。从先秦的"台""囿""苑""圃"，到魏晋南北朝时期的自然山水园林，隋唐时期文人自然山水园的发展，两宋时期的人文写意山水园，元明清时期趋于成熟的中国古典园林。其间营建的各种园林，包括皇家园林、私家园林、寺观园林、公共园林等，不计其数。

"囿"是中国古代供帝王贵族进行狩猎、游乐的一种园林形式。供帝王在打猎的间隙可以观赏自然风景，具备园林的基本功能和格局。

"台"即用土堆筑而成的高台，它的用处是登高以观天象、通神明。在生产力很低的上古时代，人们不可能科学地去理解自然界，因而视之神秘莫测，对许多自然物和自然现象都怀着敬畏的心情加以崇拜。山是体量最大的自然物，巍峨高耸仿佛有一种不可抗拒的力量，它高入云霄被人们设想为天神在人间居住的地方。再加上风调雨顺是原始农业生产的首要条件，是攸关国计民生的第一要务。因此，周朝统治阶级的代表人物——天子和诸侯都要奉领土内的高山为神祇，用隆重的礼仪来祭祀它们，在全国范围内还选择位于东、南、西、北的四座高山定为"四岳"，受到特别崇奉，祭祀也最为隆重。这些遍布各地被崇奉的大大小小的山岳，在人们的心目中就成了"圣山"。然而，圣山毕竟路遥山险，难于登临。统治阶级想出一个变通的办法，就近修筑高台，模拟圣山。台是山的象征，有的台即是削平山头加工而成。周灵王的昆昭之台、齐景公的路寝之台、楚庄王的层台、楚灵王的章华台、吴王夫差的姑苏台等，都是历史上著名的台。

"苑"是在囿的基础上发展起来的，建有宫室和别墅，供帝王居住、游乐、宴饮的一种园林类型。宫苑，是北方园林的主体部分，其特点是规模宏大、雍容华贵，建筑多采用黄色琉璃瓦顶，朱红色的列柱，檐下蓝、绿色点金的梁枋，再衬以洁白的玉石台基和雕栏，色彩华丽，金碧辉煌，绚丽夺目。著名的有北京的颐和园、景山、北海、中南海、承德的避暑山庄、西安的兴庆公园等。

古典园林是对古代园林和具有典型古代园林风格的园林作品的统称。皇家园林指古代皇帝或皇室享用的，以游乐、狩猎、休闲为主，兼有治政、居住等功能的园林。私家园林指古代官僚、文人、地主、富商所拥有的私人宅园。寺庙园林指寺庙、宫观和祠院等宗教建筑的附属花园。

二、园林基本要素

传统园林将造园要素分为五大类，即山水地形、植物与动物、园林建筑、园林道路和广场、园林小品。除此之外还有其他次要因素，如风、雨、阳光、天空等。

1. 山水地形

地形是构成园林的骨架，是承载体，主要包括平地、土丘、丘陵、山峦、山峰、凹地、谷地、坞、坪等类型。地形要素的利用与改造，将影响到园林形式、建筑布局、植物配植、景观效果、给排水工程、小气候等诸多因素。

中国园林讲究无园不山，无山不石。山体是构成大地景观的骨架，是水体、生物、天象依附而存的载体，在很大程度上决定了自然景观的性格特征。山体形象还必须具备足以成景的基本素质——奇，方能突出其异乎寻常的性格特征。古人常用"鬼斧神工"来形容山体之奇，"奇"可以理解为山岳景观资源中的共性自然要素，但在程度上又有所差异，内容也不尽相同。相传徐霞客曾说过："五岳归来不看山，黄山归来不看岳"，此话非褒此贬彼，而是用艺术夸张的手法赞叹了黄山不同于一般的"奇"。它的"四绝"指石、松、云海、温泉。

中国园林艺术中出神入化的叠山造峰，皆源于人类对自然山岳景观的提炼升华。山峰既是登高远眺的佳处，又蕴含着千姿百态的绝妙意境，如黄山的梦笔生花（图1-1-1）、云南石林的阿诗玛影像、武夷山的玉女峰、张家界的夫妻岩（图1-1-2）等。山峰的高低以山麓平地至峰顶的相对高度来区分：超过1000m的为高山，如泰山、恒山、华山、衡山、嵩山、黄山、庐山、峨眉山、天柱山、九华山、武当山、崂山等。1000～350m为"中山"，数量较多，350～150m为"低山"型，难于形成山岳景观。

山岳景观在总体构成上显示比例、主从、均衡、节奏、层次、虚实等形式美的规律，体现多样性与统一性的辩证关系。

图1-1-1　黄山的梦笔生花

图1-1-2　张家界的夫妻岩

水是园林中的"血液"和"灵魂"，给人以明净、清澈、近人、开怀的感受。宋朝的郭熙、郭思在《林泉高致·山水训》中有这样一段对水的描写："水，活物也，其形欲深静、欲柔滑、欲汪洋、欲回环、欲肥腻、欲喷薄、欲激射、欲多泉、欲远流、欲瀑布插天、欲溅扑入池、欲渔钓恰恰、欲草木欣欣、欲挟烟而秀媚、欲照溪谷而光辉，此水之活体也"。堪称对水体绝妙的刻画。

在各种风格的园林中，水体均有其不可替代的作用。古人论风景必曰山水。李清照称："山光水色与人亲"，描述了人有亲水的欲望。我国南、北古典园林，几乎无园不水。西方规则式园林同样重视水体景观的营造，凡尔赛园林中令人叹为观止的运河及无数喷泉就是一例。

水体可以分成静水和动水两种类型。静水常见的形态有湖、池、塘、潭、沼等；动水常见的形态有河、溪、渠、涧、瀑布、喷泉、涌泉、壁泉等。另外，水声、倒影等也是园林水景的重要组成部分。水体中还可形成堤、岛、洲、渚等地貌。

我国著名的湖泊景区有新疆的天池、天鹅湖，黑龙江省的镜泊湖、五大连池，青海的青海湖，云南的滇池、洱海，河北的白洋淀，江西的鄱阳湖，安徽的巢湖，山东的微山湖，江苏的太湖、洪泽湖，浙江的西湖、千岛湖，广东的星湖，台湾的日月潭等。

园林中模仿或写意于自然的人工岛屿，数杭州西湖的三潭印月、北京颐和园的昆明湖三岛最负盛名。知名的自然岛屿有厦门的鼓浪屿、威海的刘公岛、苏州太湖的东山岛、哈尔滨的太阳岛、青岛的琴岛、烟台的养马岛。

文人墨客的诗文画作经常以泉作为吟咏的对象，还曾经品评出中国十大名泉：北京玉泉（天下第一泉）、无锡惠泉（天下第二泉）、杭州跑虎泉（天下第三泉）……现均为盛名天下的园林佳境。清代学者傅樾有极为形象的写照诗："重重叠叠山，曲曲环环路，叮叮咚咚泉，高高下下树"。极为形象地描述了贵州的花溪河三次出入于两山夹峙之中，入则幽深，不知所向，出则平衍，田畴交错，或突兀孤立，或蜿蜒绵亘，山环水绕、水青山绿、堰塘层叠、河滩十里的绮丽风光。

利用山石流水营造仿效自然佳境的溪涧景观，展示水景空间的迂回曲折和开合收放的韵律，是中国园林艺术中孜孜以求的上乘境界，不乏精品佳作传世。如号称庐山第一飞瀑的匡庐飞瀑，山涧汇聚流经香山峰、拔剑峰与鸣峰之间的悬崖断壁，跌落百余米，喷珠溅玉，声若雷鸣，其壮观之景因李白《望庐山瀑布》诗中"飞流直下三千尺，疑是银河落九天"的名句而著称于世（图1-1-3）。我国目前最大的贵州黄果树瀑布，宽约81m，落差74m。另外知名的还有：黑龙江的镜泊湖吊水楼瀑布，吉林长白山瀑布，浙江雁荡山的大、小龙湫瀑布，建德市的葫芦瀑，江西庐山的王家坡双瀑以及黄龙潭、玉帘泉、乌龙潭瀑布等。

宋代画家郭熙曾说："山以水为血脉，以草木为毛发，以烟云为神采。故山得水而活，得草木而华，得烟云而秀媚"。

图1-1-3 庐山匡庐飞瀑

2. 植物与动物

园林植物是指根、茎、叶、花、果、种子的形态、色泽、气味等方面有一定欣赏价值的植物，又称观赏植物。园林植物是构成园林的重要因素，四季景观本身的形态、色彩、芳香、风韵、习性等都是园林造景的题材，而且园林中的"景"有不少都以植物命名。

园林植物与地形、水体、建筑、山石、雕塑等有机配置，可形成优美、雅静的环境和艺术氛围。在园林布局中巧妙地运用植物的线条、姿态、色彩，可以与建筑的线条、形式、色彩相得益彰。例如，园林中土山若起伏平缓，线条圆滑，种植尖塔状树木后，就改变了人们对地形外貌的感受而有高耸之势。在高层建筑前种植低矮圆球状植物，对比中显示出建筑的崇高；低层建筑前种植柱状、圆锥状树木，建筑看起来会比实际的高。

另外，园林植物与水体的布局中，水中、水旁园林植物的姿态、色彩所形成的倒影，均可加强水体的美感。有的绚丽夺目、五彩缤纷，有的幽静含蓄、色调柔和。如英国谢菲尔德公园以云杉、柏的绿色为背景，春季突出红色杜鹃花，白色北美唐棣花，水边粉红色的落新妇、黄花鸢尾及具黄色佛焰苞的观音莲；夏季欣赏水中红、白睡莲；秋季湖边各种色叶树种，如北美紫树、卫矛、北美唐栎、落羽松、水杉等，红、棕、黄各色竞相争艳。沿湖游览，目不暇接，绚丽的色彩使人兴奋、刺激性很强。

自然界是动物、植物共生共荣构成的生物生态景观。因此，在园林中除了考虑植物要素外，还应考虑动物要素。古代园林与动物相伴相生，如秦汉以后中国园林进入自然山水阶段，聆听虎啸猿啼，观赏鸟语花香，寄情于自然山水，是皇室贵族怡情取乐的生活需要，也是文人士大夫追求的自然无为的仙境。近代园林兴起后，它们才真正分开。

园林景观规划时加入动物景观，对调节园林整体气氛作用很大，如莺声燕语、群鱼戏水、虫鸣蝉噪、蜂蝶逐花、鸟语花香使园林景观更为突出，宁静的更显幽静，缤纷的更显生动。

3. 园林建筑

园林建筑是建造在园林和城市绿化地段内供人们游憩或观赏用的建筑物，常见的有亭、榭、廊、阁、轩、楼、台、舫、厅堂等。园林建筑为游览者提供观景的视点和场所，还提供休憩及活动的空间（图1-1-4）。

在园林设计中根据园林的立意、功能要求、造景等需要，必须考虑建筑和建筑的组合，同时考虑建筑的体量、造型、色彩以及与其配合的假山艺术、雕塑艺术、园林植

图1-1-4　园林建筑

物、水景等诸要素的安排，并精心构思，使园林中的建筑起到画龙点睛的作用。

从在园林中所占面积来看，建筑是无法和山、水、植物相提并论的，它之所以成为"点睛之笔"，能够吸引大量游客，就在于它具有其他要素所无法替代的、最适合于人活动的内部空间，是自然景色的必要补充。

由于建筑种类很多，有的是使用功能上不可缺少的，像构筑物道路、桥梁、驳岸、水电煤气设备；有的是游人服务所必需的，如大门、茶室、小卖部、厕所等；还有供游人休息观赏的，如亭、廊、水榭等。

任何园林建筑设计时都应考虑环境。建筑在环境中的比重及分量应按环境构图要求权衡确定，环境是建筑创作的出发点。中国古典园林一般以自然山水作为景观构图的主题，建筑只为观赏风景和点缀风景而设置。园林建筑是人工因素，它与自然因素之间有对立的一面，但如果处理得当，也可统一起来，为环境增添情趣，增添生活气息。

园林建筑是整体环境中的一个协调、有机的组成部分，它的责任只能是突出自然的美，增添自然环境的美。这种自然美和人工美的高度统一，正是中国人在园林艺术上不断追求的境界。

中国的现代园林建筑在使用功能上与古代园林建筑有很大的不同。公园已取代过去的私园成为主要的园林形式。园林建筑越来越多地出现在公园、风景区、城市绿地、宾馆庭院乃至机关、工厂之中。

4. 园林道路和广场

园林道路和广场是园林的重要内容。园林道路是园林的脉络，是联系各景点的纽带，是构成园林景色的组成部分，它的规划布局及走向必须满足该区域使用功能的要求，同时也要与周围环境相协调。

某种意义上讲，广场是道路的扩大部分，也是道路的结点和休止符。在园林中的景观序列节奏变化中，往往因广场的出现而具有阶段性。

广场与道路、建筑的有机组织，对于园林形式的形成起着决定性的作用，不论是规则的或自然的，还是混合的园林形式。

图1-1-5 园林小品

5. 园林小品

园林小品内容丰富、体量小、造价低、造型新颖、轻巧美观、易体现地方风格，在点缀园林景色、深化意境方面起着明显的作用。设计创作时可以做到"景到随机，不拘一格"，在有限空间得其天趣。同时园林小品本身又具有明确的使用功能，因而成为园林中不可缺少的一个组成部分（图1-1-5）。

园林小品的内容包括：园椅、园凳、园灯、栏杆、花架、雕塑、花格、景墙、景窗、洞门、假山、置石、壁画、摩岩石刻、果皮箱、宣传牌、各种园林标志以及儿童游乐园中的玩具设施等。

此外，园林小品也可以单独构成专题园林，如雕塑公园、假山园等。

园林建筑小品以其丰富多彩的内容和造型活跃在古典园林、现代园林、游乐场、街头绿地、居住小区游园、公园和花园之中。但在造园上它不起主导作用，仅是点缀与陪衬，即所谓"从而不卑，小而不卑，顺其自然，插其空间，取其特色，求其借景"，力争人工中见自然，给人以美妙意境，情趣感染。

三、园林、绿地和绿化的关系

从某种意义上说：绿地包括天然的与人工的一切绿色地带，自然也包括园林。因此，园林也可以说是绿地的一种特殊形式。这也是城市、工厂中，尤其在行政上称其为绿化的主要原因。

但实际上绿化是达成绿地的手段。一般局限于运用植物材料，以取得环境效益为主。而园林则往往运用多种素材，较多考虑风景效应。因此，园林比起一般绿地来说具有较高的艺术水平和游憩功能。

通常我们说的绿地是指园林绿地，如绿地规划、某某绿地设计等，园林绿地是指具有园林特点的绿地。

第二节　园林艺术

园林艺术是指在园林创作中，通过审美创造活动再现自然和表达情感的一种艺术形式。

园林艺术是时间和空间的艺术，是有生命的综合空间造型艺术。自然景观的气象万千为园林艺术提供了生生不息的创作源泉。

中国园林艺术是自然环境、建筑、诗、画、楹联、雕塑等多种艺术的综合。园林意境产生于园林境域的综合艺术效果，给予游赏者以情意方面的信息，唤起以往经历的记忆联想，产生物外情、景外意。

中国园林是中国传统文化的结晶，有广泛的包容性，与传统文化有着千丝万缕的联系。

古代文化的各个方面几乎都能在古典园林中找到它们的身影，诸如文学、哲学、美学、绘画、戏曲、书法、雕刻、花木植物等。其中，与园林艺术关系最为密切的是传统诗文和画作。因此，中国古典园林享有"凝固的诗、立体的画"的盛誉。

这些努力的结果一方面产生了造园艺术，一方面产生建筑艺术。前者在于创造一个人们理想中的充满诗情画意的场所，后者在于从生活实际出发，将建筑嵌入这个场所之中，两者相辅相成，形成美好的人居环境。

一、园林艺术的特征

中国的园林艺术源远流长。同时，在16世纪的意大利、17世纪的法国和18世纪的英国，园林也被认为是非常重要的艺术。

在灿烂的艺术星河里，每门艺术都有其强烈的个性色彩。作为艺术的一个门类，园林艺术同其他艺术有许多相似之处，即通过典型形象反映现实，表达作者的思想感情和审美情趣，并以其特有的艺术魅力影响人们的情绪，陶冶人们的情操，提高人们的文化素养。除此之外，园林艺术还具有时代性、民族性、地域性和兼容性等自身的特征。

1. 时代性

园林是社会历史发展的产物，其发展受到社会生产力水平的高低、社会意识形态与文化艺术发展进程的影响，并反映特定历史时期人们的社会意识和精神面貌，表现出鲜明的时代特征。

2. 民族性

世界各民族都有自己的造园活动，由于其自然条件、哲学思想、审美理想和社会历史文化背景不同，形成了独特的民族风格。

3. 地域性

园林不仅是一种艺术形象，还是一种物质空间环境。造园活动深受当地自然环境的影响，造园时大多就近取材，尤其是植物景观，多半是土生土长、因地栽植的花草树木，这使园林艺术表现出极其明显的地域性。

4. 兼容性

园林艺术具有极强的兼容性。它与科学技术的发展紧密结合，一座美轮美奂的园林，含有许多复杂的建筑、工程、工艺，以及植物栽培与养护技术的运用。同时，园林融合文学、绘画、建筑、雕塑、书法、音乐、工艺美术等诸多艺术因素于一体。着意追求诗画般的意境、音乐般的流动和时光交替的变幻，甚至涉及宗教和哲学。

园林艺术也是生命的艺术，构成园林的主要素材之一是有生命的植物，它使园林景色随着春夏秋冬四季的交替和阴晴雨雪自然天象的变化呈现出不同的面貌。

园林艺术还具有很强的功能性特征，它需要不断满足人们实用的、精神的诸多方面的要求。

二、园林艺术的欣赏

欣赏，也是一门艺术，对于园林领域而言，其要旨在于能领略和品评各个园林的风格特点。每当跨进一座园林，面对纷至沓来的景色，你会发自内心地感慨，这就是通常所说的艺术鉴赏和审美观。

陈从周先生曾提出对园林景物的观赏有静观和动观之分，看与居，即静观；游与登，即动观。一般来说，造园家在创作园林之前就已经进行过慎重的考虑，给游人提供一系列驻足的观赏点，使游人在此得以进行全方位的艺术欣赏，通过"观""品""悟"等不同阶段和不同层次的体味，深入理解该园林的艺术价值。

1. "观"

观是园林欣赏的第一层面。园林中的景物以其实在的形式特征，向游人传递着某种审美信息。中国人对园林美的欣赏有一种传统的观念，希望达到"鸟语花香"的境界。因此，欣赏园林就不只是简单的视觉参与，而是由听觉、嗅觉、触觉等共同参与的综合感知过程。极佳的景致，吸引游人在不知不觉间停留下来，驻足凝神。园路曲径，引导游人置身园中，廊引人随，移步换景。在观赏中国古代园林的过程中，游人尽情享受同自然之妙的美景，产生无尽的遐思。

园林是一个多维的空间，是立体的风景。对于园中纵向景观的观赏，还有俯视与仰视之别。"小红桥外小红亭，小红亭畔，高柳万蝉声"的词句不仅写出了园景的空间层次，同时，"高柳"将游人的视线引向高处。

2. "品"

"观"是对园林景象的感性理解，"品"则是欣赏者根据自己的生活经验、文化素养、思想感情等，运用联想、思想、移情、思维等心理活动，扩充与丰富园林景象的过程。在这一过程中，欣赏者的联想与想象占主导地位，特别是中国古典园林，富有诗情画意和含蓄抽象的美。在游赏的过程中，欣赏者必须发挥诗人般想象力，才能体验到园林景物具像之外的深远意蕴。

3. "悟"

如果说园林欣赏中的"观"和"品"是感知，是体验，是移情，是观赏者神游于园林景象之中而达到的物我同一的境界，那么，园林欣赏中的"悟"，则是理解，是思索，是领悟，是欣赏者沉入的一种回忆、一种探求、一种对园林意义深层而理性的把握。园林依存于自然，但归根结底是人创造的。人的思想，特别是造园师对自然的态度、对自然的理解，便自然地反映在园林的形式与内容上。"悟"的阶段正是欣赏者力图求得与造园师精神追求相契合的过程。

一座优秀的园林，之所以能吸引无数游人百看不厌，风景秀美是重要原因，但这并不是全部，其中文化与历史的因素也至关重要。在中国，无论是雅致的城市宅园，或是深山古刹，还是风景名胜区，随处可见雕刻于山石、悬挂于亭台楼阁的匾额、楹联，也随处可见写景咏物的诗词文赋。如"山山水水，处处明明秀秀；晴晴雨雨，时时好好奇奇"，这是杭州西湖中山公园里的一副对联，它以浓墨重笔写出了轻快蕴藉的辞境。书法真、草相间多变，与西湖山色空濛的景致水乳交融，相得益彰，给游人以古典文化的熏陶，同时也大大地深化了园林景观的意境。

中国的山水画往往借助于题跋来突破画面对景物的空间限制，生发出画外的思想感情。园林景物则是一幅立体的图画，不足之处也需要题以发之。这些楹联往往是画龙点睛之笔，写出了具体景物无法传达的人与事、诗与意。"西岭烟霞生袖底，东洲云海落尊前"。在北京颐和园的谐趣园里，是看不到西岭烟霞和东洲云海的。但是，当你深处园林环境之中，吟咏这副楹联，一切仿佛都呈现在眼前了（图1-2-1）。一副楹联扩大了景

图1-2-1　北京颐和园中谐趣园的楹联"西岭烟霞生袖底，东洲云海落尊前"

的境界，加深了景的意境，创造了景外之景。

同时，文学艺术、书法艺术与园林景物、自然环境交相辉映，大大提升了园林艺术的品味。许多匾额、楹联还包含着丰富的历史典故和深刻的人生哲理。所以，欣赏园林艺术，一定要了解其产生的历史和文化背景，只有这样才能更好地理解园林艺术所包蕴的丰富内涵。

仙山琼岛，城市山林，洞中天地，它们不是对自然的直接模仿，也不是对自然植物的抽象和变形，而是艺术地表达对自然的认识、理解和由此而生的情感，创造出如诗如画的美景和出自天然的艺术韵律，正所谓"虽由人作，宛自天开"。人们在园林中追求真实的生命感受，寄托审美的情怀与理念。这就是以中国自然山水式园林为代表的东方园林。

第三节　世界园林体系与发展趋势

世界园林体系的划分，主要以世界文化体系为标准。文化体系的主要影响因素有种族、宗教、风俗习惯、语言文字系统、历史地理和文化交流等，尤其以种族、宗教文化和语言文字系统的影响最大。依据文化体系诸因素，并参考国内外有关园林体系划分理论与方法，将世界园林体系划分为欧洲园林、伊斯兰园林和中国园林。

一、世界园林体系

1. 欧洲园林

欧洲园林是以古埃及和古希腊园林为渊源，以法国古典主义园林和英国风景式园林为代表，以规则式和自然式园林构图为造园流派，分别追求人工美和自然美的情趣，艺术造诣精湛独到，为西方世界喜闻乐见的园林。

欧洲园林的两大流派都有自己明显的风格特征，如规则式园林以明显的中轴线、开阔的视线、严整均衡的布局等特征，体现出一种庄重典雅和雍容华贵的气势。而风景式园林消除了园林与自然之间的界限，不考虑人工与自然之间的过渡，将自然作为主体引入到园林中，并排除一切不自然的人工艺术，体现一种自然天成、返璞归真的艺术境界。

欧洲园林作为一个成熟的风格，具备独特性、一贯性和稳定性三个特点。独特性，就是指它有一目了然的鲜明的特色，与众不同；一贯性，就是指它的特点贯穿其整体和局部，直至细枝末节，很少芜杂的格格不入的部分；稳定性，就是它的特色不只是表现在几个建筑物上，而是表现在一个时期内的一批建筑物上，尽管它们的类型和性质不同。

例如，西方古典园林以法国的规整式园林为代表，崇尚开放，流行整齐、对称的几何图形格局，通过人工美以表现人对自然的控制和改造，显示人为的力量。它一般具有中轴线的几何格局：地毯式的花圃草地、笔直的林荫路、整齐的水池、华丽的喷泉和雕像、排成行的树木（或修剪成一定造型的绿篱）、壮丽的建筑物等，通过这些布局反映了当时的封建统治意识，满足其追求大排场或举行盛大宴会、舞会的需要。其最有代表性的是巴黎的凡尔赛宫（图1-3-1）。

古埃及园林一般是方形的，四周有围墙，入口处建塔门，由于气候炎热、干旱缺水，所以十分珍视水的作用和树木的遮荫。园内成排种植庭荫树，园子中心一般是矩形的水池，池中养鱼并种植水生植物，池边有凉亭。园林是规则式的，并且有明显的中轴线（图1-3-2）。

古希腊园林一般位于住宅的庭院或天井之中，园林是几何式，中央有水池、雕塑，栽植花卉，四周环以柱廊，这种园林形式为以后的柱廊式园林的发展打下了基础。另外，神庙附近的圣林中有剧场、竞技场、小径、凉亭、柱廊等，成为公众活动的场所（图1-3-3）。

17、18世纪，绘画与文学两种艺术中热衷自然的倾向影响英国的造园，加之中国园林文化的影响，英国出现了自然风景园。英国风景园一反意大利文艺复兴园林和法国巴洛克园林传统，抛弃了轴线、对称、修剪植物、花坛、水渠、喷泉等所有被认为是直线的或不自然的东西，以起伏开阔的草地、自然曲折的湖岸、成片成丛自然生长的树木为要素构成了一种新的园林。

图1-3-1　法国巴黎的凡尔赛宫

图1-3-2　古埃及园林

图1-3-3　古希腊园林

2. 伊斯兰园林

伊斯兰园林属于规则式园林范畴，是以古巴比伦和古波斯园林为渊源，十字形庭院为典型布局方式，封闭建筑与特殊节水灌溉系统相结合，富有精美建筑图案和装饰色彩的阿拉伯园林（图1-3-4）。

图1-3-4　伊斯兰园林

伊斯兰园林地域广大，它以幼发拉底河和底格里斯河两条河流及美索不达米亚平原为中心，以阿拉伯世界为范围，横跨欧、亚、非三大洲，对世界各国园林艺术风格的变迁有很大的影响力。印度、西班牙中世纪园林风格最为典型。

伊斯兰园林通常面积较小，建筑也较封闭，十字形的林荫路构成中轴线，将全园分割成四个区。在园林中心，十字形道路交汇点布设水池，以象征天堂。园中沟渠明暗交替，盘式涌泉滴水，表示对水的珍视，其中又分出更多的几何形小庭院，每个庭园的树木尽可能相同。彩色陶瓷马赛克图案在庭园装饰中广泛应用。

3. 中国园林

中国古典园林是风景式园林的典型，表现出中华民族的性格和文化传统。人们在一定空间内，经过精心设计，运用各种造园手法将山、水、植物、建筑等加以构配组合成源于自然又高于自然的有机整体，将人工美和自然美巧妙地相结合，从而做到"虽由人作，宛自天开"的境界。

中国园林讲究"三境"，即生境、画境和意境。

生境就是自然美，园林的叠山理水，模山范水，取局部之景而非整体。山贵有脉，水贵有源，脉源相通，全园生动。

画境就是艺术美，我国自唐宋以来，诗情画意就是园林设计思想的主流，明清时代尤甚。园林将封闭和空间相结合，使山、池、房屋、假山的设置排布，有开有合，互相穿插，以增加各景区的联系和风景的层次，达到移步换景的效果，给人以"柳暗花明又一村"的印象。

意境即理想美，它是指园林主人通过园林所表达出的某种意思或理想。这种意境往往以构景、命名、楹联、题额和花木等来表达。

中国园林有区别于世界其他园林的四大特点，这四大特点是中国园林在世界上独树一帜的主要标志。

① 本于自然，高于自然　自然景观以山水为骨架，以植被为装饰。但中国园林绝非一般地利用或者简单模仿这些构景要素的原始状态，而是有意识地加以改造、整理，从而表现一个精炼概括的自然，尤其人工山水园的堆山、理水、植物配置、动物驯养等方面表现得尤为突出。例如，颐和园将典型风格的江南湖山景观在北方复现出来。

② 建筑美与自然美的融糅　中国园林建筑能够把山、水、花木、鸟兽等造园要素有机地组织在一起，突出彼此协调和互补的积极一面，限制彼此对立和互相排斥的消极的一面。园林总体上达到一种人工与自然高度和谐的境界。中国园林之所以能够把消极的方面转化为积极的因素以求得建筑美与自然美的融合，除却传统哲学、美学、思维方式的主导之外，中国古代木构建筑本身所具有的特性也为此提供了优越的条件。

③ 诗画的情趣　文学是时间的艺术，绘画是空间的艺术。园林的景物既需"静观"，也要"动观"，即在游动、进行中领略观赏，故园林是时、空综合的艺术，中国园林的创作，比其他园林体系更能充分地把握这一特性。它运用各种艺术门类之间的触类旁通，熔铸诗画艺术于园林艺术，使得园林从整体到局部都包含着浓郁的诗、画情趣，这就是通常所谓的"诗情画意"。

诗情，不仅是把前人诗文的某些境界、场景在园林中以具体的形象复现出来，而且还在于借鉴文学艺术的章法和手法，使得园林规划设计颇多类似文学艺术的结构。

中国古代山水画大师往往遍游名山大川，归来后泼墨作画，无不惟妙惟肖，巧夺天工。这时候所表现的山水风景，已不是个别的山水风景，而是画家主观意识的、对自然山水概括抽象提炼的结果。借鉴这一创作方法，并加以逆向应用，中国园林是把对大自然概括和升华的山水画，又以三维空间的形式复制到现实生活中来。这一方法常常应用于平地而起的人工山水园林中。

④ 意境的涵蕴　中国园林不仅凭借具体的景观——山、水、花木、建筑所构成的各种风景画面来间接传达意境的信息，而且还运用园名、景名、刻石、匾额、楹联等文字方式直接通过文学艺术来表达、深化园林意境。再者，汉字本身的排列组合极富于装饰和图案美，它的书法是一种高超的艺术。因此，一旦把文学艺术、书法艺术与园林艺术直接结合起来，

园林意境的表现便获得了多样的手法：状写、比附、象征、寓意、点题等，表现的范围也十分广泛：情操、品德、哲理、生活、理想、愿望、憧憬等。游人在园林中所领略的已不仅是眼睛看到的景观，而且还有不断在头脑中闪现的"景外之景"；不仅满足了感官（主要是视觉感官）上美的享受，还能够获得不断的情思激发和理念联想。从园林的创作角度讲，是"寓情于景"；从园林的鉴赏角度看，能"触景生情"。正由于意境涵蕴得如此深广，中国园林所达到的深邃而高雅艺术的境界，也就是远非其他园林体系所能比拟了。

中国园林以其博大精深的思想和"虽由人作，宛自天开"的艺术魅力，在东亚和东南亚得到了广泛的传播，对南亚、中西亚和欧洲、北美等国家和地区都有重要的影响。英国风景式园林、法国中英式园林就是在中国园林艺术影响下产生的，这是举世公认的事实。

日本园林是中国园林体系的主要成员之一，是中国园林最重要的传承者和发展者。从两汉到隋唐，日本园林几乎纯粹模仿中国园林的布局和风格，如"一池三山"的山水构图方式，"曲水流觞"的诗情画意，如奈良古代宫苑、大昭提寺建筑及小桥流水、亭台楼榭等。然而，五代以后日本园林在学习、借鉴中国园林之时，往往抓住某个方面的特征而认真琢磨，深入求索，使日本园林个性逐渐突出而风格独具，与此同时产生了一些片面的偏激的艺术形式，这就是著名的"枯山水"和"茶室庭园"的出现（图1-3-5）。

图1-3-5　日本园林

佛教从我国传入日本，特别是汉化的禅宗传入日本后，又与日本本土的神道教融合，形成了日本特色的追求精神上"净、空、无"的禅文化，成为突破中国园林形式的切入点。日本早期"枯山水"除选用砂、石之外，还含有小块地被植物或小型灌木，如修剪整齐的黄杨、杜鹃等。后期的"枯山水园"竭尽其简洁、纯净，无树无花，只有几尊自然天成的石块、满园耙出纹理的细砂，凝聚成一方禅宗的净土。"茶室庭园"则显示出极精致、极正式的氛围，中国的茶文化在日本发展为"茶道"，庭园布设精美的石制艺术品，主人石、客人石、刀挂石、石灯笼、石水钵等，逼真磊落，不带一点世俗尘埃，表达了日本人对"纯净、空寂、无极"的境界的追求。

纵观日本园林的历史演进，可以看出，日本园林受中国园林影响至远至深，尽管在某些方面有独特的造诣，甚至反过来影响中国的园林，但它最终并没有脱离中国园林体系。

二、中国古典园林分类

1. 根据建筑风格和特点分类

① 北方型　以北京为主，多为皇家园林。其规模宏大，建筑体态端庄，色彩华丽，风

格上趋于雍容华贵，着重体现帝王威严与富贵的特色，如颐和园、北海公园、承德避暑山庄等，其中承德避暑山庄是我国现存最大的皇家园林。

② 江南型　以苏州园林为代表，多为私人园林，一般面积较小，以精取胜。其风格潇洒活泼，玲珑素雅，曲折幽深，明媚秀丽，富有"江南水乡"之特点，且讲究山林野趣和朴实的自然美。善于把握有限的空间，巧妙地组合成千变万化地园林景色，充分体现了我国造园的民族风格，并广泛吸取了中国山水画的理论，如拙政园、网师园等。

③ 岭南型　以广东园林为代表，既有北方园林的稳重、堂皇和逸丽，又融会了江南园林的素雅和潇洒，并吸收了国外造园的手法，因而形成了轻巧、通透明快的风格，如广州越秀公园。

2. 按照艺术风格和建筑特色分类

皇家园林、寺观园林、坛庙和祠馆园林、私家宅园、庭园、名山胜境园林和大型湖山园林。

3. 按照园林区位及布局风格分类

北方园林、江南园林、岭南园林和少数民族园林。

4. 从园林综合艺术特点分类

中国古典园林的基本类型是皇家园林、私家园林和介于二者之间的园林。

三、园林的发展趋势

世界园林的发展经历了农业时代、工业时代和后工业时代三个阶段，每个阶段都是与特定的社会发展相适应，都是在不断地迎接社会挑战中开拓专业领地，使园林专业人员在协调人与自然关系中发挥了其他专业不可替代的作用。

现代园林更具开放性，强调为公众群体服务，注重精神文化，并同城市规划、环境规划相结合，面向资源开发与环境保护，将景观作为一种资源对待，如美国有专门的机构及人员运用GIS系统管理国土上的风景资源，尤其是城市以外的大片未开发地区的景观资源。不同的社会阶段有不同的园林和相关专业，体现不同的服务对象、改造对象、指导思想和理念。随着社会的发展，人类面临来自生存方面的种种挑战，园林学科向纵深方向发展成为历史必然。

1. 现代园林面临的环境问题及挑战

① 城市化进程加快，环境状况持续恶化，人居环境质量不断下降。

② 土地资源极度紧张，城市绿地减少，建筑密度加大，城市人口急速膨胀。

③ 户外活动空间不足，难以满足人们身心再生过程的需求。

④ 自然资源有限，生物多样性保护迫在眉睫，整体自然生态系统十分脆弱。

⑤ 经济制约，难以实现高投入的城市园林绿化和环境维护工程。

⑥ 文化趋同性，传统园林文化、乡土文化及地方、民族文化受到前所未有的冲击。

⑦ 环境评价体系的量化需求与园林环境的复杂性之间的矛盾日益突出。

⑧ 人类生存环境可持续发展的要求。

2. 现代园林的发展特征

随着社会的发展，环境的变迁以及现代人的诸多变化，使园林的发展进入了一个全新的时期，展望未来，现代园林发展有以下的特征。

① 在重视园林艺术性的同时，更加重视园林的社会效益、环境效益和经济效益。

② 保证人与大自然的健康，提高和改善自然的自净能力。

③ 运用现代生态学原理及多种环境评价体系，通过园林对环境进行有针对性的量化

控制。

④ 在总体规划上，树立大环境意识，把全球或区域作为一个生态系统来对待，重视多种生态位的研究，运用园林来调节。

⑤ 重视园林绿化的健康性，避免因绿化材料等运用不当对不同人群造成身体过敏性刺激和伤害。

⑥ 针对现代人的特点，重视园林环境心理学和行为学的研究。

⑦ 全球园林向自然回归、向历史回归、向人性回归，风格上进一步向多元化发展，在建筑与环境的结合上，园林局部界限进一步弱化，形成建筑中有园林、园林中有建筑的格局，城市向山水园林化方向发展。

⑧ 绿色思想体系指导下的高技术运用在园林发展中的作用日益显著。

3. 现代园林景观规划设计的三元素

现代园林景观规划设计包括视觉景观形象、环境生态绿化和大众行为心理三方面内容，称之为现代园林景观规划设计三元素。纵览全球景观规划设计实例，任何一个具有时代风格和现代意识的成功之作，无不包含着这三个方面的刻意追求和深思熟虑，所不同的是视具体规划设计情况，三元素所占的比例侧重不同而已。

视觉景观形象是大家所熟悉的，它主要是从人类视觉形象感受要求出发，根据美学规律，利用空间实体景物，研究如何创造赏心悦目的环境形象。这需要景观美学的理论。

环境生态绿化是随着现代环境意识运动的发展而注入园林景观规划设计的现代内容。它主要是从人类的生理感受要求出发，根据自然界生物学原理，利用阳光、气候、动植物、土壤、水体等自然和人工材料，研究如何创造令人感觉舒适的良好的物理环境。这些需要景观生态学的理论。

大众行为心理是随着人口增长、现代多种文化交流以及社会科学的发展而注入园林景观规划的现代内容。它主要是从人类的心理精神感受要求出发，根据人类在环境中的行为心理乃至精神活动的规律，利用心理、文化的引导研究如何创造使人赏心悦目、浮想联翩、积极向上的精神环境。这需要社会景观行为学的理论。

视觉景观形象、环境生态绿化和大众行为心理三元素对于人们感受景观环境所起的作用是相辅相成、密不可分的。通过以视觉为主的感受通道，借助于物化了的景观环境形态，在人们的行为心理上引起反映，所谓鸟语花香、心旷神怡、触景生情、心驰神往。一个优秀的景观环境为人们带来的感受必定包含着三元素的共同作用。这也是中国古典园林中三境一体——物境、情境、意境的综合作用。

"以铜为鉴，可以正衣冠；以人为鉴，可以明得失；以史为鉴，可以知兴亡"。这是我国数千年来流传不衰的古训。对于我国园林事业来说，借鉴中外园林历史发展的基础经验和教训，继承弘扬人类创造的一切优秀园林文化，建设有中国特色的新型园林，仍然是具有重要理论价值与实践意义。

诸多事实表明，在借鉴中外园林艺术的实践经验中至少还存在以下问题：第一，造园思想混乱，没有合理解决人的时代需求与保护自然遗产、人文遗产的关系；第二，生搬硬套，不顾本地人文历史环境与自然生态环境；第三，追求一时的经济效益或沽名钓誉，盲目蛮干。

借鉴中外园林历史的公正态度应该是因地制宜，因"时"制宜，因园制宜。因地制宜是根据园林所在的地理环境和人文环境以决定园林风格；因"时"制宜就是根据园林所处的历史时期，按照时代背景以决定园林风格；因园制宜就是根据原来的场所或园林属性以决定园林风格。

第二章

美与园林美

第一节　关于美的认识

一、中国关于美的认识

从"美"字不难看出"羊大则美"的意思。在狩猎时代，可能人类赞赏的是生活中的捕获物。最早认为美的事物就是紧密联系着生活的。

我国的美学思想史源远流长，自先秦乃至明清两千多年来，在礼乐、诗文、书画甚至占卜的书籍中，积累着大量的美学思想，对于"美是什么"这一问题，在不同的历史时期及不同的生活实践中，出现了不同的论点，简要介绍如下。

公元前6世纪，春秋时期的楚灵王与大臣伍举谈论一座取乐用的建筑"章华台"是否美的问题，伍举说："夫美也者，上下、内外、大小、远近皆无害焉，故曰美。"伍举还指出"服宠以为美""彤镂为美"，把人民的资财都搜刮穷了"胡美之为？"（意思是"这有什么美"）伍举对他的统治者楚灵王提出这种"谏言"，正说明当时的封建社会中，审美观存在着极大的差异（上海古籍出版社《国语》）。

战国时期，孟轲（公元前约372—前289）提出"充实之谓美"，他是指人的道德修养达到一定充实的境界，才有统治者所谓的"精神美"（焦循《孟子正义》）。

《老子》一书约成于战国初期，书中在美与恶、善与不善的相对关系中指出："天下皆知美之为美，斯恶矣；皆知善之为善，斯不善矣，故有无相生，难易相成，长短相较，高下相倾，声音相和，前后相随"。这一道家思想已含有朴素的辩证法，指出宇宙中复杂的现象具有相互依存和相互转化的特点，这对后世的文艺创作有着深刻的影响。

赵国的荀况（公元前约313—前238）提出"不全不粹之不足以为美"的论点，也就是"全粹为美"。所谓"全"是指全面，即指一个"成人"要"天见其明，地见其光"，各方面都尽到好处。所谓"粹"是指"粹而不杂"的意思。他的著作《荀子》一书中还论述了音乐美学方面的内容，对古代唯物主义有所发展。

汉代的《礼记》中记载着封建社会的文物典制，其中有"少之为贵，多之为美"，这个美的含义是善与好的意思，属于礼教的范畴。汉代还有一部《淮南子》是以道家思想为中心的，其中有："求美则不得美，不求美则美矣。""美之所在，虽污辱世不能贱，恶之所在，虽高隆世不能贵"。这说明美的根源俱在事物的本身。

明代的剧作家汤显祖（1550—1616）提过"诗乎，要皆以若有若无为美。"有为实，无为虚，虚实结合是中国诗与画流传已久的美学思想（中华书局《汤显祖集》）。

清代的叶燮（1627—1703）对诗文、绘画、造园的论述中均提到与美学有关的论点。如他的《己畦集》中谓"凡物之生而美者，美本乎天者也，本乎天自有之美也。然孤芳独美不如集众芳以为美。"他所谓的"本乎天"是指大自然的容养与缔造。"生而美"及"自有之美"是含有客观论的美学思想。同时他对个体美与集体美之间的比较也有独到的见解。

二、西方关于美的认识

在西方，公元前6世纪，古希腊的毕达哥拉斯学派认为："美就是一定数量关系的体现，美就是和谐，一切事物凡是具备和谐这一特点的就是美的。"这个论点对以后西方的文艺产生了深远的影响。

公元前4世纪，德谟克里特对美的看法又有了一个新的转折，以前人们常谈论自然美或有关的人体雕塑外形美，而他认为更重要的是人的内在世界，审美活动不仅要求对象是心灵与智慧的造物，而且还要求人们怀有"神圣"的灵感和热情。在同一世纪中，美学的奠基人柏拉图认为美的本质是"理念"，是和谐的理念才显得美。

到了中世纪与文艺复兴时期，人文主义的先驱者但丁（1265—1321）认为艺术必须取法自然。后来达·芬奇（1452—1519）也提过，作为艺术家首先一条就是依靠自然、师法自然，把自己的心化为自然的心。他还说，以自己高贵的才智与自然竞赛并超过自然。这与中国宗炳（375—443）、谢赫（南齐时代）及张璪（唐代）所提及的"以形写形""应物象形"以及"外师造化"等重视自然的观点完全一致。

18世纪，法国启蒙运动的思想家狄德罗（1713—1784）认为美是关系，是随关系而开始、增长、变化、衰落、消灭的。他所谓的关系是指实在的关系（如各部分的比例关系等）、察觉的关系和虚构的关系三种。他还认为前人所谓"美就是自然"这个自然要不受理性、秩序、仪礼等的矫饰才能体现真实的关系，才是美的。他的论点对以后唯物主义美学思想起了一定的先导作用。

18世纪末，德国出现了美学发展的高峰，如康德（1724—1804）就认为"快感的对象就是美""美感是单纯的快感"，他对人类的生理学及心理学有一定的研究，但是他的美学思想仍属于唯心主义的。同时期的伟大诗人与作家歌德（1749—1832）认为美无疑在自然本身，但只有各部分的构造都符合它的本性，因而显出目的性的东西才美。这种唯物主义的倾向并反对那些抽象和虚幻的美学思想，在当时是独树一帜的。

19世纪初，德国黑格尔（1770—1831）认为："美是理念的感性实现"，并且辩证地认为客观存在与概念协调一致才形成美的本质，这种思想成为马克思主义美学的理论来源之一。

19世纪俄国的车尔尼雪夫斯基（1828—1889）认为："美就是生活""任何东西凡是显示出生活，或使我们想起生活的，那就是美的。"从此美学里开始引进了唯物主义，这是受后人称赞的。

此外，还有许许多多有关美的解释，如"美在恰当""美是有用""美是视觉、听觉的快感""美是愉悦身心的形象""美是反映人的自由创造的形象"等。

19世纪40年代，马克思和恩格斯将物质与实践的观点引入了美学。虽然马克思和恩格斯并未发表美学的专著，但在他们的著作中多次涉及到美学问题，下面简要地介绍几点。

① 马克思和恩格斯把艺术、美和生产劳动三者联系起来。马克思说："劳动生产了美。"

② 人要按照美的规律来塑造艺术形象，马克思说："任何事物凡是符合美的规律的就是美的。"

③ 通过劳动改造自然使自然人化了，同时也揭示了人的丰富本质。人具有欣赏美的感觉器官，但欣赏能力不是先天就赋予的，而是历史和社会形成的。

④ 美不是从人的主观心灵来探求，也不是从物质的自然属性来探求，而是从人类的生活实践中探求。这一点解决了多年争论的主客观问题。

三、美是什么

美是什么？这是美的本质问题。大多数美学家基本沿着两条道路去寻找美是什么的本质问题。一条是从物质世界中去找，另一条是从精神世界中去找。

唯物主义美学认为美存在于物质世界之中，所谓"美"又恰好是物质与精神相互渗透与统一的，如果割裂开来就很难认识什么是美。马克思主义认为，事物的本质表现为不同的层次。由此审视美，美的本质由表及里、从浅到深。美作为一种社会意识，就在于它是人作为审美主体对社会存在的客观事物的一种认识、反映、判断或评价。当然，这种客观事物包括自然美。如果自然美与人无关，独立于人类社会之外，那么它对人作为审美主体而言就是"无"，即没有意义，它还怎么可能给人作为审美主体带来一种美感享受和精神满足呢？

美是从哪里来的？这是美的根源问题。从根源论意义讲，美是客观的，也就是说，美本身来自客观，它是人作为审美主体对社会存在的客观事物内在所固有的审美价值的一种认识、反映、判断或评价。社会意识源自社会存在，是对社会存在的认识和反映，这是马克思历史唯物论的基本观点。

美作为一种社会意识，来自客观存在的审美价值。中国古人欣赏玉，时常以玉为美。为什么呢？这就在"以玉比德""夫玉者，君子比德焉"（《荀子》），实际上，这就是指玉与人，具体地说，玉与人的品格、德操之间具有一种本质上的统一性，具有一种现实的、实际上的联系和关系。有人说，玉性即人性，玉品即人品，这实际上就揭示了玉与人、客体与主体统一的事实。

中国人还素有对竹子的喜爱，"宁可食无肉，不可居无竹"就是证明。为什么中国人如此钟情竹子，以竹为美呢？清代画家郑板桥还明确揭示，竹子"瘦劲孤高，枝枝傲雪，节节干霄，有似乎士君子豪气凌云，不为俗屈"。人们赏竹、爱竹、以竹为美，就是因为竹子的品性、特质等与士君子即人的志向、操守等具有一种本质上的联系或统一性，具有一种现实的、实际上的联系。

下面引用《美和美的创造》一书中的一段来解释"美是什么"。

"美是一种客观存在的社会现象，它是人类通过创造性的劳动实践，把具有真和善的品质的本质力量，在对象中实现出来，从而使对象成为一种能够引起爱慕和喜悦的感情的观赏形象，就是美。"

以上的解答可以引申到自然美乃至到自然属性的园林美当中去理解。通过劳动实践创造或改变自然，加上人的本质力量的实现，美的工作环境和生活环境一定会展现出令人爱慕和喜悦的观赏形象，这就是探讨园林艺术之初学习一点美学知识的原因。

第二节　美感的特性

人类的审美活动包括审美者与被审美的对象两个方面。简言之就是主体与客体的关系。所谓"美感"就是主体（人）对客观存在的审美对象的心理感受，美感的形成有复杂的心理活动。例如，人们登上泰山，如果在游客中静听他们的议论，有的见景生情，有联想，有回忆，有激动……涌现出各种表情和语言。历代感叹的人多了，有名望的人把各种心理活动写成诗词刻在石崖上，至今泰山上的许多摩崖石刻和碑文就是证明。

一、美感的产生

当人们接触到美的事物时，往往无需经过认真地思考、逻辑地推理或理论地论证，就能一下子直接感受到事物的美。美感之所以具有这种直觉性，一方面是因为审美对象总是具体可感的；另一方面是因为人们的审美经历总能在大脑中留下记忆，并作为审美经验储存起来。长期的审美习惯还可以形成条件反射，这样，当美的信息一传入人的大脑，马上就能唤起审美记忆，加上审美条件反射，美感就产生了。美感的直觉性并非意味着美感中没有丝毫理性的东西，实际上，美感是以感性形式表现出来的感性认识与理性认识的统一。

美感是有情感的。人们在审美活动中，总是伴随着好恶爱憎，充满了情感色彩，性审美中更是如此。美感的情感性是由美具有感染作用的特点决定的。美感的情感性也并非脱离思想理智的孤立的情感，而是涌透着理性，经过了理智引导与规范的情感。

当然，美感并不是人特有的感受，动物也有美感，早年达尔文就发现奶牛听了音乐会提高产奶量。而人主要从眼睛、耳朵通过视觉、听觉获得美感，其他如味觉、嗅觉、触觉等也有美感，但可以认为是次要的。

其实，美感是综合性的，尤其园林美的欣赏，常说"鸟语花香"就是听觉和嗅觉的综合心理活动。歌德说过："人是一个整体，一个多方面内在联系着的能力的统一体。"人的眼、耳、舌、鼻、身在一个统一体上，共同发生作用。所以，人产生美感的条件会胜过任何动物。

那么与美感相关的基本因素有哪些呢？根据当前心理学和科学发展水平，一般认为感觉、知觉、想象、情感和思维是美感中不可缺少的几个基本因素。

1. 感觉

感觉是人的一切认识活动的基础，也是形成美感的基础。只有通过感觉，审美主体把握了审美对象的各种审美信息，才能引起审美感受。

感觉在审美感受中起的作用与发生快感关系比较密切，但又有严格区别。快感因素在美感中的作用是相当次要的。人的美感不是简单的感官上的快感，如悲剧的美感就不可能全是快感。在美感中有快感，但不都是快感。

审美活动具有不同于低级生理感觉的理性性质。一般来说，触、味、嗅觉感受的对象范围较小，往往引起直接的生理反应，更多的与感性认识有关。而视、听觉的感受范围则更为广泛，有着更大概括的可能，从而更多的与理性认识有关，与人的高级心理、精神活动有关，它具有更多的理解功能，具有更明显的社会特点，更善于把握反映客观世界的本质，以达到更深入的认识。因此，视觉、听觉就成为审美感受两种主要官能，形成"感受音乐的耳朵，感受形式美的眼睛"。如西湖十景的柳浪闻莺和南屏晚钟，突出的就是音响效果；兰花的幽香，梅花的暗香，均需要嗅觉器官来配合；西安的华清池和青岛的海滨浴场，都是全国闻名的风景区，但只有当人们泳沐其间，才能用触觉感受其间的奥妙。

2. 知觉

人的美感总要以知觉的形式反映客观事物，客观事物作为整体反映在审美主体意识之中。人们在从感觉到知觉的心理过程中，虽然产生了某些美感，但是这些美感只不过是一种直观形式的认识，还不可能深刻和强烈。然而，既然已经产生了知觉，这就标志着审美者的大脑已对感觉材料进行了初步的加工。从而也就为自己进行审美的思维活动准备了条件，为获得深刻、强烈的美感打下了一定的基础。知觉是美感心理过程以感觉状态进入思维的联想、回忆、想象等状态的一个重要环节。在这个基础或环节上，审美者会自觉不自觉地根据自己的直接生活经验和间接经验，进行一系列的审美心理活动。没有过去的经验，对客观对象的感觉便很难构成完整的知觉。主体的经验、知识、兴趣、需要对知觉都有一定的作用和影响。不同的人或同一个人在不同的时间、地点和条件下对同一个对象的知觉往往是不一样的。因此，人的审美知觉不是对客观现象（对象）被动的生理适应，而是对客观现象（对象）的能动心理反应。

审美中知觉的活动和特点，先是特别注意选择感知对象的特征，使知觉中的感觉因素得到高度兴奋，使对象的全部感性丰富性被感官所充分感受。其次，在审美活动中，知觉因素是受着想象制约的，想象以各种联想方式加工和改造着知觉材料。在审美感受心理活动过程中，一般是知觉先于想象，但两者相互作用，或者是特定的知觉引起特定的想象，或者是特定的想象促进了知觉的强度。

3. 联想

客观事物总是相互联系的。具有各种不同联系的客观事物反映到人们的头脑中，便会形成各种不同的联想。联想是在审美感受中的一种最常见的心理现象。联想是人的大脑皮层把过去形成的知觉暂时联系在当前刺激物的作用下的重新接通过程，艺术中常见的有两种。

类比联想是由一种事物的感受引起和该事物在性质上或形态上相似的事物的联想。如松的寿命长，想到苍劲古雅、孤傲不惧的姿态，比喻坚贞。荷花"出淤泥而不染，濯清莲而不妖"以及梅之清高，兰之幽容超逸，菊之傲骨凌霜等。类比联想有着广阔的领域，客观事物、现象间各种微妙的类似都可以成为这种联想的基础。我们在对象的感性形态中不是被动地、简单地只感到事物的某种属性，而是通过类似，间接地看到了更多的东西，感到更多的意义和价值。

对比联想是一种对某种事物的感受所引起的和它特点相反的事物的联想。它是对不同对象对立关系的概括。在艺术中，形象的反衬就是对比联想的运用。

类比联想和对比联想都已进入思维状态，并且必然会引起人们的情感活动。这时，人们会自觉或不自觉地以自己在以往的实践中所形成的情感为指导，表示人们同情、憎恨谁等情感态度。这种种联想，既是人们的直接生活经验和间接生活经验在你的审美过程中的再现，也是人们已有的情感对你的审美情感和审美实践发生反作用的过程。

4. 情感

情感是审美感受的一个突出特点，它带有浓厚的感情因素。

情感是人对客观现实的一种特殊的反映形式，是对客观事物是否符合自己的需要所作出的一种心理反应。在人的情感中，有一种理性情感或理智性情感，它可以指导、支配、影响人们对审美对象进行取舍和评价。只有那些健康、高尚的理性或理智性的情感，对于审美才具有积极的意义。

在审美中，审美对象引起的感觉、知觉、表象本身就带有一定的情感因素，而在知觉、表象基础上进行的想象活动，更推动情感活动的自由扩张和抒发。审美中"情"与"景"的关系，是古今衡量艺术作品艺术性的一条重要标准。人们在欣赏艺术作品时，不但感知着作品所描绘的景物形象，而且感受着体现于景物形象中的艺术家的情感体验，从而引起人的共鸣。不同的情感态度来自于不同审美对象的内容。

5. 思维

思维是一种在感觉、知觉、表象等感性认识基础上产生的理性认识活动，它反映的不是客观事物的个别特征和外部联系，而是客观事物的内部联系，人们通过思维达到对事物本质的认识。

思维是审美中不可缺少的组成部分，要获得真正的审美效果，总离不开思维活动所起的作用。只有思维渗透溶化到审美知觉、想象之中，人们才能不只是看到对象的感性形态本身，而且通过它获得了对生活的广阔的理解、认识，达到对对象的深刻把握；艺术思维则把许多个别的特殊的感受材料集中、综合、概括为典型形象，揭示事物的本质特征，并通过创造性想象再现为感性的形象世界。

客观存在着的美是丰富的，反映在人们的头脑中的美感，是极为复杂的心理状态，也是一种复杂的能动的认识。因此，审美过程必然是多种思维形式交错起作用的过程。

除了主体的美感条件，还要有感受的对象，即被审美的对象，这样才能构成审美关系。

我们生活在社会之中，头脑里"积淀"了社会上观念性的想象、情感和理智。审美能力的提高，是一个渐变的过程，在社会历史、文化的熏陶之下，和不断欣赏与创造之中逐步形成的。所以常概括地说："对视觉艺术要有能欣赏的眼睛，对听觉艺术要有善辨音律的耳朵……"遇到同一审美对象，审美者受到不同的感染而产生不同的美感。面临一片自然风景，难免议论纷纭，美感油然而生，但每个人的差异是存在的，因为每个人的出发点和审美角度各不相同。通过对美感的各种特性探讨可以发现产生美感差异的原因。

二、美感的特性

1. 美感的共同性

审美活动中尽管存在着个体的、时代的、民族的、阶级的差异，但我们不能把这种差异绝对化。事实上，即使是不同时代、不同民族、不同阶级的审美主体，对同一审美对象往往仍能找到一些相近或相似的审美感受，这便是审美活动中的共同性。产生这种共同性的原因是多方面的。从审美对象来看，有些审美对象本身没有或较少阶级、民族或时代的差异，如自然美、形式美以及一些思想政治倾向比较淡薄或隐晦的艺术作品等；就审美主体来看，即使分属于不同的阶级，但因为生活在同一时代或属于同一民族，仍然可以有某些共同的审美趣味、习惯与理想。

不同时代的人们固然具有不同的审美意识，但审美意识作为人类一种历史发展的产物，它仍有历史继承性的一面。民族与民族之间也是既有差异又存在着互相影响、互相渗透的因素，所以美感是具有共同性的。

2. 美感的社会性

有美的客体才能产生美感，园林美源于自然美，具有一定的社会性，但程度上有所不同。有些自然山水不需人类的加工就可以吸引无数的游客，为他们提供美感，这在风景资源丰富的中国是不乏实例的。如钱塘江的怒潮、泰山顶的日出、九寨沟的风光、黄果树的瀑布等，都是自然生成的奇丽景色，有人解释说这些都是整个自然的一部分，必然与人类社会发生联系；也有人认为这些自然美景正处于人化的过程中，为了审美的方便，一切风景名胜的建设都属于人化的内容，那一部分无需人化也无法人化的自然风景，按照上述的解释，仍属于具有社会性的审美对象。

还有一些自然山水，由于所处位置偏远，虽然在形象上有引人入胜的内容，但不具备欣赏游览的方便条件，必须加强道路等基础设施建设，才能为社会服务，比上述的情况要加上更多的人化，这将具有更多的社会性是毫无疑义的。

另外，随着社会的发展和进步，在人口稠密的大城市，客观上需要人为地建造以自然美为主的园林风景，如上海的延中绿地。这种纯属人造的自然美，在世界上很多大城市中是非常常见的，由此而产生的美感更具有浓厚的社会性。

3. 美感的阶级性

不同阶级的人可能具有不同的审美观，同一阶级或阶层的人由于兴趣爱好及文化修养等方面的不同也可能产生个体之间的差异；不同阶级的人也可能有相同的美感，毕竟美的东西还是被公认的成分占多数，如我国的万里长城。在某些特定的条件下，美感有时是统一的，也有时是对立的。而产生对立的根源多半是"世界观"的差异。有人认为自然美是以它的形式美而引起人们的愉悦，一般不具有阶级性。但是一旦经过"人化"就往往带有阶级功利的内容和形式，其中为了满足某个阶级或阶层的审美理想那是必然的结果。

园林方面，现存的颐和园和巴黎的凡尔赛宫，可以说是东西方古典皇家园林的两颗明珠。但是从审美的阶级性来看，并非完美无缺。例如颐和园在当时的统治阶级看来。彰显了帝王和天朝的风范，但对被统治阶级来说，则是权威与压抑的一种体现，他们可能也无法理解，领会其中诗情画意的美感。

4. 美感的愉悦性

从美感的过程看，美感始终是动情的，具有愉悦性。车尔尼雪夫斯基说过："美感的主要特征是一种赏心悦目的快感。"当然，许多审美的对象都能给人以喜悦和愉快，如悦耳的音乐、动人的戏剧、雅致的书画、宜人的风景……不管对象是什么类型，只要是美的，就能使人产生美感，引起喜悦和愉快。

园林美以十分丰富的内容唤起人们的愉悦。如园林的组成要素植物、建筑、山水等各有其美感特色体现，带给游人无限的愉悦感受。

5. 美感的社会功利性

美感的社会功利性是指在个人直觉感受中潜藏着社会功利性。人总要受所生活的社会中政治和道德观念的影响，使审美感受反映一定时代特征，带上特定社会的功利色彩。比如，在古代，一些所谓"深山老林"被视为蛮荒之地，除了少数文人隐士很少有人问津；而今，却成了人们趋之若鹜的"净土"，引得众人纷纷去欣赏回归自然的宁静。

6. 美感的直觉性

美感的直觉性包括两层含义。

第一，它是指感受的直接性、直观性。也就是说，审美过程始终要在形象的、具体的、直接的感受中进行。这和科学、伦理学中通过概念的逻辑推演进行的思维不同，科学需要的是冷静的分析和严格的逻辑推理，感性只能以间接的方式，即给主体以必要的热情，推动它们进行思维。而审美感受一定要自己感受，并且无须借助抽象思维就可以不假思索地判断对象美或不美。一件艺术品，不论使用的手段是形象还是声音，总是对我们的直观能力发生作用，而不是对我们的逻辑能力发生作用。欣赏一幅画，也许还没有看清物象或弄清它包含的深层社会内容，我们就为它的形式和色彩所感动。听一首歌，也许我们根本不知歌词的内容如何，却为它悦耳动听的旋律而心醉。离开人的直觉性，就无法欣赏美。

第二，美感的个人直觉性还指美的创造过程的直接性、直观性。人们在美的创造过程中不必对审美对象作太多太细地分析，不必等待理论家作充分论证之后才开始创作。因为审美对象虽有特定的形态，但它呈现出的美是多方面和多变的，人的思想、情感也在不断地变化而无固定范围和模式。因此，你可适时地捕捉活的形象，马上加以表现，不经意之间也许浑然天成，达到美的极致。殚思极虑倒可能失之粗疏。有时候艺术创作可能在根本没事先安排好和想到自己在描写什么的时候，突然笔下生花。有时艺术家对评论家很有意见，因为评论家一定要从作品本身挖出作者的思想，有变作者创作的初衷。

美感的这种直觉并不像婴儿那样单纯，其中有很复杂的心理和生理活动，也有感知、感受和感觉的感性活动（有无理性的直觉还在辩论中）。这些活动在时间和空间上不像写诗作画，有构思推敲的过程。而是刹那间丢弃了利己主义，没有个体的、自然的、消费的关系，所以直觉是非功利性的。直觉性美感的形成也有另一种解释，认为有时要在一曲告终、一剧幕落或是游罢归来，他的美感并不十分偶然。

马克思说："忧心忡忡的人，对于最美的风景也无动于衷。"既然有动于衷，那么这个美感的形成并不简单，据分析，其中有个人情绪的高低、智力的秉赋、文化水平的高低，还有感性中社会历史经历中理性的积淀……许多审美的因素在刹那间反映出来了，可见审美并不是一个简单的反映过程。

7. 美感的想象性

游人漫步于园林风景之中，他们通过形象思维，将眼前所见、所思所想和过去所见所闻联系组合，构成许多美感的想象，然后浮现出一幅幅联想性的境界，或因而写诗、作画，或形成美好的回忆。联想的范围十分广泛，如把柳枝想成细腰、柳叶比喻眉毛、红叶如二月花、飞雪如开放的梨花……古诗中十分常见。江南园林的水景，在一泓池水之外，贯以短短的溪流，掩以花木，使人不知其何所止，这一种假象无非是使人引起联想，感觉这泓池水是有来龙去脉的。其实这就是园林设计中障景的应用。

另外，我国古典园林有时在亭中悬一面大镜，如苏州网师园的月到风来亭，游人至此可以赏镜中的虚景，再看亭外的实景，既有虚实对比，又扩大了空间感，正是《园冶》中所提到的"宛然镜游"的境界。设计者要善于利用这些联想，使美感充溢于园中。这些手法在西方园林中是十分少有的，是东方造园的特色之处。

园林景区或建筑物的题名，也能起到引人入胜、激发联想的作用。如颐和园中一个供眺望的楼命名为"山色湖光共一楼"，不满百米的山巅建筑取名"排云殿"；圆明园中一个供读书的景区名为"四宜书屋"等。从名称上都可以看出在时间和空间上的艺术夸张，这是中国园林常用的手法。此外，还用对联引发游人的美感，如扬州的郑板桥读书处就有"月来满地水，云起一天山"的对联，苏州拙政园有一副对联为南朝王籍的诗句："蝉噪林逾静，鸟鸣山更幽"。字数不多，游人联想玩味，美感倍增，延伸的空间给了游人更多的美感享受范围，这在我国古典园林中是相当普遍的。

8. 美感的时代性

审美观念随时代不同而变化，使美感染上浓重的时代性。夏商周这一千多年的奴隶社会，狩猎与简单的农耕生活交织在一起，人们的装饰品以兽角、兽牙为美，帝王在"灵囿""灵沼"游乐也是取悦于动物。在这以前从西安半坡村遗址的瓮棺中发现，一个女孩的遗骨上有一串兽牙为装饰品，可见生活中依靠动物为食的时代，对动物的欣赏很有兴趣，因此动物就成为当时的审美对象。这绝对与当时的时代特点有关系。

秦、汉以来乃至魏晋，这600多年中，帝王园林如上林苑中的阿房宫、汉代的未央宫、甘泉园、乐游园等，据记载仍有动物禽兽的饲养，而宫苑建筑逐渐增多起来，按杜牧的《阿房宫赋》描述："五步一楼，十步一阁，廊腰缦回，檐牙高啄……"的情况，说明建筑密度已相当可观。当时堆山、凿池、种奇果佳树等已见于文字的记载。可以估计2000多年前的园林美重点在于园林建筑，建筑附近也有很多人工的景物。

魏、晋、南北朝这一段历史时期（3～6世纪），宗白华先生认为是我国美学思想的大转折、大关键。古代帝王园林要将统治阶级的政治含义表现出来，因而崇尚金碧辉煌，即所谓"错彩镂金、雕缋满眼。"其豪华的情况可以从现在京剧的服装以及宫廷建筑的彩画加以体现。但是到了魏、晋、南北朝，出现了另一个美感和美的理想，超脱出以前的境界，那就是以王羲之、陶渊明为代表的自然、朴素、淡泊、真实的意境。

到了隋唐五代时期，园林的审美趣味也发生了转变：植物景观受到重视，专类花园出现，如当时文献中出现了芍药、牡丹、竹类、水生植物等分别辟园种植的记载，并对局部地区进行类似草木志的撰写，如李德裕的《平泉山居草木记》一书（已失传）即是。皇家园林由大规模的"宫寓于园"逐步转变为"园寓于宫"或"宫园分立"，即园的整体已经出现。士大夫阶级、文人雅士纷纷营造私园，使诗与画的造诣抒发到自然山水的改造之中，出现诗、画、园的结合。

时代在变，园林美的感受也随着变化，帝王享受和喜爱的"错彩镂金"虽然延续的时代很久，但民间出现"初发芙蓉"自然朴素的园林，也在我国南北广泛地流传。直到清代乾隆年间，乾隆皇帝多次下江南采访民间的造园手法，师法自然的风气在皇家园林中受到了更大的重视。清代建造的圆明园和颐和园达到了我国造园史上辉煌的顶峰，皇家园林中的内容与师法自然的尝试是分不开的。

第三节　关于自然美的认识

自然事物所具有的美称为自然美，社会生活中的美称为社会美，自然美与社会美经过加工，成为真、善、美的统一表现即是艺术美，这是美的三种基本形态。自然美加以保存或加工改造或模仿再现供人们享用，即是园林美。如果列成一个简式即："自然美＋艺术美＝园林美"，所以加工或再现都含有较高的艺术要求，不过园林美始终是具有自然美的属性，研究"园林美学"必须弄清自然美的美学性质和一些有关的问题。

一、自然美受人热爱的原因

地球有46亿年的历史，从人类诞生的那天开始，人与自然就不可分割地联系在一起，人依赖于自然生存和发展，人类有几千万年都是在洪荒的大自然里生活，人类的各种机能（如抗性和耐性等）已显然不如我们的祖先，但是热爱大自然这一点残余的本能，应该是祖先留给我们的。如今自然科学已经证明，热爱自然对于人类的必要性和必然性，其对于生理和心理的裨益已经是人所共知的了。

自然山水作为审美的客体，由于它本身就存在着美，自古以来许多诗人、画家都证明了这个客观存在。审美的主体是比较复杂的，他们能不能被自然山水引起美感，其中有许多主观的和现实的因素所限制。不过自然美的内容十分丰富，有属于植物、动物的生物美，山川岩石之类的非生物美，还有晨昏四季的季相变幻美等。自然美是享用不尽的。尤其自然美经过人类加工以后，更是受到人们的喜欢，很多风景名胜区日益增长的游人量充分说明自然美确实是备受人类瞩目和喜爱的。

二、自然美是艺术美的源泉

艺术美就是艺术作品中体现的美，它是人类美感物态化的集中体现，是最典型的美的形态。对于艺术美的来源，美学史上有些人认为来源于艺术家的心灵，或是上帝的声音。其实艺术美来源于生活。因为生活是艺术想象的土壤，没有想象就没有艺术创造；生活孕育了艺术家的激情；生活推动了艺术家创造技巧的发展。

此外，还要弄清艺术美与现实美的关系：现实美属于社会存在的范畴，是第一性的美；而艺术美属于社会意识的范畴，是第二性的美。艺术美来源于生活，又比现实美更高、更典型。

自然美是客观存在，任何人都可以发现，可以欣赏。一处美丽的风景，画家在那里写生，摄影师在那里拍照，戏剧、电影在那里取景，诗人在那里徘徊索句，他们用各种艺术表现它，想把它重新塑造变为艺术品，他们的创作甚至会超过原来的自然美。自然美随时间变、空间变、春去秋来、日月晨昏、阴晴雨雪、晓雾夕霞，变化无穷。植物在滋润生长，泉涓涓、虫啾啾……这些自然美艺术家们取之不尽、用之不竭，但谁也不能留下这多变的风光。他们想方设法用游览、素描、速写、摄（录）影和文字的描述，加上记忆的长幅，把自然美留住一些，然后集中、筛选、撷英取华成为艺术品。宗白华先生在看了罗丹雕刻之后说："自然始终是一切美的源泉，是一切艺术的范本。"正所谓是艺术源于自然又高于自然。

三、自然美的历史演变

自然美并不是一朝一夕形成的，而是一个逐渐积累的过程。远古人类社会对自然美的欣赏，是以在生活和生产活动中是否有用为标准，狩猎时代欣赏动物之美，以后的农耕时代增加了欣赏植物之美，这一阶段称为"致用阶段"。

殷周以后，自然美的欣赏逐渐联系上人的精神生活和道德观念，代表当时的作品如《诗经》和《楚辞》，这两部书都生动地描述了自然美，其中有宇宙间大自然的景象，也有动物和植物。每一提到这些自然景物，都结合到人并抒发作者的情怀。到鲁国时代的孔丘（公元前551—前479），将山水的喜好与人的"仁智"联系在一起，作了"智者乐水，仁者乐山"的比喻，这些论断对后世的影响很深。"比"自然景物，"兴"个人的情怀。所谓"比兴阶段"是从这个时期开始的。

魏、晋、南北朝时期开始认识到自然山水可以使人精神愉快，兴起游山玩水的风尚。山水画家、诗人对自然美的描绘和吟咏也在此时产生了不少佳作，如宗炳（375—443）、王羲之（321—379）、顾恺之（约346—407）等都是至今被人称颂的画家和书法家。宗白华先生认为魏、晋、南北朝时期，对文艺、文化的变革以及对后世的影响，很像欧洲的文艺复兴时期（14～16世纪）对欧洲的影响。当时意大利的画家达·芬奇（1452—1519）所画的《蒙娜丽莎》肖像的背景刚刚开始加上自然风景，后人认为这是西洋风景画的开端。

封建社会只有统治阶级和士大夫有条件游山逛景，当时谓之"畅神"，他们的审美对象多是朴素的自然山水，人数也比较少。一般老百姓只能利用宗教活动、祭祀活动出外欣赏一下自然风光。这个喜爱自然美的开端可以称为"畅神阶段"。

20世纪初，封建统治在中国基本消除，以后逐渐接受欧美的文明，城市公园开始萌芽，欣赏自然美的"旅行"活动逐渐增多，但仍受交通和社会治安的限制开展很慢，至20世纪80年代旅游业开始受到重视，国内和国际的游客日渐增多，名胜古迹、自然风景受到开发或保护，并大量地修复整理，从此对于自然美的欣赏进入了一个新的阶段，可以称之为"旅游阶段"。

四、自然美的独特性

自然美到底美在什么地方，它的独特性是什么呢？对此我们可作如下分析：音乐是听觉艺术，绘画是视觉艺术，电影是两者兼有的综合艺术。而自然风景的属性则复杂多样，那里泉水淙淙，鸟鸣啾啾，有听觉艺术；植物的体形、线条、色彩充满了视觉艺术；溪流、潮汐、海浪、飞鸟、行云、落叶、柳丝摇曳、蝴蝶翩翩……自然界有许许多多动的艺术；远离市尘的自然风景具有相对的安静，"青青河边草，郁郁园中柳"，那里存在静的艺术；自然景色的四季变化、晨昏变化、阴晴变化，都是时间艺术；园林的创造就是布置空间、组织空间、创造空间，使空间更趋自然，当然是空间艺术；百花争艳、万木争春，胜过人间的舞蹈，它又是园艺家摆弄之下的表现艺术；城市造园"虽由人作，宛自天开"，成为自然的集锦荟萃，应是属于再现艺术；人类利用了自然美娱人、感人、化人，开创了旅游业招徕千千万万的游客，是当之无愧的实用艺术……因此，自然美经过人化成为各种艺术的综合，这是自然美所独有的特性。

五、自然美的开发利用

要对自然美加以开发利用，建设之前将原有的自然面貌保护好。建设过程中要尽量保留原有的自然美。如原有的质量不高，要本着园林艺术的原则和方法加以丰富补充。城市造园只能以人为的景观模仿自然景观，创造自然美，不能违反自然规律和艺术原则。即在原有基础上进行改造，而不是全盘否定，然后再重新建设。

要了解和掌握自然美的来源。对观赏植物和动物要了解它们表现自然美的规律，以及对视觉、听觉、嗅觉的贡献。非生物性质的景物如山体、岩石、峭壁、瀑布、溪流等要掌握高度、质感、大小、体形、色彩、线条等艺术表现和变化的规律，在合理利用原有资源的基础上考虑人为的加工改造或锦上添花。美国的国家公园，有时只突出某一种自然景观，例如天然间歇泉很多的黄石公园即是。其他如森林、天然草原、野生花卉、火山口、峡谷、峭壁、大瀑布等，均在原来的面貌上稍加整理即供人游览。在那里保留了原有的自然风貌，并加上细致的科学说明，游人在游赏之余，还学到了许多自然科学知识。

为了发扬我国自然山水园的优良传统，从设计到施工，执行者要熟悉我国的古诗、山水画，从中吸取养料，处处体现能工巧匠的理念和精湛技艺。同时也要观察自然美的艺术性，所谓"外师造化，中得心源"，然后融会贯通，充分发挥自然美在园林中的作用。

从我国美学资料中不难看出，古代美学的贡献十分丰富。除诗与画的作品之外，诗论与画论更是美学的精华所在，而且其中属于自然美的题材比重很大，因此给我们进一步研究园林美学、园林艺术提供了丰富的遗产。园林始于自然之中，自然包含美的种种，如何将自然美与园林艺术相结合，营造生态环保的自然园林，这方面正需要努力发掘，使我国具有独特风格的园林艺术更上一层楼。

西方的近代园林力主淡雅、自然，这与东方的影响是分不开的，东西方园林艺术应该互相借鉴，合理开发利用自然资源，为现代人类营造一个兼具生态美、自然美的和谐生境。

第四节 关于园林美的认识

一、园林美的来源

1. 园林美来自发现和观察

世界是美的，美到处都存在着，生活也是美的，它和真与善的结合是人类社会努力寻求的目标。这些丰富的美的内容，始终不断地等待我们去发现。法国雕塑家罗丹（1840—1917）说："美是到处都有的，对于我们的眼睛，不是缺少美，而是缺少发现。"但是园林美该怎样去发现，这就需要我们用心去体会和感受，并通过不断地学习，从中得到有益的东西，并加以灵活运用，发现美，体会美，运用美，将美传播和扩展。

发现园林美，首先要认识那些组成园林美的内容，科学地分析它的结构、形象、组成部分和时间的变化等等，从中得到丰富的启示。属于园林美的内容有植物、动物、山水、建筑等。

（1）植物 植物是构成园林美的主要角色，是园林美的最主要的体现者。它的品类繁多，有木本、有草本，木本中又有观花、观叶、观果、观枝干的各种乔木和灌木。草本中有大量的花卉和草坪植物。一年四季呈现出各种奇丽的色彩和香味，表现出各种体形和线条。植物美的贡献是享用不尽的。

（2）动物 有驯兽、鸣禽、飞蝶、游鱼，莺歌报春、归雁知秋、鸠唤雨、马嘶风，穿插在安静的大自然中，增添了生气，使自然更富有动感。

（3）山水 自然界的山峦、峭壁、悬崖、涧壑、坡矶，成峰成岭，有峻有坦，变化万千。山体是园林景观的"骨骼"，而水体则是园林景观的"血液"。园林设计者要"胸有丘壑"，刻意模仿自然山水才有可能实现《园冶》中提出的"有真为假，做假成真"，所以必须熟悉真山，认真观察，才能重现天然之趣。水面或称水体，自然界大到江河湖海，小至池沼溪涧，都是美的来源，是园林中不可缺少的内容，它们都是活化园林景观的要素。喷泉在现代景观的应用中可谓普遍与流行。喷泉可利用光、声、形、色等产生视觉、听觉、触觉等艺术感受，使生活在城市中的人们感受到大自然的水的气息。尽管如此，人工的痕迹始终不可避免地展现出来。如果能将人工与自然巧妙结合，那一定会表现出另一层境界。

《园冶》中指出"疏源之去由，察水之来历"，园林师要"疏"要"察"，了解水体的造型和水源的情况，造假如真才能得到水的园林美。水生植物、鱼类的饲养都能使水体更有生气。

（4）建筑　古代皇家园林、私家园林和寺观园林，建筑物占了很大比重，其中类别很多，变化丰富，积累着我国建筑的传统艺术及地方风格，匠心巧构在世界上享有盛名。如今古为今用，虽然现代园林中建筑的比重需要大量地减少，但对各式建筑的单体仍要仔细观察和研究它的功能、艺术效果、位置、比例关系，与四周自然美的结合等，不求数量上的多，但求质量上的佳。建筑是硬质的，它与园林植物以及水体等软质的要素形成对比，起到了丰富园林景观的作用。近代园林建筑也如雨后春笋出现在许多城市园林中，如何古为今用或推陈出新，是正待我们研究的课题。

实际上园林美的内容远不止以上四个方面。正如王羲之在《兰亭序》中所云："仰观宇宙之大，俯察品类之盛，所以游目骋怀，足以极视听之娱，信可乐也。"他的"仰观"与"俯察"是在宇宙和品类中发现与观察到视听的美感所在，他找到了，所以得到审美的乐趣，感到"信可乐也"。只有我们不断去发现，去体会，去学习，才能将生活中的美与园林景观充分融合，创造更优的景观氛围。

2. 园林美来自创作者的意境

中国美学思想中有一种西方所没有的"意境"之说，它最先是从诗与画的创作而来。什么是意境？本是难以言传的，有人认为意境是内在的含蓄与外在表现（如诗、画、造园）之间的桥梁。这种解释可以试用在园林美的创作中并加以引申。自然是一切美的源泉，是艺术的范本。意境是通过人们不断对园林美发现、观察、认识，然后经过设计者、施工管理者的运筹得以实现的。其中，必然存在创作者主观的感受，并在创作的过程中很自然地传达了他们的心灵与情感，借景传情，成为物质与精神相结合的美感对象——园林风景，这个成品既有风景自身的情趣，又有作者借这些造园景物表达其情意的境地。这种意与境的结合比诗的创作更形象化，比画的创作更富有立体感。

中国园林强调意境，体现诗情画意的内容，追求幽静淡雅的田园风光，在表现对象的内容特征方面顺乎自然，撷取自然美的精华，并运用曲折灵活的对景手法联系景色，形成无形的轴线和多变的景观。在布局上，中国园林巧妙地布置了众多的既隔又连的空间，让观赏者沿曲折起伏的小径，在每一次驻足、每一次转折里感受景观中所蕴含的情致。园中的小径是一条把全园景观、建筑串连起来的中心线索。园中的亭台轩馆，本身是景观的一部分，同时又往往是观赏景观的最佳视点。中国园林的空间变化自由、丰富而又富于节奏感，景观之间的过渡衔接十分巧妙含蓄，其视点是流动的，从而使整个园林成为一处精心设计却又浑然天成的人工山水，可谓"虽由人作，宛自天开"。

意境是在外形美的基础上的一种崇高的情感，是情与景的结晶体、交织物。换句话说，也就是只有情景交融，才能产生意境。

"两岸青山相对出，孤帆一片日边来。"谓诗境；"问君能有几多愁，恰似一江春水向东流。"谓词境；"枯藤老树昏鸦，小桥流水人家。"谓曲境也。中国园林诗情画意的境界，在实际的景物和园林景观中完全地显现出来。

画中取材，画意油然。中国山水画趋向简淡，但其中有无穷的境界，有幽深的生命，在一张有限的画幅内，不仅是表面的一树一石或山山水水，其中还含蓄着画外的韵律，飘逸着画家的迁想妙得，所以在园林设计者蕴蓄意境的过程中，应该大量地欣赏中国的山水画，玩味其中的"画意"。

中国古典园林受诗画影响很大。中国园林是按自然山水的内在的规律，用写意的方法创造出来的。如西湖十景的意境含蓄深邃，充满诗情画意，常常令人浮想联翩。苏堤春晓与柳浪闻莺：春光明媚，生机勃勃，真是"几处早莺争暖树，谁家新燕啄春泥"（白居易）；"池塘生春草，园柳变鸣禽"（谢灵运）。从莺莺燕燕的动态中，从柳树嫩芽的萌发中，把大自然从严冬沉睡中苏醒过来的生动意态表现得惟妙惟肖，充满了春的活力。曲院风荷与花港观鱼：湖上垂柳掩映，枝条摇曳，湖中莲花盛开，碧波茫茫，水天一色，十里荷花，香飘千里，展现出一幅优美的湖光山色图。平湖秋月与三潭印月，南屏晚钟与雷峰夕照，断桥残雪与双峰插云。既有音乐，又有画面，一动一静，虚实相间。游子忧心，思妇泣下。有景有情，有色有情，情景交融，相映成辉。这十景构成了一个多层次、多角度的立体画面。这十景形成了一种内涵丰富隽永深远的意境，是整个西湖的灵魂与神韵所在。

二、园林美的创造

人工模仿自然美是一个创造的过程，而不是照抄。英国的纽拜（Newby）提到过："世界上发生了可观的人为变化，现在的风景基本上都是人造的了。"这句话指英国土地狭窄的情况诚然是如此。中国的旧城市改造，公园绿地紧张的现状也大部分是人造的风景，所以园林美的创造和体现是城市建设的当务之急。

1. 地形变化创造的园林美

世界造园家都承认，地势起伏可以表现出崇高之美。我国的诗与画论及文学艺术的大量作品中都提到登高远眺的美感，《兰亭序》中就有俯仰之间的乐趣。宗白华先生摘集了杜甫的诗句中带有"俯"字的就有十余处，如"游目俯大江""层台俯风渚""扶杖俯沙渚""四顾俯层巅""展席俯长流""江缆俯鸳鸯"等。杜甫在群山赫赫的四川，俯瞰的机会很多，所以不乏俯视的感叹。另外，其他诗人也有众多的关于登高望远的名句留传，如"落日登高屿，悠然望远山"（储光羲），"远上寒山石径斜，白云深处有人家"（杜牧）。李白的登高感怀也有不少诗句，如"木落秋草黄，登高望戎虏""登高望四海，天地何漫漫""登高壮观天地间，大江茫茫去不还"……所以有人说诗人画家最爱登山，他们的感触不同，登高以后借题发挥是最好不过的了。所以园林中如提供登山俯仰的条件，一定十分受人欢迎，因此，在充分利用原有地形的同时，人为地去创造地形的起伏变化不失为一种很好的造园手段。

有山即有谷，有起便有伏，低处的风景也是丰富多彩的，那里生态条件好，适于植物繁衍，常形容为"空谷幽兰""悬葛垂萝"并不夸张。如果有瀑布高悬，更是静谷传声，令人忘俗，如袁牧写的《峡江寺飞泉亭记》一文，就描述了那里的古松、飞瀑、休息亭，亭中有人下棋、吟诗、饮茶，同时可以听到水声、棋声、松声、鸟声、吟诗声等，这个山谷的风景是十分耐人寻味的，可以说是超凡脱俗。

由此可见，造山是增加园林美的重要途径。造山应尽量利用真山，既经济又自然。如北京颐和园、香山公园、南京雨花台、清凉山公园、广州越秀山公园、黄花岗烈士陵园、白云山公园……不少成功的实例。这些公园绿地合理利用了自然山水，建成后不仅风景优美，而且节约了大量投资，值得当今园林设计者学习借鉴。

总之，地形有起伏是一种园林美，如果能有天然的地形变化当然最为理想，如果人工创造地形美一定要慎重考虑，充分地考虑合理的自然因素，巧于因借才能体现出园林地形美。

2. 水景创造的园林美

水来自于大自然，它带来动的喧嚣、静的平和。它为动植物提供生存之所。水是风景园林设计中重要的组成部分，水可能是所有景观设计元素中最具吸引力的一种，它极具可塑性，并有可静止、可运动、可发出声音、可以映射周围景物等特性，所以既可单独作为艺术品的主体，也可以与建筑物、雕塑、植物或其他艺术品组合，创造出独具风格的作品。

水面有大有小，名称也多种多样，但都能在园林中给人以美感，尤其是水景引起的美感有许多同一性，现在此归纳说明如下。

① 水面不论大小和深浅均能产生倒影，将四周的景物毫无保留地相映成双，倒影为虚境，景物为实境，形成了虚实的对比。

② 水面平坦与岸边的景物如亭、榭之类的建筑物，形成了体形、线条、方向的对比。

③ 水中可以种植各种水生植物，滋养鱼虾，显出水的生气，欣赏水景的美感时可以产生一种"羡鱼之情"，想到传说中的水下世界，形成生活和情感的对比。

④ 水面开阔舒展、明朗、流动，有的幽深宁静，有的碧波万顷，情趣各异。为突出不同的景观效果，一般在小水面建亭宜低邻水面，以细察涟漪。而在大水面，碧波坦荡，亭宜建在临水高台，或较高的石基上，以观远山近水，舒展胸怀，各有其妙。水的形态变化多样，园林中可以充分利用水的多变性增加美感：如奔泻流动之中切之则断，积之成潭，喷之成雾，旋之成涡，举之成柱，悬之成布。怒则雷霆万钧，凛之成冰，冬落成雪，皑皑晨霜，覆地千里，左右枯荣。这样的描述可谓淋漓尽致，水景的美是园林美中不可或缺的创造源泉，动赏、静观享用不尽。

中国古典园林无论南北，帝王或私人都善于利用水景为中心。综观国内大小名园，如颐和园、北京三海、承德避暑山庄、被毁的圆明园及大部分私家园林，几乎都是一泓池水居中或稍偏曲，已成为惯例。水面作为中心景物的手法，西方造园家认为恰像西方园林中安排草坪一样，这个比喻有一定的正确性，但效果上各异其趣，水面的变化性与艺术性要胜过草坪，但游人活动面积随之减少。

游人如果细察水的动静，联系一些水上的活动，结合水边的景物，确有言传不尽的逸趣。例如扁舟一叶穿行于拱桥的倒影之中，石渚激起的漪澜，鱼儿啃着浮水的莲荷，垂钓者凝视着微动的浮漂，柳絮与芦花的飞舞，水涡卷着这些轻浮的凋落，沙鸥点着轻波，堤上川流的车水马龙……这些动与静交织的画面，如果没有水面是无从欣赏到的。水是活动的软质因素，与山体和建筑等硬质因素配合造景，形成对比，创造了更加和谐的园林空间。

3. 园林植物创造的园林美

园林植物是园林规划设计中必不可少的重要元素，园林植物的多样性（diversity）为园林美提供了基础。人类的生活与喜好的多样性，正需要这些丰富多彩的植物创造出各种各样的园林美，因此人类的生活与园林植物之间的关系是密不可分的。园林植物对园林美的贡献，一般认为主要是向游人呈现出视觉的美感，使游人充分地亲近自然，体会自然的美，其次才是嗅觉和听觉。有人认为东方比较重视嗅觉的美感，传统喜爱的花卉大部分是香花，如兰花、白玉兰、茉莉、梅花等。艺术心理学认为视觉最容易引起美感，而眼睛最敏感的是色彩，其次才是体形和线条等。根据这些情况，赏心悦目的植物，除去特殊的癖好之外，最受欢迎的是色彩动人，其次才是香气宜人，因为色彩是最富有视觉冲击力的，是人眼睛最先捕捉到的事物，然后才是体形美、线条美等。

（1）人们对传统植物的爱好

中国传统的园林植物配植手法有两个特点，一是种类不多，内容都是传统喜爱的植物；二是古朴淡雅，追求画意而色彩偏重宁静。这样的植物景观在古代的诗、画、园中屡见不鲜。下面列举一些传统的植物爱好。

① 竹的爱好　书法家王羲之的儿子王徽之（东晋）爱竹成癖，住在别人的一座空宅，种了许多竹，对着竹唱歌咏诗（啸咏），还指着竹说"一天也少不了你呵！"爱到如此深的程度。北宋的苏轼写过这样爱竹的诗："可使食无肉，不可居无竹。无肉令人瘦，无竹令人俗。"画竹的历史可追溯到唐代，这一千多年来，种竹、画竹、咏竹成了我国传统艺术中的

一大特色。人们将竹节比喻为人的"气节"，将竹茎的中空比喻"虚心"，竹的常绿比喻"虽寒不凋"，这许多高洁的比喻是文人爱竹的重要原因。所以《园冶》中一再提到"竹坞寻幽""结茅竹里""移竹当窗""梅绕屋、余种竹""竹里通幽"等以竹为材料的造园手法。

② 松有画意　松代表长寿，因为松的寿命长，老来更是苍劲古雅，根如蟠龙，枝干如虬，亭亭如盖，颇有画意。北方的油松和南方的黄山松都给人如画的印象。尤其生长在悬崖陡壁上更觉有孤傲不惧的姿态，安徽黄山的迎客松一直以来都是游客为之不惜步履的美景之一，爱松的习惯已经深入人心很久了。

③ 夜雨芭蕉　是园林中传统的听觉美的体现。芭蕉硕大的片片绿叶，习惯种在屋角或檐前以接受雨水的滴落，奏出一曲忽紧忽慢的弹拨乐，给人以闹中有静的逸趣，古诗中已有不少传颂。夏日炎炎，芭蕉又是庇荫的好材料。明代王守仁有这样一首诗赞扬它："檐前蕉叶绿成林，长夏全无暑气侵。但得雨声连夜静，何妨月色半床阴。"

④ 芦汀柳岸　中国传统喜好将耐湿的柳树种在水边，正如《园冶》中所提到的"沿堤插柳""堤湾宜柳""深柳疏芦"等。芦苇喜欢生在沼泽浅水中，夏季茂密生长，秋季种子成熟，颖壳上吐出白色丝状毛，俗称芦花。柳与芦生态要求相近，是富有诗意的组合。柳枝在风中摇曳，春季吐出柳絮，芦苇荡里常躲着大量的鸟类和水禽，而且秋季散放芦花，每到春秋两季，水面铺上白茫茫一片，如烟似雾。一个是"千丝万絮惹春风"，一个是"狂随红叶舞秋声"，历来都是引起诗兴的美景。

⑤ 编篱种菊　陶渊明有"采菊东篱下，悠然见南山"的名句，所以传统的喜好常常是菊与篱的艺术组合，甚至菊花与陶潜也常联系在一起被人歌颂，如"陶令篱边菊，秋来色更佳"的诗句。人们喜爱菊花的原因很多，如花期晚有"傲霜"的气节，十分感人，同时花期长而栽培容易，所以广为栽培，受人喜爱。

以上简单介绍了几种传统的植物喜好，其他还有很多。梅花，由于花期早，有芳香，是高贵品格的象征，是不畏严寒的勇士，比喻为"零落成泥碾作尘，只有香如故。"兰花，常比为君子之香，正有谓"兰，花之君子者也"；梧桐常预示秋天的到来，木材又可以制琴瑟，正所谓"梧桐一落叶，天下尽知秋"；荷花的洁丽被认为是"出污泥而不染，濯清涟而不妖"；杜鹃花可以与杜鹃鸟儿媲美；牡丹比为国色天香、雍容华贵的代表；海棠比作杨贵妃……许多植物受到古诗的赞咏和古画的描绘。

（2）古典园林植物美的体现

植物传统的配植手法有两种。一种是整齐对称的。中国"丽"字的繁体"麗"是两个鹿并列，证明我国古代的审美观念相当重视整齐排比的形式。古园林中也有实例，如寺院、殿堂、陵墓，官员的住宅门口，大都是用桧柏、银杏、槐树、榉树等成对成行列植的，以此来表示庄严肃穆。另一种配植方法是自然式的，这是古典园林中最常见、流行最广的形式。前面多次提到的诗情画意就是指这种自然式的效果。如果简单地归纳一下，古典园林的植物美是这样体现的。

① 保留自然滋长的野生植物，形成颇有野趣而古朴的"杂树参天"和"草木掩映"之容。

② 成片林植，形成郁郁苍苍的林相，竹、松比较常用，或其他高大乔木选山坡、山顶单种成片种植，形成"崇山茂林"之幽。

③ 果树可以赏花的如桃、梅、李、杏之类栽于堂前，或成片绕屋，有蹊径可通最有逸趣。所谓"桃李成蹊"之貌。

④ 园界四周种植藤本植物，如紫藤、木香、蔷薇、薜荔之类，形成"围墙隐约于萝间"更为自然。

⑤ 水池边上种柳，浅水处种芦苇、溪荪、菖蒲之类，湿地种木芙蓉，要有"柳暗花明"之趣。

⑥ 庭院需要庇荫，常点缀落叶大乔木，数量不需多，形成"槐荫当庭""梧荫匝地"的庭荫。廊边、窗前不妨种点芭蕉或矮竹，室内感觉青翠幽雅。

⑦ 花台高于地面，设在堂前对面的影壁之下，或沿山脚，种植多年生宿根植物，如牡丹、芍药、玉簪、兰花、南天竹、百合、晚香玉、鸢尾之类，与园主人的生活比较接近，形成"对景莳花"之乐。

传统的园林美是由传统喜好的植物与传统的布置手法互相结合而来，现代的园林如何适应密集的城市人口的需要，同时又继承传统；以及西方园林如何洋为中用，推陈出新。具体的实践还需在不断地摸索中得到进一步的提升。

（3）发挥园林植物美的注意事项

如何发挥园林美中的植物美？下面提出几个注意事项。

① 要给予植物足够的生长空间，使其尽量表现出其体形美、色彩美。不要急于求成，采取密植或以建筑物代替的办法，要充分考虑植物的生态习性，因地制宜，从长远出发，营造长期的植物景观效果。

② 要提供足够的条件满足植物的生长，如土壤、肥料、水分要适合植物的要求，才能显出植物生机勃勃的健康美，在建筑垃圾及废墟上植树是注定要失败的。

③ 要了解该种植物原产地的情况，它的生态条件，伴生的其他植物，园林设计者不能为了单纯追求艺术性而种植不适合的种类或不适合的组合。当地的乡土树种或已经引种成功的树种才能成活，盲目设计会造成很大的浪费。很多设计者为求得一时的景观效果盲目地将相互不适宜的植物配植在一起，虽然在色彩和形体上可能显得很协调统一，但时间一久就造成失败的景观效果，即影响了植物造景的效果，也浪费了资源。

④ 不要随便动用刀、剪、斧、锯，让植物自然地生长。人工整形修剪的植物，美学家认为是"活的建筑材料"如同砖瓦一样，自然趣味完全失去了。自然的东西往往才是最美的，对人最有亲和力的。

⑤ 要以当地的气候与人的户外生活需要为准，决定庇荫乔木的选择。基本要求是人们需要阳光的时候落叶，需要庇荫的时候发叶。终年炎热的城市才大量种植常绿树。违反这个原则，会严重地脱离人的生活，造成景观设计的失败。

⑥ 树木之外更需要地被植物和开阔的草坪。景观越接近自然，越使人愉快。自然界的植物景观是简朴的，所以有一条"简单也是美"的原则。人们欣赏古典园林，仅仅是当作一个古代文物或"历史博物馆"的性质，不是真正的现代化园林。基本概念上要明确。

⑦ 要用乔灌木为主体发挥园林美，既隽永又实用。少用一二年生草花，因为它寿命短，费工力。为增添色彩美可以选一些多年生宿根草本和球根植物。

⑧ 植物要经常保持清洁，干干净净无病虫害，草地树木一尘不染的园林，才能使人身心愉快，赏心悦目。所以还有一条"清洁也是美"的原则。

⑨ 植物的个体美与群体美二者比较起来，要多发挥植物的群体美，尤其在大面积的园林中用一种植物成片种植，在功能上效果好，在艺术上形成一种浩浩然浑厚的气魄。

⑩ 大小园林都是以植物的自然美而取胜的，这里不应以建筑美占优势，尤其不能以大量的服务性建筑、休息建筑或游乐设施占据了植物的位置。

以上这10条是当前许多先进国家已经行之有效的经验。虽然各国有自己的民族风格，遵照这几条来重视园林植物，并使它发挥美的效果，其结果并不损伤该国固有的传统风格。

总之，园林美以发挥植物美为主的做法，是当前全世界的趋势。欧洲在文艺复兴以后的二三百年中已经放弃大量的人工美，而趋向自然美，东方是崇尚自然美的发源地，所以欧洲大陆乃至美洲各国都正在流行自然式的疏林草地，植物美非常突出，这个趋势的发展肯定会符合经济大发展中我国广大人民的需要。我国现阶段也开始改变原有的规划发展策略，向更加自然、更加亲近园林美的方向发展。

（4）园林美的配角——园林建筑

中国的园林建筑从未央宫、阿房宫那个时代起就受到封建统治阶级的重视，以后历代王朝从未削减。如颐和园就是以建筑为主体构成景观：颐和园除水面外，其余全部分布有各种大、中、小型的建筑群体，从东宫门到万寿山，环湖四周连绵，起伏几十里。殿堂、楼阁、厅馆、轩榭、亭廊、舫、牌楼、门等，同时还有无梁殿、塔、桥、台、城关及小品，名目繁多，形式多样，构成了建筑造型艺术的博物馆。为什么颐和园要以建筑为主体呢？原因有两个，一是地理环境的制约，二是理想和居住的需要。北京地处我国北方，气候寒冷，每逢冬季到来，漫长的冬季占去全年的三分之一，如果多建造一些形式新颖、色彩鲜明的建筑，不仅体现了皇家的华贵气派，而且会使冬天环境气氛活跃起来，别具一番情趣。另外，帝王四季都在封闭的宫殿中，生活单调，他们想寻找一个优美的环境长年居住，于是就修建得富丽堂皇，以满足精神上的需要。其实，古典园林建筑占主体，主要是为满足生活的需要。但现代园林已不再具有居住功能，因此，建筑美处于园林美的配角地位。

园林美的创造来自四个方面，即地形的变化、水景的真意、植物的传统喜爱与主角作用的发挥。还有建筑应该处于配角，为园林中"可居"的地方服务。江南古典园林中建筑过分拥塞，对此应有正确地分析与认识。城市园林的远景，在经济大发展的形势下，善于利用山、水、植物和建筑创造出来的园林美，应是开朗淡雅、疏旷朴实、充满自然美的景观，才符合大众群体的需要。

三、园林美的特征

1. 多样性

园林美从其内容与形式统一的风格上，反映出时代民族的特性，从而使园林美呈现出丰富多彩的多样性。园林艺术风格，由于时代、民族、地域、环境等因素影响而不同，又因造园者的社会实践、审美意识、审美经验、审美修养、审美想象、审美理想和审美意趣的不同而异，使园林美呈现出精彩缤纷、美不胜收的风姿。

观照世界园林，英国园林田园风光浓重；中国园林追求诗情画意、优美典雅的意境；法国园林对称坦荡，一览无余；意大利园林精雕细刻，重几何图案的美观；日本园林多情善感，禅意幽玄……

观照中国园林，皇家宫苑金碧辉煌，气势恢宏；江南园林清秀典雅，婉约多姿；岭南园林精巧玲珑，绚丽明净；东北园林以中轴线对称而排列组合；西藏园林则具幽秘的宗教气氛和粗犷的原野风光……

2. 综合性

园林美不仅包括树石、山水、草花、亭榭等物质因素，还包括人文、历史、文化等社会因素，是一种高级的综合性的艺术美。

从审美主体来说，长期受深厚的哲学、美学的陶冶，而主体本身又是经过各种成熟的艺术——诗、词、绘画、工艺美术和建筑交融渗透后独立发展起来的一个形态完备的艺术部类。唯"诗情画意"是中国古典园林追求的审美境界。而法国的园林是"最彻底运用建筑原则于园林艺术中的"，法国的"园林是陪衬，是背景，是建筑的附属物，确实不是独立完备的艺术"（黑格尔语）。

3. 阶段性

园林艺术与其他艺术不同，其审美客体除了一般的物质以外，主要以活体为主，即花草树木等绿色生命及鸟类虫兽，使得整个园林艺术充满了益然生机。有生命的审美客体具有生长、变化、成熟、衰老等过程。如春日的园林，大地回春，万物苏醒，树木绽出新芽，园林中生机勃勃；夏日的园林草木繁盛茂密，树荫浓郁，色彩纷呈；秋日的园林显现金黄色的旋律，枫叶红遍，一派成熟的景象；冬日的园林寒风凛冽，景色萧条，色彩单调。因此，审美客体在不同的生长阶段有其特殊的审美特征，即园林审美具有阶段性。

总之，园林美处处存在。正如罗丹所说，世界上"美是到处都有的，对于我们的眼睛，不是缺少美，而是缺少发现"。

四、园林美的表现要素

园林美的表现要素是众多的。如整体布局美、主题形式美、造园意境美、章法韵律美，还有植物、材料、色彩、光、点、线、面等。

中国古典园林区别于欧洲古典园林的最大特征之一，便是意境的创造。园林的山水、花木、建筑、盆景都给人以美的感受。当造园者把自己的情趣意向倾注于园林之中，运用不同的材料、色、质、形、统一和谐、连续、重现、对比、平衡、韵律变化等美学规律，剪取自然界的四季、昼夜、光影、虫兽、鸟类等混合成听觉、视觉、嗅觉、触觉等等结合的效果，唤起人们的共鸣，联想与感动，才产生了意境。

园林主题的形式美，往往是反映了各类不同园林的个性特征。园林主题形式美，渗透种种社会环境等客观因素，同时也强烈地反映了设计者的表现意图。或象征权威，或造成宗教气氛，纯粹是观赏，或具有幽静闲适、典雅风儒的独乐园等多方面的倾向。主题的形式美与造园者的爱好、智力、包含力、创造力，甚至造园者的人格因素、审美理想、审美素养有密切的联系。

我们说，园林是一种"静"的艺术，这是与其他艺术门类相比较而言，而园林中的韵律使园林空间充满了生机勃勃的动势，从而表现出园林艺术中生动的章法，表现出园林空间内在的自然秩序，反映了自然科学的内在合理性和自然美。

人们喜爱空间，空间因其规模大小及内在秩序的不同而在审美效应上存在着较大的差异。园林中一直有"草七分，石三分"的说法，这便是处理韵律的一种手法。组成空间的生动的韵律和章法能赐予园林以生气与活跃感，并且可以创造出园林的远景、中景和近景，更加深了园林内涵的深度和广度。

第三章

园林布局形式

园林布局（garden layout）就是在立意的基础上，根据园林的特点和性质，确定园林各构成要素的位置和相互之间关系的活动。即合理地组织各类园林要素，进行全面安排及艺术设计的过程，是设计者全面构思过程的表现。

在园林布局之前要先立意，所谓"立意"是指设计者经过思考后设计的主题，即设计思想的表达，无论是大型还是小型的园林都有明确的主题思想，不可能是漫无目的或随意的，都表达不同时代、不同设计者的思想。

设计中首先应了解园林所在地区位置的自然条件，《园冶》中说："相地合宜，构园得体"。这说明"相地（site investigation）"是关键的一步。所以在了解园址时要详细深入，把设计者的构思与园址的自然条件、周围环境的各方面作综合的比较，最后得出最佳的方案，所以立意与相地是不可分割的，是园林设计的基础工作。

确定了主题思想后就要进行布局，将各种园林要素布置在各景区内，使他们有机地结合起来，与自然环境融为一体，使各景区相互协调，符合功能和性质的要求。园林布局不只是进行平面的排布，它是在工程、技术、经济等各条件下综合园林要素及时间、空间等条件，协调各种关系，确定合理的形式。

传统的园林布局形式主要有规则式、自然式和混合式三种，随着社会的发展，时代的进步，在某些地区新的布局形式不断产生，如自由式、抽象式等。

第一节　布局形式

一、传统布局形式

传统布局形式可以归纳为三大类：规则式、自然式和混合式。

1. 规则式园林（又称整形式、建筑式、图案式或几何式园林）

西方园林从古埃及、古希腊、古罗马起到 18 世纪英国风景式园林产生以前，基本上以规则式园林为主，其中又以文艺复兴时期意大利台地建筑式园林和 17 世纪法国勒诺特尔平面图案式园林为代表。这一类园林以建筑和建筑式的空间布局作为园林风景表现的主题。

意大利的埃斯特庄园（Villa d' Este）、加尔佐尼庄园（Villa Garzoni）、法国的凡尔赛宫苑、沃-勒-维贡特府邸花园，还有我国北京的天安门广场、天坛以及南京的中山陵等，都是规则式园林（图 3-1-1、图 3-1-2）。其基本特征如下。

① 地形地貌　在平原地区，由不同标高的水平面和缓倾斜的平面组成，在山地及丘陵地，由阶梯式大小不同的水平台地、倾斜平面及石级组成，其剖面均为直线所构成（图 3-1-3）。

② 水体　园林内水体的外形轮廓均为几何形，采用整齐式驳岸，园林水景的类型以整形水池、壁泉、喷泉、整形瀑布及运河等为主。其中以大量的喷泉作为水景的主题。

③ 轴线与建筑　规则式布局一般有明显的中轴线，中轴两侧的内容大体是对称，平面

构成上线条都是直线或有几何轨迹可循的曲线，由平面图案组成（图3-1-4）。

图3-1-1 意大利的埃斯特庄园

图3-1-2 南京的中山陵

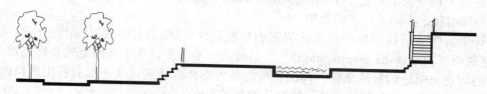

图3-1-3 规则式园林地形剖面示意图

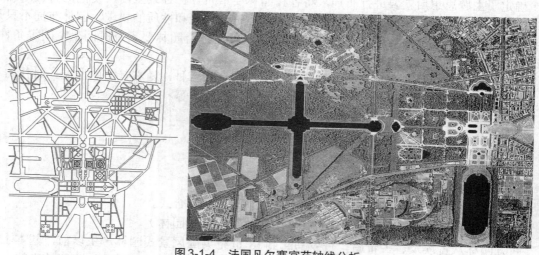

图3-1-4 法国凡尔赛宫苑轴线分析

　　强调建筑控制轴线。主体建筑组群和单体建筑多采用中轴对称均衡设计，多以主体建筑群和次要建筑群形成与广场、道路相组合的主轴、副轴系统，形成控制全园的总格局。

　　④ 道路广场　园林中空旷地和广场外形轮廓均为几何形，封闭性的草坪、广场空间以对称建筑群或规则式林带、树墙包围。道路均由直线、折线或几何曲线组成，构成方格形或环状放射形、中轴对称或不对称的几何布局。

　　⑤ 种植设计　配合中轴对称的总格局，全园树木配置以等距离行列式、对称式为主，树木修剪整形多模拟建筑形体、动物造型，绿篱、绿墙、绿门、绿柱等为规则式园林较突出的特点。

　　规则式园林常运用大量的绿柱、绿篱、绿墙和丛林划分和组织空间；花卉布置常以图案为主要内容的花坛和花带，有时布置成大规模的花坛群。

⑥ 园林小品　除以建筑、花坛群、规则式水景和喷泉为主景外，用饰瓶、雕像、园灯、栏杆等装饰，点缀园景。雕像的基座为规则式，常配置于轴线的起点、终点和交点。西方传统园林的雕塑主要以人物雕像布置于室外，常与喷泉、水池构成水体的主景。

总之，规则式园林强调人工美、理性整齐美、秩序美，给人庄重、严整、雄伟、开朗的视觉感受，同时也由于它过于严整，对人产生一种威慑力量，使人拘谨，规则式空间开朗有余、变化不足，给人一览无余之感，缺乏自然美，并且管理费工。

2. 自然式园林（又称风景式、不规则式、山水园林）

我国园林从有历史记载的周秦时代开始，无论大型的皇家苑囿和小型的邸宅园林，都以自然式山水园林为主，古典园林中可以北京颐和园、北海、承德避暑山庄、苏州拙政园，网师园为代表，我国自然式山水园林，18 世纪后半叶传入英国，从而引起了欧洲园林反对古典形式主义的革新运动。

建国以来的新建园林，如北京陶然亭公园、上海长风公园、杭州花港观鱼公园、广州越秀公园，也都进一步发扬了这种传统的布局手法，这一类园林以自然山水作为园林风景表现的主要题材。其基本特征如下。

① 地形地貌　自然式园林讲究"因高堆山""就低挖湖"，追求因地制宜，以利用为主，改造为辅，力求"虽由人作，宛自天开"。地形的剖面线为自然曲线。

平原地带地形为自然起伏的和缓地形，与人工堆置的若干自然起伏的土丘相结合。其断面为和缓的曲线（图 3-1-5）；在山地和丘陵地，则利用自然地形地貌，除建筑和广场基址以外，不做人工阶梯形的地形改造工作，原有破碎割切的地形地貌，也加以人工整理，使其自然。

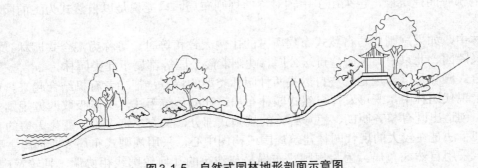

图 3-1-5　自然式园林地形剖面示意图

② 水体　水体是独立空间，自成一景，形式多样，人可接近。园林内水体的轮廓为自然的曲线，水岸由各种自然曲线的倾斜坡度组成，如有驳岸，也多为自然山石驳岸。

在建筑附近或根据造景需要也可部分采用条石砌成直线或折线驳岸。

③ 建筑　园内个体建筑为对称或不对称均衡的布局，其中的建筑群和大规模建筑组群多采用不对称均衡的布局，全园不以轴线控制，而以构成连续序列布局的主要导游线控制全园。中国自然式园林中的建筑类型：亭、廊、榭、舫、楼、阁、轩、馆、台、塔、厅、堂。

④ 道路广场　道路平面和剖面为自然起伏曲折的曲线。

以不对称的建筑群、山石、树丛、林带组成自然形空间，封闭性的空旷草地和广场，以不对称的建筑群、土山、自然式的树丛和林带包围。除有些建筑前广场为规则式外，园林中的空旷地和广场的外形轮廓为自然式。

⑤ 种植设计　园内不成行列式的种植，以反映自然界植物群落的自然错落之美。花卉

图 3-1-6　北京的颐和园是典型的混合式布局

布置以花丛、花群为主，树木配植以孤植树、树丛、树群、树林为主，不用规则修剪的绿篱、绿墙和模纹花坛。以自然的树丛、树群、林带来区划和组织园林空间，树木不作模拟的整形，园林中摆放的盆景除外。

⑥ 园林小品　除建筑、自然山水、植物群落为主景以外，还可采用山石、假山、桩景、盆景、雕像为主要或次要景物。其中雕像基座为自然式，雕像位置多配置于透景线集中的焦点上。碑文、石刻、崖刻、匾额、楹联等对中国园林独有的"意境"的形成至关重要。

总之，自然式园林的特点是没有明显的主轴线，其曲线无轨迹可循。园林空间变化多样，地形起伏变化复杂，山前山后自成空间，引人入胜。自然式园林追求自然，给人轻松亲切、意境深邃的感觉。

3. 混合式园林

严格地说，绝对的规则式和绝对的自然式在现实园林中是很难做到的，只是以其中的某种形式为主而已。意大利园林，除中轴以外，台地与台地之间，以及台地外围的背景仍然为自然式的树林，因此只能说是以规则式为主的园林。北京的颐和园，在行宫的部分以及构图中心的佛香阁建筑群，也采用了中轴对称的规则布局，只能说是以自然式为主的园林（图3-1-6）。

园林中，如果规则式与自然式布局所占的比例大致相等时，可称为混合式园林。如广州烈士起义陵园、北京中山公园、日坛公园、沈阳北陵公园等都属于此类园林。

混合式园林是综合规则式与自然式两种园林类型的特点，把二者有机结合起来。这种形式应用于现代园林中，既可发挥自然式园林布局设计的传统手法，又能吸取西方规则式布局的特点，创造出既有整齐明朗、色彩鲜艳的规则式部分，又有丰富多彩、变化无穷的自然式部分。其手法是在较大的现代园林建筑周围或构图中心，采用规则式布局；在远离主要建筑的部分，采用自然式布局。因为规则式布局易与建筑的几何轮廓线相协调，且较宽广明朗，然后利用地形的变化和植物的配植逐渐向自然式过渡（图3-1-7）。

二、新形式发展与演变

在欧洲随着植物生态学和对植物认识的发展，人们对植物由原来艺术地享用，变成科学地运用；对生物链的认识，把生态平衡与园林联系在一起。

我国在建国后，人民政府赋予园林绿化以新的生命，确立了园林是为大众服务的宗旨，对皇家园林进行了修补开放。以后全面学习前苏联，行道树在全国各大城市广泛兴起，同时小游园、街头小绿地也广泛兴起，

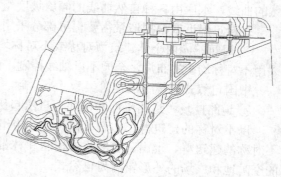

图3-1-7　混合式园林平面示意图

但多为中轴对称形式，活动空间犹如糖葫芦。

1. 自由式园林
即活动空间自由组合，没有严格的对称关系。

2. 抽象式园林
最早出现于我国深圳（图3-1-8），这种园林新形式的主要特点如下。

图3-1-8　深圳抽象式园林

① 强调开放性与外向性。与城市景观相互协调并融为一体，便于公众游览，使形式适合于现代人的生活、行为和心理，体现鲜明的时代感。

② 以简洁流畅的曲线为主，但也不排斥直线与折线。它从西方规则式园林中吸取其简洁明快的画面，又从我国传统园林中提炼出流畅的曲线，在整体上灵活多变，轻松活泼。

③ 强调抽象性、寓意性，具有意境，求神似而不求形似。它不脱离具体物象，也不脱离大众的审美情趣，把中国园林中的山石、瀑布、流水等自然界景物抽象化，使它带有较强的规律性和较浓的装饰性，在寓意性方面延续中国古典园林的传统。

④ 讲究大效果，注重大块空间，大块色彩的对比，从而达到简洁明快，施工完毕后即可取得立竿见影的效果。

⑤ 重视植物造景，充分利用自然形和几何形的植物进行构图，通过平面与立面的变化，造成抽象的图形美与色彩美，使作品具有精致的舞台效果。

⑥ 形体的变化富于人工装饰美，即善于变化又协调统一，不流于程式化。为提高施工的精度和严密性，基本形体都有规律可循。

⑦ 形式新颖，构思独特，具有独创性，与传统园林绝无雷同。

这种园林形式就称作抽象式，即从许多具体事物中舍弃个别非本质属性，抽取共同本质属性，将物体造型简化、概括，提炼成极为简练的形式，或成为具有象征意义的符号。

第二节　布局审美与影响因素

一、中西方园林的审美差异
中西园林由于历史背景和文化传统的不同而风格迥异、各具特色。从整体上看，中、西方园林由于在不同的审美观、哲学、美学思想支配下，其形式、风格差别是十分鲜明的。尤其是15～17世纪的意大利文艺复兴园林和法国古典园林与中国古典园林之间的差异更为显著。

1. 人工美／自然美
中、西园林从形式上看其差异非常明显。

西方园林所体现的是人工美，不仅布局对称、规则、严谨，就连花草都修整得方正，从而呈现出一种几何图案美，从现象上看西方造园主要是立足于用人工方法改变其自然状态。

中国园林则完全不同，既不求轴线对称，也没有任何规则可循，相反却是山环水抱，曲折蜿蜒，不仅花草树木任自然之原貌，即使人工建筑也尽量顺应自然而参差错落，力求与自然融合，"虽由人作，宛自天开"。

2. 人化自然/自然拟人化

既然是造园，便离不开自然，但中西方对自然的态度却很不相同。

西方美学著作中虽也提到自然美，但这只是美的一种素材或源泉，自然美本身是有缺陷的，不经过人工的改造，便达不到完美的境地，也就是说自然美本身并不具备独立的审美意义。

黑格尔在他的《美学》中曾专门论述过自然美的缺陷，因为任何自然界的事物都是自在的，没有自觉的心灵灌注生命和主题的观念性的统一于一些差异并立的部分，因而便见不到理想美的特征。"美是理念的感性显现"，所以自然美必然存在缺陷，不可能升华为艺术美。而园林是人工创造的，他理应按照人的意志加以改造，才能达到完美的境地。

中国人对自然美的发现和探求所循的是另一种途径。中国人主要是寻求自然界中能与人的审美心情相契合并能引起共鸣的某些方面。中国人自然审美观的确立大约可追溯到魏晋南北朝时期，特定的历史条件迫使士大夫阶层淡漠政治而邀游山林并寄情山水间，于是便借"情"作为中介而体认湖光山色中蕴涵的极其丰富的自然美。

中国园林虽从形式和风格上看属于自然山水园，但决非简单地再现或模仿自然，而是在深切领悟自然美的基础上加以萃取、抽象、概括、典型化。中国人的审美不是按人的理念去改变自然，而是强调主客体之间的情感契合点，即"畅神"。它可以起到沟通审美主体和审美客体之间的作用。从更高的层次上看，还可以通过"移情"的作用把客体对象人格化。庄子提出"乘物以游心"就是认为物我之间可以相互交融，以致达到物我两忘的境界。因此西方造园的美学思想人化自然，而中国则是自然拟人化。

3. 形式美/意境美

由于对自然美的态度不同，反映在造园艺术上的追求便各有侧重。西方造园虽不乏诗意，但刻意追求的却是形式美；中国造园虽也重视形式，但倾心追求的却是意境美。西方人认为自然美有缺陷，为了克服这种缺陷而达到完美的境地，必须凭借某种理念去提升自然美，从而达到艺术美的高度，也就是一种形式美。

罗马时期的维特鲁威在他的《建筑十书》中提到了比例、均衡等问题，提出"比例是美的外貌，是组合细部时适度的关系"。

文艺复兴时的达·芬奇、米开朗基罗等人还通过人体来论证形式美的法则。而黑格尔则以"抽象形式的外在美"为命题，对整齐一律、平衡对称、符合规律、和谐等形式美法则作抽象、概括。于是形式美的法则就有了相当的普遍性。它不仅支配着建筑、绘画、雕刻等视觉艺术，甚至对音乐、诗歌等听觉艺术也有很大的影响。因此与建筑有密切关系的园林更是奉之为金科玉律。

古代中国没有专门的造园家，自魏晋南北朝以来，由于文人、画家的介入使中国造园深受绘画、诗词和文学的影响。而诗和画都十分注重于意境的追求，致使中国造园从一开始就带有浓厚的感情色彩。清代王国维说："境非独景物也，喜怒哀乐亦人心中之一境界，故能写真景物、真感情者谓之有境界，否则谓之无境界"。意境是要靠"悟"才能获取，而"悟"是一种心智活动，"景无情不发，情无景不生"。因此造园的经营要旨就是追求意境。

一个好的园林，无论是中国或西方的，都必然会令人赏心悦目，但由于侧重不同，西方园林给我们的感觉是悦目，而中国园林则意在赏心。

4. 必然性/偶然性

西方造园遵循形式美的法则，刻意追求几何图案美，必然呈现出一种几何制约的关系，诸如轴线对称、均衡以及确定的几何形状，如直线、正方形、圆、三角形等的广泛应用。尽管组合变化可以多种多样千变万化，仍有规律可循。西方造园既然刻意追求形式美，就不可能违反形式美的法则，因此园内的各组成要素都不能脱离整体，而必须以某种确定的形状和大小镶嵌在某个确定的部位，于是便显现出一种符合规律的必然性。

中国造园走的是自然山水的路子，所追求的是诗画一样的境界。如果说它也十分注重于造景的话，那么它的素材、原形、源泉、灵感等就只能到大自然中去发掘。越是符合自然天性的东西便越包含丰富的意蕴。因此中国的造园带有很大的随机性和偶然性。中西相比，西方园林以精心设计的图案构成显现出他的必然性，而中国园林中许多幽深曲折的景观往往出乎意料之外，充满了偶然性。

5. 明晰/含混

西方园林主从分明，重点突出，各部分关系明确、肯定，边界和空间范围一目了然，空间序列段落分明，给人以秩序井然和清晰明确的印象。主要原因是西方园林追求形式美，遵循形式美的法则显示出一种规律性和必然性，但凡规律性的东西都会给人以清晰的秩序感。

另外西方人擅长逻辑思维，对事物习惯于用分析的方法以揭示其本质，这种社会意识形态大大影响了人们的审美习惯和观念。

中国造园讲究的是含蓄、虚幻、含而不露、言外之意、弦外之音，使人们置身其内有扑朔迷离和不可穷尽的幻觉，这自然是中国人的审美习惯和观念使然。和西方人不同，中国人认识事物多借助于直接的体认，认为直觉并非是感官的直接反应，而是一种心智活动，一种内在经验的升华，不可能用推理的方法求得。

中国园林的造景借鉴诗词、绘画，力求含蓄、深沉、虚幻，并借以求得大中见小，小中见大，虚中有实，实中有虚，或藏或露，或浅或深，使得许多全然对立的因素交织融会，浑然一体，而无明晰可言。相反，处处使人感到朦胧、含混。

6. 入世/出世

在诸多西方园林著作中，经常提及上帝为亚当和夏娃建造的伊甸园。《圣经》中所描绘的伊甸园和中国人所幻想的仙山琼阁异曲同工。但随着历史的发展，西方园林逐渐摆脱了幻想而一步一步贴近了现实。法国的古典园林最为明显，王公贵族的园林中经常宴请宾客、开舞会、演戏剧，从而使园林变成了一个人来人往、熙熙攘攘、热闹非凡的露天广厦，丝毫见不到天国乐园的超脱尘世的幻觉，一步一步走到世俗中来。

羡慕神仙生活思想对中国古代的园林有着深远的影响，秦汉时代的帝王出于对方士的迷信，在营建园林时，总是要开池筑岛，并命名为蓬莱、方丈、瀛洲以象征东海仙山，从此便形成一种"一池三山"的模式。而到了魏晋南北朝，由于残酷的政治斗争，使社会动乱分裂，士大夫阶层为保全性命于乱世，多逃避现实、纵身享乐、邀游名山大川以寄情山水，甚至过着隐居的生活。这时便滋生出一种消极的出世思想。陶渊明的《桃花源记》便描绘了一种世外桃源的生活，这深深影响到以后的园林。文人雅士每每官场失意或退隐，便营造宅院，以安贫乐道、与世无争而怡然自得。

因此，与西方园林相比，中国园林只适合少数人玩赏品位，而不像西方园林可以容纳众多人进行公共活动。

7. 唯理/重情

中西园林间形成如此大的差异是什么原因导致的呢？这只能从文化背景，特别是哲学、美学思想上来分析。造园艺术和其他艺术一样要受到美学思想的影响，而美学又是在一定的哲学思想体系下成长的。

西方哲学，不论是唯物论还是唯心论都十分强调理性对实践的认识作用。公元前6世纪的毕达哥拉斯学派就试图从数量的关系上来寻找美的因素，并提出了黄金率。这种美学思想一直顽强地统治了欧洲几千年之久。她强调整一、秩序、均衡、对称，推崇圆、正方形、直线……欧洲几何图案形式的园林风格正是在这种"唯理"美学思想的影响下形成的。

与西方不同，中国古典园林滋生在中国文化的肥田沃土之中，并深受绘画、诗词和文学的影响。由于诗人、画家的直接参与和经营，中国园林从一开始便带有诗情画意的浓厚感情色彩。

中国古代造园理论专著不多，但绘画理论著作较多。这些绘画理论对于造园起了很多指导作用。画论所遵循的原则莫过于"外师造化，中得心源"。外师造化是指以自然山水为创作的楷模，而中得心源则是强调并非科班的抄袭自然山水，而要经过艺术家的主观感受以萃取其精华。

除绘画外，诗词也对中国造园艺术影响至深。自古就有诗画同源之说，诗是无形的画，画是有形的诗。诗对于造园的影响也是体现在"缘情"的一面。中国古代园林多由文人画家所营造，不免要反映这些人的气质和情操。这些人作为士大夫阶层无疑反映着当时社会的哲学和伦理道德观念。中国古代哲学"儒、道、佛"的重情义，尊崇自然、逃避现实和追求清净无为的思想汇合在一起形成一种文人特有的恬静淡雅的趣味，浪漫飘逸的风度，朴实无华的气质和情操，这也就决定了中国造园"重情"的美学思想。

二、西方景观设计的新思潮

1."后现代主义"与景观设计

20世纪60年代起，资本主义世界的经济进入全盛时期，而在文化领域出现了动荡和转机。一方面，50年代出现的代表着流行文化和通俗文化的波普艺术到60年代蔓延到设计领域。另一方面，进入60、70年代以后，人们对于现代化的景仰也逐渐被严峻的现实所打破，环境污染、人口爆炸、高犯罪率，人们对现代文明感到失望、失去信心。现代主义的建筑形象在流行了三四十年后，已渐渐失去对公众的吸引力。人们对现代主义感到厌倦，希望有新的变化出现，同时，对过去美好时光的怀念成为普遍的社会心理。历史的价值、基本伦理的价值和传统文化的价值重新得到强调。

后现代主义的特征：历史主义、直接复古主义、新地方风格、因地制宜、建筑与城市背景相和谐、隐喻与玄学及后现代空间。

后现代主义的景观作品如华盛顿西广场、巴黎雪铁龙公园等（图3-2-1）。

2."解构主义"与景观设计

解构主义大胆向古典主义、现代主义、后现代主义提出质疑，认为应当将一切既定的设计规律加以颠倒。如反对建筑设计中的统一与和谐，反对形式、功能、结构、经济彼此之间的有机联系。认为建筑设计可以不考虑周围环境或文脉等，提倡分解、片段、不完整、无中心、持续地变化……解构主义的裂解、悬浮、消失、分裂、拆散、位移、斜轴、拼接等手法，确实产生一种特殊的不安感。如法国巴黎的拉·维莱特公园就是解构主义景观的代表性作品（图3-2-2）。

3.极简主义与景观设计

极简主义通过把造型艺术剥离到只剩下最基本元素而达到"纯粹抽象"。极简主义艺术家认为，形式的简单纯净和简单重复就是现实生活的内在韵律。

极简主义的特征如下。

（1）非人格化、客观化，表现的只是一个存在的物体，而非精神，摒弃任何具体的内容、反映、联想；

（2）使用工业材料，如不锈钢、电镀铝、玻璃等，在审美趣味上具有工业文明的时代感；

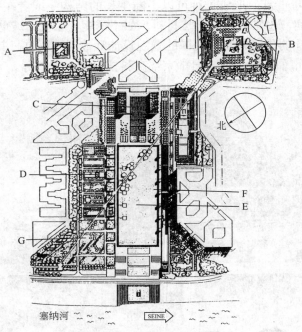

A—白色园；B—黑色园；C—大温室及喷泉；
D—小温室及系列园；E—大草坪；F—岩洞；G—运动园

图3-2-1　后现代主义景观作品——巴黎雪铁龙公园

（a）巴黎拉·维莱特公园
鸟瞰（解构主义景观作品）

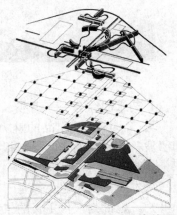

（b）巴黎拉·维莱特公园点线面
系统分析（解构主义景观作品）

图3-2-2　解构主义景观

（3）采用现代机器生产中的技术和加工过程来制造作品，崇尚工业化的结构；

（4）形式简约、明晰，多用简单的几何形体，具有纪念碑式的风格；

（5）颜色尽量简化，作品中一般只用黑白灰色，色彩均匀平整；

（6）在构成中推崇非关联构图，只强调整体，重复、系列化地摆放物体单元，没有变化或对立统一，排列方式或依等距或按代数、几何倍数关系递进；

（7）雕塑不使用基座和框架，将物体放在地上或靠在墙上，直接与环境发生关系。

在景观设计领域，设计师在形式上追求极度简化，以较少的形状、物体、材料控制大尺度的空间，形成简洁有序的现代景观。另外有一些景观设计作品，运用单纯的几何形体构成景观要素或单元，不断重复，形成一种可以不断生长的结构；或者在平面上用不同的材料、色彩、质地来划分空间，也常使用非天然材料，如不锈钢、铝板、玻璃等。

极简主义景观设计的代表人物是美国的景观设计师彼得·沃克。其代表作品有泰纳喷泉（图3-2-3）、福特沃斯市伯纳特公园、日本京都高科技中心火山园等。

图3-2-3　极简主义景观作品——泰纳喷泉

4. 艺术的综合——玛莎·施瓦茨的景观设计

玛莎·施瓦茨作品的魅力在于设计的多元性。她的作品受到"极简主义""大地艺术"和"波普艺术"的影响，她根据自己对景观设计的理解，综合运用这些思想中她认为合理的部分。

从本质上说，她更像是一位"后现代主义"者，她的作品表达了对"现代主义"的继承和批判。她批判现代主义的景观思想，即不注重建筑外部的公共空间设计，排斥那些与建筑竞争的有明显形式的景观；赞赏现代主义的社会观念，即优秀的设计必须能为所有的阶层所享用。她的作品有纽约亚克博·亚维茨广场（图3-2-4）、迈阿密国际机场隔音墙、亚特兰大市里约购物中心、明尼阿波利斯市联邦法院大楼前广场等。

5. 艺术与科学的结合——哈格里夫斯的景观设计

哈格里夫斯的设计表达了他独特的设计哲学。他认为，设计就是要在基址上建立一个舞台，在这个舞台上让自然要素与人产生互动作用，他称之为"环境剧场"。在那里人类与大地、风、水相互交融，这样就导致了一种自然的景观。然而，这种景观看上去并不是自然的。用非自然的形式表达人与自然的交融，这与大地艺术的思想如出一辙。

同时，他的设计还渗透着对基地和城市的历史与环境的多重隐喻，体现了文脉的延续。作品深层的文化含义使之具有了地域性和归属性，易于被接受和认同。

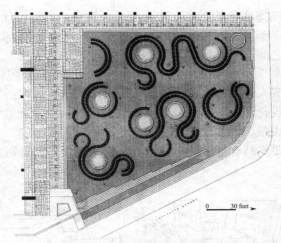

图3-2-4 艺术的综合景观作品—纽约亚克博·亚维茨广场

哈格里夫斯的设计结合了许多生态主义的原则，但又不同于一般的生态规划方法，他认为生态主义不应忽视文化和人类生活的需要，人造的景观永远不可能是真正自然的，景观设计不仅要符合生态原则，还应当考虑文化的延续和艺术的形式。他常常通过科学的生态过程分析，得出合理而又夸张的地表形式和植物布置，在遵循了生态原则的同时，突出了艺术性。

哈格里夫斯的作品将文化与自然、大地与人类联系在一起，是一个动态的、开放的系统。他的作品有意识地接纳相关的自然因素的介入，将自然的演变和发展的进程纳入开放的景观系统中。其代表性作品有加州纳帕山谷中匝普别墅、加州圣·何塞市中心广场公园（图3-2-5）、加州帕罗·奥托市拜斯比公园等。

图3-2-5 加州圣·何塞市中心广场公园

6. 人类与自然共生的舞台——高伊策的景观设计

高伊策的作品个性鲜明而风格多样，每一个项目都是特定环境、特定思想的产物。他认为自己在一定程度上也是一个功能主义者。

他非常喜欢简洁的风格，常使用很少的元素，创造出美丽、形式简洁的园林作品；他倾心于波普艺术，常运用平凡的日常材料，创造出为大众接受的作品；他也受大地艺术的影响，一些作品表现出雕塑般的景观和艺术化的地形，有一些作品表现出非持久和变化的特征。他将景观作为一个动态变化的系统，认为每一个设计，不管设计者是否想到过，不管是自然进程还是人工原因，都会受到时间的影响。

他认为技术与生态之间是一种新的共生关系，不要强调"人造"和"自然"的界限。

他受"后达尔文主义"的影响，认为这个年代已经没有必要再创造一种新的环境来适应人类，应该停止环境适应人，因为人可以被环境同化，应该让人来适应环境。

可以说，高伊策的设计源于对当代社会和生活的理解以及对景观的乐观看法。他的努力对当代景观事业做出了贡献，因为他的作品给了一个同时代的定义。高伊策的作品是人类和自然共生的舞台。其主要作品有舒乌伯格广场、阿姆斯特丹斯希普霍尔机场等（图3-2-6）。

图3-2-6　高伊策的作品

三、影响园林布局形式的因素

园林形式不论如何变化发展，它始终离不开"人的需要"，脱离这一点，就背离了园林的宗旨；要对植物材料详实地掌握，这是新时代生态园林的要求；今天学习园林形式，既不能丢掉传统，又必须接受新观点。

1. 园林的性质和内容

内容决定形式，形式表现内容，是指某种内容须选用最合适的形式才能表现出它的内在实质。每种形式都应该反映一定的内容，内容与形式是不可分的统一体。如纪念性公园、烈士陵园应该采用严整的规则式，才可以显示出庄严、肃穆、雄伟的气势。如南京紫金山的中山陵，以一条宽敞笔直的山道，从山脚直达陵堂，山道两侧为行列式栽植的龙柏，如两行士兵排列。游人仰望山顶的陵堂，在拾步登上539级台阶中感到雄伟壮观，达到了以形式烘托内容的作用。如果是儿童公园则采用使人感到轻松、活泼的自然式为宜。需要注意的是一种内容不一定只用一种形式去表现，形式也有相对的独立性。

2. 地区的自然条件

如果拟建园林的地形是平地，采用规则式比较经济，如果采用自然式，也应以植物组织空间为主，形成自然风景园，防止人为地挖湖堆山搞山水园。如果拟建园林的地形起伏较大，且自然水面较多时，采用自然式更好。总之，应根据地区的自然条件因地制宜地选用园林形式。

3. 所处的环境条件

如果所处的周围环境都是规则式的道路、广场和建筑群，要建的园林绿地面积又不大，应采用规则式和自由式的整形式，可以取得与环境的协调统一；如果要建的园林绿地面积很大，可以组成二个以上的独立视景空间，也可以采用自然式或混合式。

4. 文化传统和审美意识

不同国家和地区有不同的传统文化、不同的民族习俗和不同的审美观。如中国推崇的是"天人合一"的哲学思想，崇尚自然美，"师法自然""虽由人作，宛自天开"的审美观。欧洲将人与自然相对立，强调理性，崇尚个体美、秩序美。数千年形成的传统思想和形式构成了世界的多样性。虽然世界各国间交往日益增多，文化技术交流也日益广泛，但传统意识还不能很快融合。传统的惰性对新社会的适应、选择都须在社会的变革中逐渐变化，也是新形势形成的因素。

所以，在什么地方，采用什么园林形式都应考虑两方面的因素：一方面是当地民族传统和社会审美思想；另一方面，要看当时的时代特点和社会需求。也就是说，文化传统、社会意识、时代的审美观都不是一成不变的，任何一个时代的作品都应反映那个时代的特征。

四、园林的风格

园林风格是指反映国家民族文化传统、地方特点和风俗民情的园林艺术形象特征和时代特征。

1. 反映不同国家、不同时代的风格特点

不同的国家其园林风格不一样。以古典园林为例，有以意大利和法国为代表的规则式园林风格；有以英国为代表的以植物造景为主的自然式园林风格；有以中国为代表的写意山水式的园林风格。同一个国家由于时代的不同，其不同时期的园林风格也不同。以意大利和法国为例来说，目前已经摆脱了古典园林风格的束缚，向浪漫主义的自然式园林发展，现在欧美各国的园林已打破了原有界限，与整个城市和城郊园林融为一体，并正在用生态学的观点改造园林。

我国的现代园林也正在摆脱传统园林风格的影响，走以植物造景为主的道路。园林建筑多趋于轻巧玲珑、色彩明快，过去以山石为主的假山，现在改用以土为主，并创造丘陵起伏的地形地貌，同时增加了现代化的文化娱乐设施。

2. 反映地方特色

同一形式的园林，其风格也可能不同，如同为规则式园林，意大利多山地，把山地修成台地，在台地上建造规则式园林。而法国多平原，则在平地上建造图案式园林，通过园林反映出各自的地方特点。同为草原牧场风光的园林，由于地方植物种类的不同，用地面积大小不一，使得英国和美国的园林风格有明显的差异。英国园林用地面积小，多常绿阔叶树；美国园林用地大，多常绿针叶树。同为山水式园林，中国和日本在风格上也有着明显的差异。日本园林风格虽然源于中国，但他们结合了本土的地理条件和风俗民情，形成了自己的风格。日本造园家通过石组手法，布置茶庭和枯山水，把造庭艺术简化到象征性表现，甚至濒于抽象，有一定的程式化，过于刻板。就我国古典园林来讲，江南园林与北方园林也有明显的差别，北方皇家园林富丽堂皇、气魄大、尺度大、建筑厚重、多针叶树；同为江南园林，还有杭州园林、扬州园林和苏州园林等地方风格之别。同为现代园林，人们常以"稳中雄伟"来形容北方园林；以"明秀典雅"来形容江南园林。由于城市发展的历史不同，也影响到园林风格。如哈尔滨受俄罗斯民族和日本庭园的影响，具有粗犷与精细并存的特点，其中园林建筑和花坛具有浓郁的西洋风味，与历史悠久的古城市中的园林风格有明显的区别。

3. 反映个人风格

同一块绿地表现同一主题，但由于设计者不同，作品的风格就不可能一致，这里体现了个人风格的问题。因设计者生活经历、立场观点、艺术修养、个性特征不同，在处理主题、驾驭素材、表现手法等方面都有所不同，各具特色。根据马克思主义哲学的观点。个人的风格是在时代、民族、阶级风格的前提下形成的；时代、民族、阶级的风格又通过个人风格表现出来。

在园林风格的创造上，忌千篇一律，更不能赶时髦。广东园林风格曾风靡全国，苏州园林也是满天飞。东施效颦，贻笑大方。应因地制宜，形成具有地方特色的新风格。在现代园林设计中，师法于古，又不能拘泥于古，要在贯通古今中外、融会百家的基础上，大胆变革创新，体现出时代精神。这样才能达到形式更趋完美、风格更为新颖的目的。

第四章

景与景的感知

第一节　景与境

一、景的含义

在园林中，我们常提到景，如西湖十景、圆明园四十景、避暑山庄七十二景等，人们也常将景的好坏作为评价园林质量的依据。那么，什么是景？

所谓的"景"即风景、景致，指自然界中具有美感的物像。

园林中的景是指在园林绿地中，自然的或人为创造加工的，并以自然美为特色的一种供作游憩欣赏的空间环境。

园林中的景是多样的，主要有以自然景观为主加以人工点缀组合的景、纯人工之景、以高山峻岭为主、以江河湖海为主、以森林风景为主、以名胜古迹为主、以亭、楼、阁为主的景等。这些环境，不论是天然存在的或人工创造的，多是由于人们按照此景的特征命名、题名、传播，使景色本身具有更深刻的表现力和强烈的感染力而闻名于天下。

景有自然景、人造景、自然和人工混合的景三种类型：泰山日出、黄山云海、桂林山水、庐山仙人洞等是自然的景；江南古典园林，以及北方的皇家园林都是人工创造的景；闻名世界的万里长城，蜿蜒行走在崇山峻岭之上，关山结合，气魄雄伟，兼有自然和人工之景。三者虽有区别，然而均以因借自然、效法自然、高于自然的自然美为特征，这是景的共同点。

所谓供作游憩欣赏的空间环境，即"景"绝不仅仅是能够引起人们美感的画面，而且还是具有艺术构思而能入画的空间环境，这种空间环境能供人游憩欣赏，具有符合园林艺术构图规律的空间形象和色彩，也包括声、香、味及时间等环境因素。如西湖的"柳浪闻莺"、关中的"雁塔晨钟"、避暑山庄的"万壑松风"是有声之景；西湖的"断桥残雪"、燕京的"琼岛春阴"、避暑山庄的"梨花伴月"是有时之景。由此可见，园林各构成要素的特点是景的主要来源。

二、境

古人将景的本质高度概括为"景以境出"，即"景"的关键在于"境"。这个境是景观美感的统一体现，境包括物境和意境两方面。

物境是指自然或人工环境给人的视觉、听觉、嗅觉、触觉等方面的感知。即景物的形态、色彩、光影变化、鸟语花香、四时变化等。

物境又可分为生境和画境。

生境指纯自然的生态环境。

画境指人工艺术的环境。

意境是物境在人的心理上产生的情感和联想，是中国古典传统园林艺术的特征。意境是一种美的联想，使人触景生情，浮想联翩，是无形的、深奥的、高超的。这种联想与人的文化修养、传统的民族习惯及观赏者的心境密不可分。

总之，物境是实物，有空间、有时间变化的，并能被生理感知到的客观世界。意境是存在于人头脑中的情，是别人看不到、摸不着的心理感知。但意境是与物境密不可分的。正如王国维在《人间词话》中言道："有造境、有写境……所造之景，必后乎自然，所写之境，亦必邻于理想故也。"在园林的实践创作中，景往往是意境与物境相互交融的，有高质量的物境，也有绝妙的意境，两者难以区别高下，但我们通常以意境的高低作为评价好坏的一方面。因为重意境是中国古典园林的传统特色，也是区分于外国园林的重要特征，应予以保持和发扬。

第二节　景的感知

所谓感知（perception）是指大脑展开的活动，我们解释为所收到的感受。人们对感知可以有不同的理解。有的是从神经心理学的角度出发定义的，即感觉是由刺激引起的。但按环境心理学、建筑学、地理学的看法，感觉只用于行为环境，个人对现象环境的意象就是他对环境的感觉。

园林中对景的感知主要分为生理感知和心理感知。生理感知分为视觉、听觉、嗅觉、触觉的感知，即景是被人的眼睛（视觉）、耳朵（听觉）、鼻子（嗅觉）、身体或身体的一部分（触觉）等感觉所感知的。大多数的景主要是被视觉所感知的，即观赏，如花港观鱼、三潭印月；有一些景是被听觉所感知的，如避暑山庄的"风泉清听""远近泉声"；还有一些景是被嗅觉即鼻子所感知的，如广州的兰圃，在兰花盛开的季节馨香满园，荣得国香美名；如哈尔滨市花丁香盛开时，空气中弥漫的浓香，俨然是哈尔滨的一块印象招牌，没有身临其境是不能体会到景的美感。

心理感知主要是指联想、触景生情、借景抒情等。景的感受并不是单一的，往往是由多个器官共同作用，得出的综合感受，如鸟语花香是由听觉和嗅觉完成的感知；月色江声则是由视觉和听觉共同作用所得到的感受。本书着重介绍视觉感知即观赏。

一、视觉感知（即观赏、赏景）

1. 视觉感知的相关概念

在对景的感知中，最重要的是视觉感知，园林设计的功能之一也是满足人们在视觉上的享受，是除去功能外，首先要考虑的内容。首先了解一下影响视觉感知的因素即视觉感知的相关概念——视点、视距、视角。

（1）视点

人们赏景时，无论是动态观赏还是静态观赏，总要有个立足点，观赏者所在的位置就称为观赏点或视点。它可以与景物处于同一水平面上，也可高于或低于景物所在的面。

视点设置较高时，可以产生鸟瞰和俯瞰的效果，纵览全园和园外的景色，并可获得较宽幅度的整体景观效果；视点设置较低时，如设在山脚下、山洞底部，向上观飞檐挑梁、悬崖，从而产生高耸、险峻、雄伟的感觉；视点与景物之间的高差不大时，将产生平视的效果，一般感觉平静、舒适（图4-2-1、图4-2-2）。

（2）视距

观赏者与景物之间的距离称为观赏视距，观赏视距的适当与否对观赏效果的影响很大。

在园林中，观赏点与景物之间的距离，根据不同的园林类型和不同规模而产生不同的视觉效果。一般来讲，在大型的自然山水园中，视距在200m以内，人眼可以看清主体中单体的建筑物；200～600m，能看清单体建筑的轮廓；600～1200m，能看清建筑群；视距大于1200m，则只能模糊看到建筑群的外形。

图4-2-1　视点设置较低　　　　　　　图4-2-2　视点设置较高

正常人的清晰视距为15～30m，明确看到景物细部的视野为30～50m，能识别景物类型的视距为150～270m，能辨认景物轮廓的视距为500m，能明确发现物体的视距为1200～2000m，但这已经没有最佳的观赏效果。至于远观山峦、俯瞰大地、仰望太空等，则是畅观与联想的综合感受。

（3）视角

视角是观赏者的视线与景物在水平面上的夹角和竖向的垂直夹角，有仰角和俯角之分。根据眼球的构造，眼底视网膜的黄斑处视觉最敏感，但黄斑的面积最小，只在6°～7°范围内的景物能映入黄斑。如果以黄斑中央微凹处为中心，再以中视线为轴，即构成圆锥的视锥，可称之为视域。

当人正常平视时，垂直视角为130°，水平视角为160°。在一般情况下，60°范围以内，图像较清楚，而在30°范围内，该视域内景物较为适宜。所以，在正常平视情况下，看清所有景物的整体形象，水平视场为45°，垂直视场为26°～30°。超过此范围就要转动头部观赏，这样对景物整体构图印象不够完整，而且容易感到疲劳。因此，园林中的主景，如雕塑、建筑等，最好能映入垂直视角30°和水平视角45°的范围内。在这个范围设置使游人观赏主景的地点，如设置休息性的景观建筑、小品供游人逗留、观赏和休息。

为符合以上基本原理，在进行园林设计时，尤其是一些园林建筑、雕塑、喷泉等时，应充分考虑视距与景物尺度的关系：一般情况下，大型景物合适视距为景物高的3.5倍，小型景物的合适视距约为景物的3倍。如果景物高度大于宽度，应以景物高度的数值考虑，因为视觉的观赏要求，对高度的完整性要优于宽度的完整性。

2. 视觉感知的方式

（1）动态观赏与静态观赏

景的观赏按视点的变化与否分为静态观赏和动态观赏。宋代画家郭熙在《林泉高致集》中论山水画："山水有可行者，可望者，有可游者，可居者"，说明山水景观的构图内容。其中"行者"为路，"游者"为廊，二者属于动态观赏的承载体；"望者"为远景，"居者"为屋，二者属于静态观赏的景象。

"动"就是"游"，"静"就是"息"，游与息是游人的目的和要求，也是园林布局的主要内容。游而无息使人筋疲力尽，息而不游又失去了游览的意义。因此，园林设计应从"动"与"静"两方面考虑景的观赏。

静态风景与动态风景是指景物本身的动与静的表象。园林中的美景常存在于动与静的变化之中。如："平湖秋月"和"三潭印月"都是静中的美；"柳浪闻莺"则是目观耳赏的动中的美；"曲院风荷"和"南屏晚钟"是动中有静、静中有声的含蓄美；"九溪十八涧"的潺潺流水和"黄果树瀑布"的轰鸣都是动态风景展示的自然美。

在游览路线上，有系统地布置多种景观；在重点景观地区，应使游人停留下来，对四周景观细致观赏，然后引导游人继续进入下面的游览路线。动态观赏要形成一种动态的连续构图（图4-2-3）。

① 静态观赏　固定视点观赏景物称为静态观赏，即视点不变，可以是朝向一个方向，也可以是朝向四周几个方向的观赏，同时被观赏的景物可以是静态的，也可以是动态的。在园林设计中应注意静态观赏的位置与观赏景观的画面组织。

在游人最多、逗留最久之处，如亭、廊、入口处、制高点、构图的中心地带，要安排优美的静观风景画面；静态观赏如同观看风景画，有主景和配景，前景、中景和远景。静态观赏除主要方向的主要景色外，还应考虑其他方向的景色布置。

② 动态观赏　动态观赏指游人视点与景物产生相对位移，即从一景驻足后移动到另一景，一景一景不断变换，这时所看到的景都随着视点的移动而变化，成为一种动态连续构图，即所谓的"步移景异"。动态观赏分为步行、乘船和乘车三种形式。一般中小型园林以步行为主；以水景为主或多河、湖的园林，除步行，还需乘船游览水景；大型公园或风景区，则以乘车与步行游览相结合。

一般人对景物的观赏都先近后远，先全体后个体，先整体后局部，先特殊后普通，先动景（如人、车、船等）后近景（如花、草、树、建筑等），对园林景区的规划设计应动静结合，安排不同的游览方式，以达到完美的艺术境界。

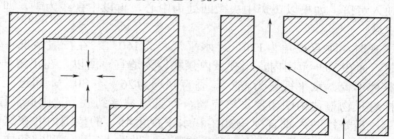

图4-2-3　空间的静态与动态表现

（2）平视、俯视、仰视

景的视觉观赏按视点位置高低不同可分为平视、俯视和仰视。居高临下，景色全收，这是俯视；有些景区险峻难攀，只能在低处瞻望，属于仰视；在平坦的草地或湖滨观景，景物深远，多为平视。仰视、平视、俯视给游人的感觉和观赏效果各不相同，在设计时，应根据设计的意图确定采用的观赏方式。

① 平视观赏　平视是指人的视线与地平线平行而视。平视观赏时游人的头部不用上仰下俯，可以舒展地平望，产生平静、安宁、深远的感觉，不易疲劳。平视风景由于与地面垂直的线条在透视上均无消失感，故景物高度效果感染力小，而不与地面垂直的线条均有消失感，表现出较大的差异，因而对景物的远近深度有较强的感染力。

用于平视观赏的景观应该设置在与游人视点高度相等或高差较小的位置上，并有相当的距离。如园林绿地中的安静地区，休息亭榭、疗养区的一侧等。西湖风景的恬静感觉与多为平视景观分不开。平视的景物与游人视点越远，景物透视的消失感越弱，色彩也越淡。具有明显的远近和深度感。因此，园林中常要创造宽阔的水面、平缓的草坪、开敞的视野和远望的条件，这就把天边的水色云光、远方的山廓塔影借来身边，一饱眼福。在设计时，为了增加平视的效果，在景物布置上要注意层次的表现，避免一马平川、一览无余、没有景深和层次。

　　② 俯视观赏　居高临下，俯瞰大地，为人们的一大乐趣。园林中也常利用地形或人工造景，创造制高点以供人俯视。绘画中称之为鸟瞰。

　　游人视点较高，景物处于视点下方，需要低头观赏，此时视线与地平线相交，因而垂直地面的直线，会产生向下的消失感，景物越低就显得越小，因此产生"会当凌绝顶，一览众山小"的感觉。居高俯视有征服感，但也有居高自危的险境感。在园林设计中一般要设置一个制高点，鸟瞰全园，形成俯视观赏的效果，如登上北京颐和园佛香阁，全园美景尽收眼底，甚为美丽；另外，泰山山顶、华山几个顶峰、黄山清凉台等都能形成俯视欣赏的效果。

　　③ 仰视观赏　一般认为视景仰角分别为大于45°、60°、90°时，由于视线的不同消失程度可以产生高大感、宏伟感、崇高感和威严感。

　　景物高大，视点距离景物又很近，一般情况下视距小于景物高度的3倍（仰角超过13°），要全部看到景物就需中视线上移，头部上仰（图4-2-4）。这时与地面垂直的线条有向上消失感，景物的高度感染力强，易形成雄伟、庄严、紧张的气氛。在园林中，有时为了突出主景，常把视距安排在主景高度的一倍以内，没有后退余地，运用错觉，产生景物高大之感。如古典园林中假山堆叠，为了让人不注意其真高，而将视点安排在近距离内，好像山峰高入蓝天白云之中。

图4-2-4　仰视

　　视点越近，人与景物的亲近感、封闭感、压抑感也越强，易形成雄伟、高大、威严的气势，给人以自卑不如的心理。北京颐和园佛香阁建在万寿山上，是建筑群中的主体建筑，如果从建筑群的中轴线上的排云殿攀登，步步高耸，观看佛香阁也在不断高升，出德辉殿后，抬头仰视的视角为62°，觉得佛香阁高入云端。

　　平视观赏、俯视观赏和仰视观赏，有时不能完全分开，如攀登崇山峻岭，登山的过程中主要为仰视观赏，眼前景物高大、雄伟，气势磅礴；登上山顶，一览众山及山下风景，给人征服世界、征服自然之感，为俯视观赏。因此，在各种景物的视觉安排上，应全面考虑，使游人可以从不同的视角观赏景物，从而产生不同的体会和感受。

　　（3）视景空间的基本类型

　　① 开敞空间与开朗风景　人的视平线高于四周景物时，所处的空间是开敞的空间。空间的开敞程度与视点和景物之间的距离成正比；与平视线高出景物的高差成正比。

　　在开敞空间中所呈现的风景是开朗风景。在开敞空间中，视线可以平视很远，视觉不宜疲劳。开朗风景可使人心胸开阔、舒畅奔放。

　　开朗风景属于平视观赏，多用在湖面、江河、海滨、草原以及能登高远望之地。

　　② 闭合空间与闭锁风景　人的视线被四周景物屏障遮挡的空间叫闭合空间。空间闭合给人视觉的感觉强度与人和景物之间的距离成反比。即人距景物越近，闭合强度越强；景物超过人的视平线越高，闭合的强度感也越强。

　　闭合空间所呈现的风景叫闭锁风景。闭锁风景的亲近感越强，四面景物越清晰可见。但近距离观赏容易使视觉疲劳，产生闭塞感。

　　园林的闭锁风景多用在小型庭院、林中空地、过渡空间、回旋的山谷、曲径或进入开朗风景之前，达到空间的开合对比。

　　闭合空间的大小和周围景物高度的比例，决定它的闭合强度，也直接关系到风景的艺术价值。一般情况，在闭合空间中，风景视线的仰角小于6°时景观空间有空旷感；仰角在13°左右时，景物有亲近感，观赏艺术价值较高；仰角大于18°时，则空间有闭塞感，人开始感到压抑（表4-2-1）。

表4-2-1 视距与视角、空间封闭感的关系

D/H	1	2	3	4	5	6	7	8	9	10
垂直角度	45°	27°	18°	14°	11°	9°	8°	7°	6°	5°30″
空间封闭性与亲近感	极强	很强	强	较强	较强	渐弱	较弱	弱	弱	很弱

由于空间的形式多种多样，不同空间有不同的视域要求，另外由于有创造特殊视觉效果的要求，如有意强调某一景物的高耸、雄伟的气势等，此时的视域、视距的设定就要根据具体的情况进行设置。如果要创造一个开敞空间效果，就要将垂直视域的夹角控制在6°以下，视距相当于四周景物高度的10倍。

二、其他感知方式

在景的感知中，除了视觉感知外，其他感知方式也很重要。因此，可以利用一些要素创造出不同的或很特别的景观，形成不同的景的特色，丰富园林景观，也满足游人不同的需求。众所周知，对于周围的景物，人不只是要用眼来看，还要用耳听、鼻闻、舌尝，用不同的器官来感知这个世界。因此，在园林设计中除了要创造适合观赏的景观外，还要创造满足人们其他感觉需求的景物，如在一片自然的山林引入或放养一些小动物，游人可以与之玩耍嬉戏。哈尔滨太阳岛风景区内的松鼠岛、鹿苑都是这种人与动物共生的生态景区。

园林是具有个性的艺术空间，优美的景色，深邃的意境，无心人是不能体验和领受得到的。要将情感贯注其中，并且运用联想和想象把景观与生活联系起来，随着景物的不断变化，感情的跌宕起伏，仿佛在画中游，景中思。歌德说"人是一个整体，一个多方面的内在联系着的能力的统一体，人的眼、耳、鼻、舌、身在一个统一体上，会共同发生作用。人的大脑发达，又具各种器官，所以产生美感的条件胜过任何动物。"园林的美来自生活和艺术，观景与联想总是密切的联系在一起的，景物在吸引人的同时，并有诱发联想的功能。因此，联想作为一种感知方式在园林设计中，尤其是中国古典园林中占有重要的地位，也常被作为评价一个园林作品价值高低的重要因素，这也是很多现代园林和西方园林所欠缺的，是我们应该继承和发扬的，也是中国古典园林的精华所在。

第三节 园林造景艺术手法

造景就是人为地在园林绿地中创造一种既符合一定使用功能又有一定意境的景，使环境从没有观赏价值到具有观赏价值，或从较低的观赏价值到较高的观赏价值的活动。造景必须在功能的指导下明确立意后才能处理好。

景是园林的灵魂，我国古典园林中非常重视景的创造，我们用什么样的方法才能创造出诸如平湖秋月、断桥残雪、柳浪闻莺、曲院风荷这样的美景呢？现就景在园林绿地中的地位、作用和欣赏要求，将造景手法分述如下。

一、主景和配景

1. 主景

景无论大小均有主景与配景之分，在园林绿地中能起到控制作用的景叫"主景"，它是

整个园林绿地的核心、重点，是全园视线控制的焦点，位于全园空间构图中心，是园林艺术意境处理的主题，具有压倒群芳的气势，有强烈的艺术感染力。

主景一般包含两个方面的涵义：一个是指整个园子的主景；另一个是园中被园林要素分割形成的局部空间的主景。如颐和园全园主景为佛香阁建筑群，局部空间——谐趣园主景为涵远堂；又如哈尔滨斯大林公园中，防洪纪念塔广场为全园的主景和平面构图中心，而防洪纪念塔本身又是所在广场的主景。

2. 配景

配景是对园林主景起烘托、渲染作用的景物，起陪衬主题的作用，通过配景的存在而明显地突出主景的艺术效果。游人在各配景处，欣赏主景是多角度的。而当游人处于主景之中，此范围内的一切配景又成为主要的欣赏对象。所以说主景和配景是相辅相成、相得益彰的，在园林设计中要处理好主景和配景的关系。

主景是核心，是重点，要有艺术感染力，要体现主题；配景起衬托主景的作用，处于从属地位（图4-3-1）。

图4-3-1　北海公园景观示意——主景与配景

3. 突出主景的方法

（1）主景升高

主体升高，相对地使视点降低，观赏主景要仰视。一般可取简洁明朗的蓝天、远山为背景，使主体的造型、轮廓鲜明地突出，而不受其他因素干扰的影响。主景升高可以用基座把主景抬高，也可以将主景设置在地形的制高点，在竖向上突出主景。另外，主景本身比较高大也有利于主景的突出。

我国古典园林中，颐和园的布局中心佛香阁和北海的布局中心白塔都运用了主景升高的手法来强调主体。如北京天安门广场人民英雄纪念碑、南京中山陵的纪念堂，利用基座或地形将主景升高，使主景在竖向上突出。由于背景开阔明朗，因此主景能够鲜明地被衬托出来（图4-3-2）。

图4-3-2　主景升高景观示意图

另外，在园林中具有个体美的孤植树或群体美的树丛适宜栽植在抬高的地形上突出他们的美。如广州的木棉树，又称英雄树，树形优美，又具有一定的象征意义，可作为孤植树，种植于山丘上，通过升高的地形突出主体特征，起到突出主景的作用。

（2）中轴对称和风景视线焦点

首先，在主景前方及两侧常常进行配置，以强调和陪衬主景，由对称体形成的对称轴称中轴线，主景总是布置在中轴线的终点。在规则式园林中，常运用中轴对称的方法来强调主体。如北京天坛、故宫等（图4-3-3）。中轴对称强调主景的艺术效果是宏伟、庄严和壮丽的，北京天安门广场综合运用了许多艺术，同时利用了中轴对称的手法，使天安门显得更加庄严和壮丽。

图4-3-3　中轴对称的手法突出主景示意图——北京天坛、故宫等建筑

其次，主景常布置在园林纵横轴线的相交点，或放射线的焦点或风景透视线的焦点。如天安门广场布置在原北京城纵横主轴的焦点上。还有法国凡尔赛宫苑中的拉通娜泉池、阿波罗泉池等都是布置在轴线的焦点上，使主景突出。在自然式园林中，常常把主景配置在全园主要透景线的焦点上来突出主景（图4-3-4）。

图4-3-4　中轴对称手法突出主景示意图——法国凡尔赛宫苑中水池

（3）运用动势向心

一般四面环抱的空间，如水面、广场、庭院、四周由群山环抱的盆地等，周围次要的景色往往具有动势，趋向于一个视线的焦点，主景宜布置在这个焦点上。这种手法也叫"百鸟

朝凤"或"托云拱月"法。

　　大规模的园林如承德避暑山庄是四面为群山环抱起来的园林空间，小规模的园林如苏州的留园、拙政园、狮子林、北京颐和园中的谐趣园、北海的琼华岛（图4-3-5）等都是四面为景物环抱起来的空间。在这种环拱的园林空间构图中，主景常常布置在环拱空间动势集中的焦点上。如杭州的西湖、北京的北海等，其朝向都是面向湖心的，所以这些景物的动势都是向心的，因此，西湖中央的主景孤山（图4-3-6）、北海的白塔便成了众望所归的构图中心，使得主景格外突出。

图4-3-5　风景视线焦点手法突出主景示意图——北海公园白塔

图4-3-6　风景视线焦点手法突出主景示意图——杭州西湖孤岛

　　（4）空间构图重心

　　静止和稳定的园林空间要求景物之间取得一定的均衡关系，为了强调和突出主景，常把主景布置在整个构图的重心上。规则式园林主景常设在构图的几何中心（有对称性），如人民英雄纪念碑，居于天安门广场的几何中心（图4-3-7）。自然式园林重心不一定是几何中心，往往把主景设在自然重心（不对称，但均衡）上。如北海静心斋中心的沁泉廊，就布置在自然式园林空间的自然重心上。

　　另外，中国传统园林中的假山园，主峰切忌居中，即主峰不设在构图的几何中心，而有所偏，但必须布置在自然空间的重心上，四周景物要与其配合（图4-3-8）。

　　（5）面朝阳

　　指屋宇建筑的朝向以南为好，因我国地处北纬，南向的屋宇条件优越，对其他园林景物来说也是重要的，山石、花木南向，有良好的光照和生长条件，各色景物显得光亮，富有生气，生动活泼。

　　在园林设计中，往往不是单独运用一种方法来突出主景，而是几种方法的综合运用，共同达到突出主景的目的。

　　（6）抑景

图4-3-7　空间构图中心手法突出主景示意图——北京天安门广场中央的人民英雄纪念碑

图4-3-8　空间构图中心手法突出主景
示意图——自然式园林中的假山

也叫"欲扬先抑，先藏后露""山重水复疑无路，柳暗花明又一村。"的造园手法。这与欧洲园林的一览无余形成鲜明对比。如苏州留园，从入口进入留园先是幽蔽的曲廊，等到"古木交柯"渐觉明朗，并与"华步小筑"空间相互渗透，再透过漏窗透出点园内景色，最后绕出"绿荫"则豁然开朗，山池亭榭尽现眼前（图4-3-9）。

此外，还有色彩、体量、形态、质地等也都具有强调主景的作用。园林设计者应时刻记住任何艺术品的局部都不能影响整体主景的艺术效果。

图4-3-9　抑景手法突出主景示意图——苏州留园入口处理

二、对景与分景

为了创造不同的景观，满足游人对各种不同景物的欣赏，园林绿地进行空间组织时，对景与分景是两种常见的手法。

1. 对景

位于园林轴线及风景视线端部的景物称为对景。对景沿导游线广布于园林中，常设置于游览线的前方，以满足游人视觉观赏的要求。对景给人的感受是直接、鲜明。为了观赏对景，要选择最精彩的位置，设置供游人休息逗留的场所作为观赏点。如安排亭、榭、草地等与景相对。

对景分正对、互对。正对是以规则式的轴线形式，两景点的中轴线重合。正对是为了达到雄伟、庄严、气魄宏大的效果，在轴线的端点设景点。在纪念性园林中，园路的尽头端部常布置景观以形成对景的画面效果。互对是在园林绿地轴线或风景视线两端点设景点，互成对景，是两景点的中轴线交叉。互对的景物不一定有很严格的轴线。

互为对景的景物可以在道路和广场的两端安排，也可以在水面的对岸或两个对立的山顶、山坡上设置。在自然式园林中弯环曲折的道路、长廊、河流和溪涧的转折点，宜设对景，增加景点，起到步移景异的效果。

上下的对景又叫呼应。有对景就有联系，就使人产生由此及彼的欲望，从而达到左右游人的目的（图4-3-10，图4-3-11）。如颐和园佛香阁建筑与昆明湖中龙王庙岛上的涵虚堂即是。

图4-3-10　对景景观示例——西安大雁塔

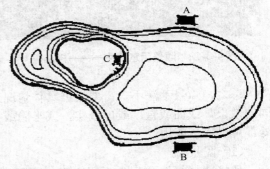

图4-3-11　水边建筑A、B、C互为对景

2. 分景

我国传统园林含蓄有致，意味深长，忌"一览无余"，要引人入胜。所谓"景愈藏，意境愈大。景愈露，意境愈小"。分景常用于把园林划分为若干空间，使之园中有园，景中有景，湖中有岛，岛中有湖。园景虚实结合，景色丰富多彩，空间变化万千。

（1）障景（抑景）

障景又称"抑景"，是我国园林起景部分常用的手法，是在园林绿地中抑制视线、引导空间、屏障景物的手法。"景贵乎曲，不曲不深"，要达到"曲"的效果，就要安排能遮掩视线、引导游人的景物。一般常在园林的入口安排一些屏障，将园内风景作适当的遮掩，以免一览无余。中国古典园林讲究曲折含蓄，障景恰好充当了这个序幕，是常用的抑景手法之一。如苏州园林的狮子园、留园、怡园等，入口都是一个小院，或穿过轿厅才能见到园景；无锡寄畅园入口设置假山，屏障园景。

障景本身作为一景具有点缀、造景、遮挡园景的作用。障景多设于入口处，并高过视线，景前留出一定余地，供游人逗留、穿越。虽遮犹露，可以隐约见到一些园景，引导游人前往观赏。在自然式园林中的障景多为自然式山体、树丛。有时障景也用于隐藏园内不够美观的物体。障景可以达到"欲扬先抑，先藏后露"，正所谓"嘉者收之，俗者屏之"，以提高主景的艺术效果。作为障景的障体本身也应该成为景观。障景一般设在较短距离之间才被发现，因视线受阻感到抑制，使游人想办法寻找出路，于是改变空间的引导方向，创造出"山重水复疑无路，柳暗花明又一村"的境界。

障景依据所用材料不同有山石障、影壁障、树丛障、建筑障（图4-3-12，图4-3-13）。用土山或石山作山障，如颐和园仁寿殿后的土山石，苏州拙政园腰门后的叠石构洞的石山。用树丛作树障，也可以运用建筑的廊院，经过曲折的廊道才能到达园内，叫曲障。如苏州留园进了园门后沿廊前进，经过两个小院来到"古木交柯"，从漏窗北望隐约可见山、池、楼阁的片段。

图4-3-12　障景示意图之一——树丛障

图4-3-13　障景示意图之二——建筑障

总之，障景手法不一，要根据具体情况选用不同的材料，或堆山或列树或曲廊，形成不同的效果，或曲或直，或虚或实，或半隐或半露。障景也不只是应用于起景部分，在园中处处都可以灵活应用。

（2）隔景

凡将园林绿地分割为不同空间、不同景区的手法称为隔景，为使景区、景点都有特色，避免各景区的相互干扰，增加园景构图变化，隔断部分视线及游览路线，使空间"小中见大"，起到划分景区、增加层次的作用。

图4-3-14　苏州拙政园中的琵琶园

中国园林所谓"园中有园"就是运用了隔景的手法将全园分为若干不同的组群，形成独立的小园。如苏州拙政园中的琵琶园（图4-3-14），就是用云墙及绣绮亭土山围合成封闭的空间，面向主景——湖山，构成一个相对独立的环境。为了使景区和景点各具特色，避免各景区的相互干扰，并增加园林整体空间的变化，是隔景的主要目的。障景是出其不意，本身就是景，在许多时候，它起到障丑扬美的作用。而隔景旨在分割空间景观，并不强调自身的景观效果。

隔景有实隔和虚隔之分，可以采用地势起伏的土石或石山、建筑等对空间进行实隔，还可以用植物、溪流、河水等对空间进行虚隔。两空间干扰不大，需互通气息者可虚分，如用疏林、空廊、漏窗、水面等；两空间功能不同、动静不同、风格不同宜实分，可用密林、山阜、建筑、实墙来分隔。利用空间的虚分和实分达到空间组织中的层次变化节奏，或虚或实，虚中有实，实中有虚，使人产生错觉。隔景以实隔为主，有隔才有进深，"庭院深深深几许"体现了空间层次的丰富变化。

三、借景手法

根据造景的需要，将园内视线所及的园外景色有意识地组织到园内观赏，成为园景的一部分，称借景。借景作为一种理论概念提出来，始见于明末著名造园家计成所著《园冶》一书。他在《园冶》一书中说："园林巧于因借，精在体宜，借者园虽别内外，得景则无拘远近，晴峦耸秀，绀于凌空；极目所至，俗则屏之，嘉则收之。"达到"窗收四时之烂漫，纳千顷之汪洋"的景观效果。

一座园林的面积和空间是有限的，为了扩大景物的深度和广度，丰富游赏的内容，有意识地把园外的景物"借"到园内视景范围中来。苏州沧浪亭突出的特点之一便是善于借景，通过复廊的漏窗可两面观景，使园外的清水与园内的山林相呼应，使内外景色融为一体（图4-3-15）。

借景要达到"精"和"巧"的要求，使借来的景色同本园空间的气氛巧妙地结合起来，让园内园外相互呼应，汇成一体。

借景能使可视空间扩大到目力所及的地方，在不耗费人力、财力、不占园内用地的情况下，极大地丰富了园林景观。按景的距离、时间、角度等，借景可以分为以下几种。

1. 远借

远借是把园外远处可见的景色组织进来。所借景物可以为山、水、建筑、树木等，所以园外远景通常要有一定高度，以保证不受遮挡。有时也可抬高观赏点，来达到远借的目的。远借给人以错觉，可以增加园的层次、景的深度。如北京颐和园远借西山及玉泉山之景；苏州拙政园远借北寺塔（图4-3-16）；苏州寒山寺登枫江楼景于狮子山、天平山及灵岩山等。

图4-3-15　苏州沧浪亭用漏窗借园外水　　　　图4-3-16　苏州拙政园远借北寺塔

2. 近借

近借也称邻借，是将与园相邻的或近距离的园外景物借入。近借可筑台登高提高视线借，也可开窗、隔岸借等。如拙政园的"宜两亭"、避暑山庄周围的"八庙"的邻借、苏州沧浪亭等。

3. 仰借

仰借是利用仰视借园外的高处景物。古塔、高楼、山峰、参天大树、蓝天白云、明月繁星、天上飞鸟均可以组织到园林中来。如北海可借附近景山万春亭。仰借视角过大时易产生疲劳感，在观赏点应该设置亭台座椅等。

4. 俯借

俯借是指俯视可借看的景物。登高俯借，所借景物甚多。如万春亭可借北海之内的景物，六和塔可借钱塘江宽广曲折的水景。

5. 应时而借

应时而借是指利用自然景观的季相变化和朝夕景象。就四季变化而言，有春借桃柳、夏借塘荷、秋借红叶、冬借冰雪。还有"琼岛春阴""曲院风荷""平湖秋月""南山积雪""卢沟晓月"等也是因时而借。西湖的"断桥残雪"，没有雪则景不存。

6. 映借（镜借）

映借是在室中设镜，通过大面积的镜面将室外景色借进室内。此外，平静的水面也可映出一份天地来，在进行水边植物种植设计时，倒影作为一种景观需要被考虑在内。如苏州网师园的"月到风来亭"，该亭居于水崖之上，突出池中，单檐檐角飞举。亭中置大镜一面，与水面景物相映成趣，更显风姿绰约，优美宜人。于亭中小坐凭栏静观，只见池水清澈，游鱼可数。池岸高低起伏，曲桥步石环池而筑，并有台阶下达水面，更添游人浮水之感。

除视觉景观外，还可以借声、借香味等。拙政园燕园的"留听阁"。避暑山庄的风泉清听、远近泉声、听瀑亭等都是以听觉为主的景观。巧妙地邻借附近的声音，增加本身的景观丰富度，视听两不误。园林中可借之物很多，只要是对造景有帮助的客观存在均可借用。

四、前景的处理手法

1. 框景手法

框景是利用景框欣赏景物的手法。空间景物不尽可观，或则平淡间有可取之景。利用门框、窗框、树框、山洞等，有选择地摄取空间的优美景色，如同一幅画面，更便于集中欣赏。李渔的《一家言》把收之园窗的景观称之为"无心画""尺幅窗"；杜甫的"窗含西岭千秋雪，门泊东吴万里船"诗句，说明利用门、窗作框，可纳室外的四时景色变化。

框景以简洁、深暗的景框作前景，使画面高度集中，给人以强烈的艺术感染力，还可以利用弯曲的树枝做框景（图4-3-17）。因为人从光线较暗的室内向光线明亮的外部景物望，形成以暗向明、以实补虚的对比效果。如颐和园的湖山真意亭，运用亭柱为框，把西山玉泉山及其塔的一幅天然图画收到框中，于是人们的注意力就集中在这幅天然图画而不及其他。

图4-3-17　门洞、窗框、树枝作框景

框景的设计需要细致地构思，所选入框的画境必须是极佳的景色，可以是远景，如奇峰、宝塔、远山；也可以是近景，如玲珑、奇特山石、芭蕉、竹子等。并不可能各处都有框景可赏。所以框景应该设在合适的位置上，才有较高的艺术效果。框景的艺术效果不局限于对某一局部景观的突出，观赏者的角度变换还可以达到步移景异的效果。

框景的设置，如先有景物，则开设位置应朝向最美的景观方向；如先有框，则应在框外的对景处布置景物，观赏点与景框的距离不宜过近，视点最好在景框的中心处。

框景可看作借景，也可看作漏景。

2. 漏景手法

漏景是由框景发展而来的，二者区别在于框景景色全收，而漏景景色若隐若现，含蓄雅致，给人"犹抱琵琶半遮面"之感，目的是引人入胜，实中有虚，隐中有露。漏景可借助漏窗、漏墙、漏屏风、疏林等实现，通过空隙看到如画的风景。

漏景在园林空间的组织分隔中具有联系空间、增加空间层次的作用；在封闭空间中可削弱封闭强度和作空间转折前的视线过渡，即在封闭空间中通过漏景使游人视线先期到达另一空间，诱导游人由该空间进入另一空间。所以，漏景除实墙上留出的漏窗外，还可以通过花墙、透露的隔扇，也可利用疏林的树干等取景（图4-3-18）。

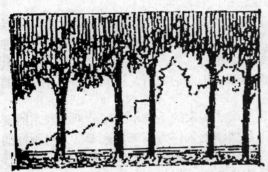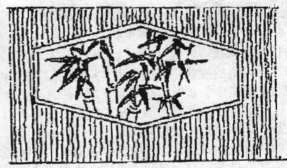

图4-3-18　漏景示意图

3. 夹景手法

夹景是为了强调狭长空间的纵深景观，或挡住两侧不美的景观。多利用树丛、山冈、建筑隐藏。远景在水平方向视界很宽，但其中并非都很动人，因此，为了突出理想的景色，常将左右两侧以树丛、山冈、建筑物等加以屏障，形成左右遮挡的狭长空间，这种造景手法叫夹景（图4-3-19）。夹景是用来遮挡两旁留出的透景线，借以突出轴线顶端的主景，是运用轴线、透视线突出对景的手法之一，夹景可以使景物具有深远感，是一种引起游人注意的有效方法。

图4-3-19　夹景示例图

在规则式园林中，夹景约束视线方向，可以直观狭长空间顶端的主景，强调主景的统治地位；在自然式园林中，夹景可以蜿蜒曲折，变幻出明与暗、开与合的空间变化序列。

图4-3-20　添景示例图

4.添景手法

就是为了求得主景或对景有丰富的层次感，在缺乏前景的情况下，为使画面更完整、更理想的一种艺术手段。添景是视景艺术画面上常用的手法，可以加强远景"景深"的感染力。建筑、树木均是构成添景的理想材料。如在湖边看远景常有几丝垂柳枝条作为近景的装饰（图4-3-20）。

五、层次手法

园林中为追求空间的丰富变化，显示视景空间的深远，常采用增加层次的分离手法，最常用的手法是创造具有前景、中景、远景的视景空间（图4-3-21）。

近景是近视范围较小的单独风景，中景是目视所及范围的景致，远景是辽阔空间伸向远处的景致。远景可以作为园林开阔处四望的景色；也可以作为登高鸟瞰全景的背景。具有三层景观的视景空间便产生了景观的层次感和深远感。平面的曲折、竖向的起伏、空间的藏与露都是增加景观层次、显示景深的重要手段。

如前所述的前景处理手法和借景手法都可以作为增加层次的手段，空间分割与联系的变化统一，也同时体现着空间的层次。如添景实际上是增添近景作为装饰，来丰富景观画面的层次，有近才有远。唐代所建的滕王阁，借赣江之景"落霞与孤鹜齐飞，秋水共长天一色"；岳阳楼近借洞庭湖水，远借君山，构成气象万千的山水画面；杭州西湖，在"明湖一碧，青山四围，六桥锁烟水"的较大境域中，"西湖十景"互借，各个"景"又各自成一体，形成一幅幅生动的画面。

园林中的层次实际上就是要创造出丰富的空间变化。为了求得景观的深远、层次的丰富，就要创造曲折，多次漏景、障景等。有曲折就有层次，有漏景就有层次。

图4-3-21　层次手法示例图——法国凡尔赛宫轴线

第五章

园林空间艺术

第一节　园林空间的基本知识

空间是由地平面、垂直面及顶平面单独或共同组合成的实在的或暗示性的围合范围。

园林艺术是空间与时间的造型艺术，对空间的理解不同，必然产生不同的艺术效果。西方人把空间看作是长、宽、高三个向量的大盒子，可以用几何、代数、物理学的方法求证。中国人古时对空间的理解主要受佛教和道教的影响。中国人古时对空间是用心灵去感受的，把空间理解为虚无的、无形的、无量的、无限的。但同时对空间也表现了以我为主、唯我独尊的心理。这一矛盾心态最典型的例子就是故宫和天坛的规划布局。故宫是皇家办公、生活的地方，其布局结构严谨、封闭，皇权至上的表现一目了然。天坛是皇室祭天与自然心灵交流的地方，其布局结构开放、自由。

园林空间艺术布局是在园林艺术理论指导下对所有空间进行巧妙、合理、协调、系统安排的艺术，目的在于构成一个既完整又变化的美好境界。

在园林中，空间的围合不是绝对和严格的，很多时候，各构成要素只是起到空间的限定和分隔的作用。

一、园林空间构成要素

园林的各构成要素，如地形、水体、植物、建筑等都可以作为园林空间的限定要素，根据它们自身的特点，围合形成不同风格的园林空间，或虚或实，或大或小，有主有次。

1. 地形围合空间

作为园林中的骨架，地形起到非常重要的作用。首先作为空间的"地"，地形是其他各要素布置的底面。其次，地形的起伏变化又可以形成不同的空间。利用地形可以有效地、自然地划分空间，使之形成具有不同功能或景色的区域，也可以利用不同的方式创造和限制外部空间。利用地形划分空间还能获得空间大小对比的艺术效果。平坦的地形因缺乏垂直限制的因素，在视觉上产生空旷感。而斜坡和较高的底面则给人限制和封闭的感觉。地形创造的空间形式不同给人的感觉也不同，平坦、起伏不大的地形给人轻松的感觉，而陡峭、崎岖的地形则给人兴奋之感（图5-1-1）。

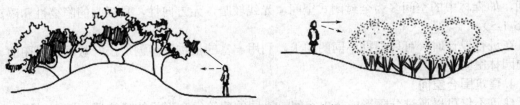

图5-1-1　不同地形的围合空间

2. 水体限定空间

水体对于空间的作用，应用限定或分隔来修饰。水本身作为一种流动的液体，不具有固定的形状，其外形是由容器决定的。因此，不具备垂直方向的高度，即没有"墙"，它对空间的作用，只能通过不同于邻近物的材质来暗示空间的转变。

3. 植物围合空间

植物作为园林构成要素中有生命力的要素，由于丰富的种类及外形，它对园林空间的围合与限定也是丰富多变的。植物材料可以在地平面上以不同的高度和不同种类的地被植物或低矮的灌木来暗示空间的边界，从而形成实空间或虚空间。例如草坪与地被植物之间的交界，虽无植物实体对视线的屏障作用，但却有空间范围的暗示作用，从而让人觉得边界的存在。垂直面上，树干犹如柱子形成空间的分隔，封闭程度随树干的大小、疏密以及种植形式的不同而异。叶丛也是影响围合的重要因素，叶丛的疏密度和分枝的高度影响着空间的闭合感。落叶植物围合的空间随季节的变化而变化，常绿植物在垂直面上能形成常年稳定的空间封闭效果。一般树木的间距为 3～5m，超过 9m，便会失去视觉效应，顶平面的形成会受到影响。

借助植物材料作为空间限制的因素，能创造出以下类型不同的园林空间。

① 开敞空间 用低矮的灌木、花草、地被、绿篱等围合而成，四周开敞，外向，无隐秘性，视线开阔，完全暴露于天空和阳光下，给人心情舒畅、自然的感觉（图5-1-2）。

图 5-1-2 植物围合成的开敞空间

② 半开敞空间 空间的一面或多面部分受到较高植物的封闭，从而限制了视线的穿透，开敞的程度较小，其方向指向封闭型较差的开敞面，可以形成围合空间，增加向心和焦点作用（图5-1-3）。

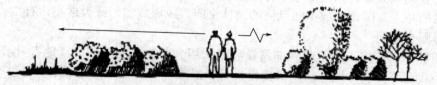

图 5-1-3 植物围合成的半开敞空间

③ 覆盖空间 具有浓密树冠的高大乔木，构成一个顶面覆盖而四周开敞的空间，该空间为树冠和地面之间的宽阔部分，多用于小型广场。另一类隧道式空间——林荫道，增强了道路直线前进的动感，使人的注意力集中在前方（图5-1-4）。

④ 全封闭空间 与覆盖空间相似，但空间四周均被中小型植物封闭，形成完全封闭的空间，如森林中的空间多为全封闭式空间，光线较暗，无方向性，具极强的隐秘性和隔离感（图5-1-5）。

在进行设计时，可以根据不同的需求，利用丰富的植物资源创造出开敞的、封闭的、私密的园林空间。

4. 建筑围合空间

建筑不仅可以通过分隔形成室内空间，不同的建筑组合形成的建筑群，还可以围合形成室外空间。建筑对空间的围合主要体现在垂直面上，由墙进行围合，可以是实体的墙，也可以是镂空的墙，形成封闭式或半封闭式的园林空间。如中国古典园林中，就应用大量的围墙进行空间的分割。

图 5-1-4　隧道式空间——林阴道

图 5-1-5　植物围合成的闭合空间

二、园林空间的形式

园林空间有容积空间、立体空间以及两者相和的混合空间。容积空间的基本形式是围合，空间为静态的、向心的、内聚的，空间中墙和地的特征较突出。立体空间的基本形式是填充，空间层次丰富，有流动和散漫之感。

容纳特性虽然是空间的根本标识，但是，设计空间时不能局限于此，还应充分发挥自己的创造力。例如草坪中的一片铺装，因其与众不同而产生了分离感。这种空间的空间感不强，只有地这一构成要素暗示着一种领域性的空间。再如一块石碑坐落在有几级台阶的台基上，因其庄严矗立而在环境中产生了向心力。由此可见，分离和向心都形成了某种意义和程度上的空间。实体围合而成的物质空间可以创造，人们亲身经历时产生的感受空间也不难得到。

三、空间的封闭性

空间的围合质量与封闭性有关，主要反映在垂直要素的高度、密实度和连续性等方面。高度分为相对高度和绝对高度。相对高度是指墙的实际高度和视距的比值，通常用视角或高度比D/H表示。绝对高度是指墙的实际高度，当墙低于人的视线时空间较开阔，高于视线时空间较封闭。空间的封闭程度由这两种高度综合决定。

影响空间封闭性的另一因素是墙的连续性和密实程度。同样的高度，墙越空透，围合的效果就越差，内外渗透就越强。不同位置的墙所形成的空间封闭感也不同，其中位于转角的墙的围合能力很强。

四、视景空间的基本类型

园林中视景空间的基本类型主要有静态空间、动态空间、开敞空间、闭合空间、纵深空间、拱穹空间等。

1. 静态空间和静态风景

静态空间是在游人视点不动的情况下观赏静态风景画面所需的空间，如游人坐在玄武湖公园观鱼亭观赏前景九华山，九华山是静态风景，观鱼亭为静态空间。

根据不同的分类方法，静态空间分为以下几大类型。

① 一般按照活动内容，静态空间可分为生活居住空间、游览观光空间、安静休息空间、体育活动空间等。

② 按照地域特征分为山岳空间、台地空间、谷地空间、平地空间等。

③ 按照开敞程度分为开敞空间、半开敞空间和闭锁空间等。

④ 按照构成要素分为绿色空间、建筑空间、山石空间、水域空间等。

⑤ 按照空间的大小分为超人空间、自然空间和亲密空间。

⑥ 依其形式分为规则空间、半规则空间和自然空间。

⑦ 根据空间的多少分为单一空间和复合空间等。

组织静态空间时必须注意在优美的"静态风景"画面之前布置广场、平台、亭、廊等设施，以利游人静态赏景；而在人们经常逗留之处，应该设立"静态风景"观赏画面，以供游人静态赏景。此时人看到的景物相对静止，人动景也动，静态的风景画面开始序列性地变化，步移景异。因此，巧妙地利用不同的风景界面组成关系，进行园林空间造景，将给人们带来静态空间的多种艺术魅力。

建筑师认为，在静态空间内对景物观赏的最佳视点有三个位置，即垂直视角为18°（景物高的3倍距离）、27°（景物高的2倍距离）、45°（景物高的1倍距离）。如果是纪念雕塑，则可以在上述三个视点距离位置为游人创造较开阔平坦的休息欣赏场地（图5-1-6）。在游人最多、逗留最久之处，如亭、廊、入口处、制高点、构图的中心地带，要安排优美的静观风景画面。

2. 动态空间和动态风景

动态空间是在游人视点移动的情况下，观赏动态风景画面所需要的空间。园林对于游人来说是一个流动空间，一方面表现为自

图5-1-6　纪念碑前留出的最佳视点位置

然风景的时空转换，另一方面表现在游人步移景异的过程中不同的空间类型组成有机整体，并对游人构成丰富的连续景观，就是园林景观的动态序列。

组织动态空间时，要使空间视景有节奏、韵律，有起景、高潮和结尾，形成一个完整的连续构图。游人由一个空间进入另一个空间，就出现了连续的动态观赏与动态空间的组织布局。因此在园林设计中，常将全园划分为既有联系，又能独立自成体系的局部空间。

在动态观赏的空间组织中，要考虑节奏变化规律，有起伏、曲折、明暗开合，有起点、有高潮、有尾声、有结束的空间布局。由于园林植物的季相变化，使静态空间和动态空间同静态风景与动态风景的变化有相关之处。

3. 开敞空间和开朗风景

开敞空间是人的视平线高于周围景物的空间。人在开敞空间里视野无穷，心胸开阔，视觉不易疲劳，但对景物形象、色彩、细部的感觉模糊，感染力差。由于视野开阔，透视成角加大，所以能提高远景鉴别率。

但面对开朗风景，如果游人的视点很低，与地面的透视角很小，则远景模糊不清，甚至只能看到大面积的天空、白云。如果把视点的位置不断提高，不断加大透视成角，远景的鉴别率就会逐渐提高。视点越高，视野也会越开阔。视点低，视野范围小，易取得平静的意境。视点高，可扩展空间范围，取得登高望远的艺术效果。如湖面、草原、海滨等，均可达到登高远眺的效果。

4. 闭合空间和闭锁风景

闭合空间是人的视线被四周屏障遮挡的空间。四周屏障物的顶部与视线所成的角度越大，人与景物越近，则闭合性越强；反之，闭合性就小。

闭合空间的直径与周围景物高度的比例，也影响风景的艺术效果。当空间直径为景物高度的3～10倍时，风景的艺术价值逐渐升高。当空间直径与景物高度之比小于3倍或大于10倍的时候，风景的艺术价值逐渐下降。

闭合空间多利用四合院、林中空地、四周为山峦环抱的盆地、谷地、水面等来进行组织（图5-1-7）。

5. 纵深空间和集聚风景

狭长的空间称为纵深空间。在纵深空间中轴线端点上的风景叫集聚风景。如在城市街道、河滨两岸的建筑和树林，即为纵深空间。其街心花园塑像等聚景都会使人感到主景突出，富有强烈的纵深感（图5-1-8）。

图5-1-7　闭合空间和闭锁风景

图5-1-8　纵深空间

6. 拱穹空间和拱穹风景

地下或山中的洞穴组成的空间称为拱穹空间。在拱穹空间里组织的景观称为拱穹风景，对于天然岩洞应尽力加以保护，宣扬其布置奇特、自然美景的拱穹风景。人工的洞穴也应认真组织拱穹空间，使人有犹如身临天然岩洞之感（图5-1-9）。

图5-1-9　拱穹空间

第二节　园林空间的组织

园林的空间组织，是按其立意、功能与美学原则，利用自然地形、地貌加以改造构成一个分层有序的系统完整的立体空间造型艺术。它一定要满足园林功能的需要，突出主题，富于变化，根据人的视觉特性去创造景物的观赏条件，使景物具有良好的观赏效果。要有与游览观赏主体和与服务功能相适应的空间边界，并具有山、水、植物、建筑等园林要素。

园林空间组织与园林绿地构图关系密切。建筑设计多注意室内空间的组织，建筑群与园林绿地规划设计则多注意室外空间的渗透过渡。

园林空间组织的目的是为满足使用功能的基础上，运用各种艺术构图的规律创造既突出主题，又富于变化的园林风景。其次是根据人的视觉特性适当处理观赏点与景物的关系，创造良好的景物观赏条件，使一定的景物在一定的空间获得良好的观赏效果。

一、空间展示序列

园林空间有开敞空间、闭合空间和纵深空间几种，同时园林空间大小不同，室内室外的空间变化和联系也较为复杂多变。如何把这些不同空间按照使用功能和动态观赏的要求，组织景点和景区，将全园组成有大有小、有明有暗、有开有合、有节奏变化而又突出主题的多空间组合体，就需要组织好空间展示程序。

园林的景点、景区，在展现风景的过程中通常可分为起景、高潮、结景三段式处理，或高潮和结景合为一体的二段式处理。

园林风景的展现，从进园到出园是一动态序列，动态观赏是绝对的，静态观赏是相对的。

中国传统园林多半有规定的出入口及行进路线，明确的空间分隔和构图中心，主次分明的建筑类型和游憩范围，形成了一种景观的展示程序。

1. 一般序列

一般简单的展示程序有二段式和三段式之分。

二段式：序景——起景——发展——转折——高潮（结景）——尾景。

一般纪念性陵园从入口到纪念碑的程序采用二段式。纪念性质的烈士陵园空间，一般较封闭严谨，透视线集中面向主体景物，和轴线方向一致，以保证观赏者精力高度集中，空间节奏感逐步加强，形成沉静、严肃的气氛。原苏军反法西斯纪念碑就是从母亲雕像开始，经过碑林甬道、旗门的过渡转折，最后到达苏军战士雕塑的高潮而结束。

但是多数园林具有较复杂的展出程序，大体上分为起景——高潮——结景三个段落。在此期间还有多次转折，由低潮发展为高潮，接着又经过转折、分散、收缩以至结束。

三段式：序景——起景——发展——转折——高潮——转折——收缩——结景——尾景。

例如，北京颐和园从东宫门进入，以仁寿殿为起景，穿过牡丹台转入昆明湖便豁然开朗，再向北通过长廊的过渡到达排云殿，再拾级而上直到佛香阁、智慧海，到达主景高潮。然后向后山转移再游后湖、谐趣园等园中园，最后到北宫门结束。除此外还可自知春亭向南过十七孔桥到湖心岛，再乘船北上到石舫码头，上岸再游主景区。无论怎么走，均是一组多层次的动态展示序列（图5-2-1）。

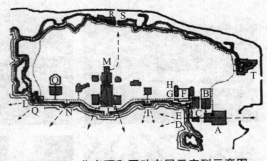

图5-2-1　北京颐和园动态展示序列示意图

2. 循环序列

为了适应现代生活节奏的需要，多数综合性园林或风景区采用了多向入口、循环道路系统、多景区景点划分、分散式游览线路的布局方法，以容纳成千上万游人的活动需求。因此，现代综合性园林或风景区采用主景区领衔，次景区辅佐，多条展示序列。各序列环状沟通，以各自入口为起景，以主景区主景物为构图中心，以综合循环游憩景观为主线，以方便游人，满足园林功能需求为主要目的来组织空间序列，这已成为现代综合性园林的特点。在风景区的规划中更要注意游赏序列的合理安排和游程游线的有机组织（图5-2-2）。

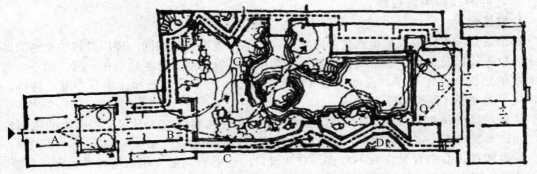

图5-2-2　苏州畅园空间展示序列示意图

3. 专类序列

以专类活动内容为主的专类园林有着它们各自的特点。如植物园多以植物演化系统组织园景序列，如从低等到高等，从裸子植物到被子植物，从单子叶植物到双子叶植物，还有不少植物园因地制宜地创造自然生态群落景观形成其特色（图5-2-3）。又如动物园，一般从低等动物到鱼类、两栖类、爬行类至鸟类、食草、食肉哺乳动物，乃至灵长类高级动物等，形成完整的景观序列，并创造出以珍奇动物为主的全园构图中心。某些盆景园也有专门的展示序列，如盆栽花卉与树桩盆景、树石盆景、山水盆景、水石盆景、微型盆景和根雕艺术等，这些都为空间展示提出了规定性序列要求，故称其为专类序列。

图5-2-3　北京植物园专类序列示意图

二、导游线和风景视线

1. 导游线

导游线是指引导游人游览观赏的路线，与交通路线不完全相同，要同时解决交通问题和组织风景视线以及造景。导游线的布置不是简单地将各景点、景区联系在一起，而是要有整体系统的结构和艺术程序，正如一篇文章、一场戏、一个乐曲一样，也有序幕、转折、高潮、尾声的处理（图5-2-4）。

从导游线的组织角度出发，园林艺术带有一定的强制因素，但它又和电影的强制性不同，允许观赏者有一定的选择性，所以要有较大的活动余地。

导游线在平面布置上宜曲不宜直，立面设计上也要有高低变化，这样易达到步移景异、层次深远、高低错落、抑扬进退、引人入胜的效果。在较大的园林绿地中，为了减轻游人步履劳累，宜将景区沿主要导游线布置，在较小的园林中，要小中见大，宜曲折迂回，拉长路线。为了引起游兴，道路景观要丰富多彩，经悬崖峭壁，跋山涉水，桥梁舟楫，身经不同的境界。

小型园林游览干道有一条就可以，大型园林可布置几条游览干道，可用串联、并联或串并联结合的方式，要配以若干条环形小路形成系统，但要注意游人中常游和初游之别，初游者希望走完全园各区，以便不漏掉参观内容，应按导游线循序渐进。常游者一般希望直达主要景区，故应有捷径并适当隐蔽，以免与主要导游线相混。

游人在公园游玩，一般不愿沿原路返回，因此主干道以环路为宜，同时公园中忌设"死胡同"，如必须走原路返回时，也要注意同一条路来回方向有不同景观变换。

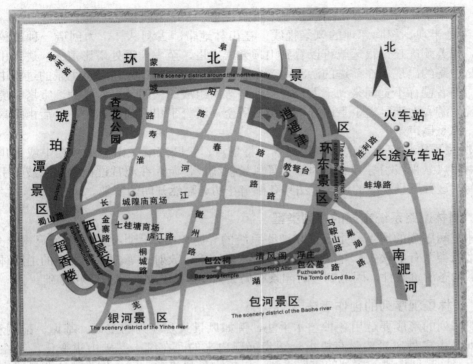

图 5-2-4 导游线

2. 风景视线

园林绿地中的导游路线是平面构图中的一条"实"的路线，但园林中空间变换很大，还必须仔细考虑空间构图中一条"虚"的路线——风景视线。风景视线是观赏点与景点间的视线。有了好的景点，必须选择好观赏点的位置和适宜的视距，即确定风景视线。风景视线的布置原则一般小园宜隐，大园宜显，在实际规划设计中往往隐显并用。

风景视线可以随导游线而步移景异，也可以完全离开导游线而纵横上下各处观赏，但这些透视线必须经过匠心独运的精心设计，使园林景观发挥最大限度的感染力（图5-2-5）。

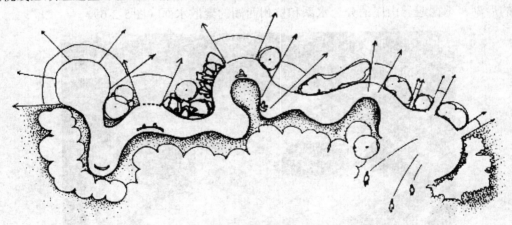

图 5-2-5 风景视线示例

在手法上主要是巧用"隐"和"显"。

① 开门见山的风景视线 主要用"显"的手法，可以一览无余。这种手法气魄大，气

势雄伟，多用于纪念性园林，如南京中山陵园、北京天坛公园等。

② 半隐半现、忽隐忽现的风景视线　在山林地带、古刹丛林，为创造一种神秘气氛多用此法。如苏州虎丘，很远就可以看到山顶云岩寺塔，至虎丘近处塔影消失，进入山门，又可在树丛中隐约出现。在前进的游路两旁布置各种景物，可使人在寻觅主景的过程中观赏沿途景色，细看慢行不觉间来到千人台、二仙亭等所组成的空间，进入高潮，宝塔和虎丘剑池同时展现，游人在满足之余上山登塔，极目所至，沃野平川，到达结景，最后由拥翠山庄步出山门，算是尾声。

③ 深藏不露，探索前进的风景视线　将景点、景区深藏在山峦丛林之中或平川、丘陵之内，由甲风景视线引导到乙、丙、丁等风景视线，使游人在观赏过程中不断被吸引而逐渐进入高潮。这种风景视线的设计手法具有柳暗花明、豁然开朗的情趣。

三、园林道路系统布局的序列类型

园林空间序列的展示，主要依靠道路系统的导游职能，因此道路类型就显得十分重要。园林道路的类型有串联式、并联式、环行式、多环式、放射式等。多种类型的道路体系为游人提供了动态游览条件，因地制宜的园景布局又为动态序列的展示打下了基础。

四、园林景观序列的创作手法

景观序列的形成要运用各种艺术手法，例如风景景观序列的主调、基调、配调和转调。风景序列是由多种风景要素有机组合逐步展现出来的，在统一基础上求变化，又在变化之中见统一，这是创造风景序列的重要手法。以植物景观要素为例，作为整体背景或底色的树林可谓基调，作为某序列前景和主景的树种为主调，配合主景的植物为配调，处于空间序列转折区段的过渡树种为转调，过渡到新的空间序列区段时，又可能出现新的基调、主调和配调，如此逐渐展开就形成了风景序列的调子变化，从而产生不断变化的观赏效果。

1. 风景序列的起结开合

作为风景序列的构成，可以是地形起伏，水系环绕，也可以是植物群落配置或建筑空间组合，无论是单一的还是复合的，都应有头有尾，有放有收，这也是创造风景序列常用的手法。以水体为例，水之来源为起，水之去脉为结，水面扩大或分支为开，水之溪流又为合。这与写文章相似，用来龙去脉表现水体空间之活跃，以收放变换创造水之情趣。例如北京颐和园的后湖、承德避暑山庄的分合水系和杭州西湖的聚散水面（图5-2-6）。

图5-2-6　杭州西湖的聚散水面

2. 风景序列的断续起伏

这是利用地形地势变化而创造风景序列的手法之一，多用于风景区或郊野公园。一般风景区山水起伏，游程较远，我们将多种景区景点拉开距离，分区段设置，在游步道的引导下，景序断续发展，游程起伏高下，从而取得引人入胜、渐入佳境的效果。例如，泰山风景区从红门开始，路经斗母宫、柏洞、回马岭来到中天门是第一阶段的断续起伏序列；从中天门经快活三里、步云桥、对松亭、异仙坊、十八盘到南天门是第二阶段的断续起伏序列；又经过天街、碧霞祠，直达玉皇顶，再去后行坞等，这是第三阶段的断续起伏序列。

3. 园林植物景观序列的季相与色彩布局

园林植物是风景园林景观的主体，然而植物有其独特的生态规律。在不同的立地条件下，利用植物个体与群落在不同季节的外形与色彩变化再配以山石水景、建筑道路等，必将出现绚丽多姿的景观效果和展示序列。如扬州个园内春植翠竹配以石笋，夏种广玉兰配太湖石，秋种枫树、梧桐，配以黄石，冬植蜡梅、南天竹，配以桃英石，并把四景分别布置在游览线的四个角落，在咫尺庭院中创造了四时季相景序。

4. 园林建筑群组的动态序列布局

园林建筑在风景园林中只占1%～2%的面积，但往往是某景区的构图中心，有画龙点睛的作用。由于使用功能和建筑艺术的需要，对建筑群体组合的本身以及对整个园林中的建筑布置，均应有动态序列的安排。对一个建筑群组而言，应该有入口、门庭、过道、次要建筑、主体建筑的序列安排。

对整个园林而言，从大门入口区到次要景区，最后到主景区，都有必要将不同功能的景区有计划地排列在景区序列线上，形成既有统一展示层次，又有多样变化的组合形式，以达到应用与造景之间的完美统一。

五、园林空间色彩序列的组织

园林空间构图色彩由天然的、人为的、有生命的和无生命的许多因子综合构成。其中园林植物色彩随季节变化而变化；园林建筑色彩虽然少，但是起画龙点睛的作用，而且可以进行人工处理；而园林道路、山石、水体等，在进行园林色彩构图时必须把各类素材的色彩在时空上的变化作综合分析、综合考虑才能达到完美效果。

1. 单色处理

园林植物的单色处理多用在主景的形态、轮廓丰富，以及要求配景色彩简洁的园林局部，给人以单纯、大方的感受，适合大面积处理。如先花后叶的樱花、梅花、玉兰、海棠、梨树，常绿的针叶林，秋叶的黄栌、红枫、无患子、银杏，大面积的草坪。又如在花坛、花带或花池内只种一种色相的花卉，当盛花期到来的时候，绿叶被花朵淹没，效果比多色花坛或花带更令人赞叹。当做主景的建筑、小品、构筑物与背景的颜色基本相同的时候，也是单色处理。

2. 多色处理

园林空间多色处理有生动、活泼、愉快、兴奋的效果。多种颜色一般宜由点→线→面，动静结合。如在园林中我们常见到的绿色的草地、白色的花架、红色大理石拼装的小路，紫红色的紫荆花、黄色的连翘融合在白色的建筑群中。杭州花港观鱼中的牡丹园是园林植物多色处理的佳例，牡丹盛开时有红枫与之相辉映，有黑松、五针松、白皮松、构骨、龙柏、常春藤以及草地等不同纯度的绿色作陪衬，构图协调统一。

多色处理中有调和色、类似色的渐层处理和色块的镶嵌应用等，宜在大环境小面积上使用。常见的色彩搭配形式有以下几种。

① 调和色处理　调和色给人一种平静、温和与典雅之美。绿野与蓝天，黄花与绿叶，黄、绿、青三色之间含有某种共同色素，配合在一起极易调和。如半支莲的花色有红、洋红、黄、金黄等，盛开时色彩异常艳丽又十分调和。波斯菊有紫红、浅紫红、白色等花色，栽在一起浓淡相宜，十分雅致。

② 类似色渐层处理　类似色渐层处理是指颜色从一种色相逐渐演变到另一种色相的明暗、深浅变化，甚至成为互补色。这种类似色的渐层变化既调和又生动，给人以柔和、宁静的感觉。蓝色天空和金黄色的霞光充满着渐层变化。在具体配色时，应把色相变化过程划分成若干各色阶，取其间 1 ～ 2 个色阶的颜色配置在一起，不宜取相隔太近的，也不要取相隔太远的，太近了渐层变化不明显，太远又失去了渐层的意义。

类似色渐层配色方法适用于布置花坛、建筑，也适用于园林空间色彩转换。如在花坛的配色中常用金盏菊，由橙黄—黄—浅黄；郁金香，红—粉红；月季，大红—红—浅红。尤其是用不同色阶的绿色植物构成具有层次和深度的园景，在园林中更有实际意义。

③ 多色块镶嵌处理　自然界和园林中的色彩，不论是对比色还是调和色，大多是以大小不同的色块镶嵌起来的，如蓝色的天空、暗绿色的密林、黄绿色的草坪、闪光的水面、金黄色的花地和红白相间的花坛等。利用植物不同的色彩镶嵌在草坪上、护坡上、花坛中都能起到良好的效果。除了采用色块镶嵌以外，还可以利用花期和植株高度一致而花色不同的两种花色混栽在一起，可产生模糊镶嵌的效果，从远处看色彩扑朔迷离，使人神往。多色镶嵌要注意多种色块大小、面积的协调统一。

3. 对比色处理

两种相对的色为对比色。一组对比色放在一起，由于对比的作用，彼此的色相都得到加强，给人的感受是兴奋、突出、运动性强，对人有较强的艺术感染，产生的感情效应更为强烈。但对比过于强烈的色彩容易产生失调或者刺目的感觉，并不能引起人们的美感。应用时在下列两种情况下比较合理。

① 主次分明　两种对比色应用在一起，一种为主，一种为次。对比只有在有主次之分的情况下才能协调在同一个园林空间。万绿丛中一点红，比起相等面积的红和绿来更能引起美感。

② 应用在较大的空间　对比色处理也可以应用在较大的园林空间，例如故宫建筑群里朱红色的柱子、金黄色的琉璃瓦、翠绿的松柏。园林空间中金黄色的阳光、蔚蓝色的天空。山间别墅浓绿的树丛、红色的建筑，犹如盛开的玫瑰。还有河堤岸边的桃红柳绿等。

六、园林空间色彩构图

园林空间构图有两方面的含义，一方面是指空间造型的景物布置，另一方面是指空间造型的色彩表现。园林空间色彩构图就是指园林空间造型的色彩表现。其主要内容为确定空间色彩构图的基调、主调、配调和重点色。

基调是园林空间的基本色，犹如一幅画的底色。在许多情况下，取决于自然色彩，如蔚蓝色的天空、绿色的植被、灰色的山石、碧绿的水面。

主调是起宏观控制作用的园林色彩。常用做主景的色彩，在园林空间构图中，通常是指植物开花时所表现出来的色彩，如春季用做孤植树或在园林中起主导作用的粉红色的樱花、桃花，黄色的迎春、连翘，白色的梨花、玉兰等。

配调是对主调起烘托、陪衬作用。配调可以有两种处理方法，用调和色、类似色起辅助作用，用对比色起强调作用。

重点色通常都是园林的主景，处于较为醒目的位置，但在园林空间色彩构图中所占的比重是最小的。但其色相的纯度和明度应是最高的，具有压倒一切的优势。

第六章

园林艺术构图原理

第一节　园林设计的依据与原则

一、园林设计的依据

1. 科学依据

在任何园林艺术创作的过程中，要根据有关工程项目的科学原理和技术要求进行。如要依据设计要求结合原地形进行园林的地形和水体设计。设计者必须对该地段的水文、地质、地貌、地下水位、北方的冰冻线深度、土壤状况等资料进行详细了解。如果没有翔实资料，务必勘察后补充。可靠的科学依据为地形改造、水体设计等提供物质基础，避免了水体漏水、土方坍塌等工程事故的发生。

另外，在植物的种植设计中，各种草花、树木的种植也要根据其不同的生物学特性和生长发育要求，如阳性、阴性、耐寒、耐旱等生态习性进行合理地种植。如果在种植设计中没有考虑到植物的生态习性，必将导致种植设计的失败，甚至导致整个园林设计的失败。在园林建筑、园林工程设施等方面更有严格的规范要求，所以园林设计的首要问题是要遵循科学依据。

2. 社会需要

任何园林都是为了社会大众的利益而建的，是为了满足人们的需要，不是漫无目的地乱建。在社会有了需要时，才进行园林建设，并且在不同的社会阶段，根据不同的社会需求，园林的规划设计也有所不同，例如随着环境意识的增强，人们越来越关注自身的生存环境，生态园林随之产生，这正是社会需要的体现。所以，园林设计者要体察广大人民群众的心态，了解他们的需要，创造出适合不同年龄、不同爱好、不同文化层次的人们需要的舒适环境，即满足社会的需要。

3. 功能要求

园林设计根据一定的功能要求，按照美学原理及植物的生物学特性等创造出景色优美、环境卫生、舒适方便的园林空间，满足游人的游览、休息和开展健身娱乐活动的功能。为了满足不同的功能，需选用不同的设计手法，如儿童活动区，要创造符合儿童心理的景色，色彩要鲜艳，空间要开朗，要形成生机勃勃、充满活力、欢快的景观。

4. 经济条件

经济是基础，再好的设计方案如果没有一定的经济基础也是实现不了的。有时同一个设计方案，由于选用了不同的材料、不同规格的苗木，按照不同的施工标准，其所需的资金也是不同的，当然建成后的景观效果也有很大差异。作为设计者，我们应当做的是，利用有限的投资创造出最有价值的作品，即花最少的钱做最好的产品。

综上所述，一项优秀的园林作品，必须符合科学性、艺术性、经济条件和社会需要，将这几个因素综合考虑，相互协调，争取达到最佳的社会效益、生态效益和经济效益。

二、园林设计必须遵循的原则

"适用、经济、美观"是园林设计必须遵循的原则。

"适用"是指园林的功能要符合人们的需要；"经济"是指园林的投资、造价、养护管理费用等方面的问题，要做到少花钱、多办事，施工养护管理方便；"美观"是指园林的布局、造景要符合艺术的要求。这三者的关系是相互依存、不可分割的。在不同情况下，根据园林绿地的类型、时间、地点或条件的差异，这三者的关系可以有不同的侧重。

如公园绿地主要是为游人创造良好的游憩环境，要有进行科普教育和体育活动等的文娱体育设施，要有方便的交通联系、完善的服务设施和卫生设施，要有儿童游戏和老人活动的场地，使不同年龄、不同爱好的游人，都能各得其所。这就是公园绿地的"适用"问题。

不同园林绿地的功能不同，必须在设计前进行深入分析。园林的功能要求虽然是首要的，但并不是孤立的，在解决功能问题时，要同时结合经济上的可能性和艺术的要求来考虑。如果一个设计，功能问题都解决了，但是既不经济，又不美观，也是一个失败的方案，不宜实施。

其次是"经济"的问题。园林设计要尽量减低园林的造价、节约投资，在地形地貌和水体的处理上，要因地制宜，尽量利用原有地形，要动用最小的土方而又能发挥功能上和景色上的最大效果。要尽量利用原有建筑和原有树木，要善于借景。

园林是否有条件建设，还要看经济条件有无可能，如果投资太大，养护管理费用太高，设计也是不可能实现的。但是园林的"经济"也并不是孤立的，并不是单纯追求省钱，而是要在多办事和把事情办好的前提下减少投资，也就是说从"适用"和"美观"来考虑，把"经济""适用"和"美观"统一起来，该花的钱和一定要花的钱，当然还是要花的。

园林中的"美观"问题，是指园林除了满足功能要求以外，还要满足大众的审美要求，即满足游人"赏景"的要求。主要是指园林中地形、地貌、水体的起伏开合，建筑物的布置，游览路线的安排，树木花草的搭配、园林空间的组织，色彩的运用等方面，要达到风景优美，使人心情舒畅、精神振奋、流连忘返。

园林如果仅仅解决了"适用"和"经济"，可是并不"美观"，那么就不能吸引游人。但是如果片面强调"美观"，也是不可取的。园林必须在"适用"和"经济"的前提下"美观"。园林的美必须和适用、经济紧紧地结合在一起，辩证地统一起来。

第二节　园林艺术构图原理

园林艺术设计的过程正像一个艺术品的创作过程，但园林从设计到施工、养护乃至形成一个像样的园林，比任何艺术品所费的创作时间都长，要求的艺术性更高、更复杂。正因为如此，就更有必要多多发挥造园家个人的才能，例如意境、形象思维、灵感、艺术造诣、世界观、社会实践、时代认识、表现技法……。

园林艺术（garden art）是指在园林创作中，通过审美创造活动再现自然和表达情感的一种艺术形式。园林构图是将园林构成要素，依据其功能要求和美学法则做出统一安排的技法。园林艺术构图艺术法则，即园林构图的美学法则，是指园林的整体和部分组成关系中美的内在法则，也称美的形式原理。

园林形式构图与其他艺术一样，遵循形式美的构图规律，即：统一与变化、对比与谐调、主从与重点、节奏与韵律、比例与尺度、均衡与稳定等。只是不同的艺术门类因物化结构与符号体系的差异，在形式美的规律体现上有不同侧重和形式特点。音乐、文学、朗诵等作为非造型艺术属时空艺术，其中节奏和韵律是主要的表现手法，其次是主调与配调、对比与协调的关系，没有比例与尺度的关系；而在雕塑、建筑等造型艺术中，比例和尺度就显得重要了；在园林中，由于它既是造型艺术，又是非造型艺术，是结合了时间和空间的综合性艺术，所以形式美的应用就更广泛了。

一、主从与重点

任何艺术品都有主体与从属、重点与一般的布局关系，目的是强调主题，突出中心。主与从、重点与一般这一形式美规律在园林中的具体体现，反映在主景与配景上、主要内容形式与次要内容形式方面。主体与从属是相辅相成的。

1. 主与从

园林中有主要景区与次要景区，每一景区又有主景与配景。一般全园的主景常设在全园的平面构图中心和立面构图中心。平面与立面构图中心可以合二为一，也可以分开。

主景是核心，是重点，要有艺术感染力，要体现主题；配景布局既要有相对独立性，又要从属主要布局中心，彼此相互联系，互相呼应。

缺乏联系的园林各局部是不存在主从关系的，所以取得主景与配景之间的内在联系，是处理好主从关系的前提，但是相互之间的联系只是主从关系的一方面，两者之间的差别是重要的另一个方面，处理好二者的差异，才能主次分明，使主体突出。园林中处理主从关系的方法包括以下两种。

（1）位置处理

在园林中可以通过组织轴线，安排主次位置来达到主次分明的目的。一般在规则式园林中，常常运用轴线来安排各个组成部分的位置，将主要部分放在主轴线上的主要位置，次要部分或从属部分放在轴线两侧或副轴线上，形成主次分明的布局；在自然式园林中，主要部分常放在全园的重心位置，或无形的轴线上。

（2）对比手法

运用对比手法，互相衬托，突出主题。在园林中，常用体量大小、高低、色彩等方面的对比，在布局上利用这些差异，并加以强调，可以获得主次分明、主体突出的效果。

2. 重点与一般

"重点与一般"同"主与从"含意相同，地位不同。主体一定是重点，但重点不只是主体。我们常重点处理园林景物的主体和主要部分，也可重点处理非主要部分，以加强其表现力，取得丰富变化的效果。在设计过程中可以以重点处理来突出表现园林功能和艺术内容的重要部分；以重点处理来突出园林布局中的关键部分；以重点打破单调，加强变化。重点是对一般而言的，选择重点不能过多，以免流于繁琐，反而得不到突出重点的效果。

二、对比与谐调

对比与谐调是艺术构图的一个重要手法，它是运用布局中的构成要素的某一方面的性质，如体量、色彩等在程度上的差异，取得不同效果的表现形式。组成整体的要素之间在同一性质的表现上，有彼此的共性与个性程度的差异。组成整体的要素之间在同一性质上彼此的个性强而共性弱的称为对比，对比是采用骤变的景象，给人生动鲜明的印象，从而增强作品的艺术感染力；组成整体的要素之间在同一性质上彼此的个性弱而共性强称为谐调。园林设计要在对比中求谐调，在谐调中求对比，使景观既丰富多彩、生动活泼，又主题突出、风格协调。

1. 对比

（1）形状对比

主要表现在构成园林景物的线、面、体的形状对比。如在圆形的广场中布置圆形的花坛，因形状一致显得谐调，而采用差异显著的形状时易取得对比，可突出变化的效果，如在方形广场中布置圆形花坛或在建筑庭院布置自然式花台。

（2）体量对比

实际是大小的对比，并包括粗细与高低的内在因素。当一个少年和成年人在一起，他不会引人注目，而当被一群蹒跚学步的小孩包围时，便会给人"鹤立鸡群"的感觉。在园林布局中常常用若干较小体量的物体来衬托一个较大体量的物体，以突出主体，强调重点。如颐和园的佛香阁与周围的廊，廊的规格小，显得佛香阁更高大，更突出。

（3）色彩对比

运用色彩的色相、明度进行对比。互补色之间往往可以达到明显对比效果，如"绿"衬"红""紫"衬"黄"，"橙"衬"蓝"。皇家园林的红色宫墙和绿色树木的对比，往往会给人留下深刻的印象。有时还可以通过明度的差异取得突出的对比效果。

园林中，为了突出主体，在颜色上常使主体与背景形成明显对比，如纪念性构筑物，园林雕塑的色彩常与四周环境或背景色彩形成对比，以突出其主体的地位，虽然颜色明显对比，但是因为这些景物色块较小，所以调和起来也很容易。色相相邻的色彩可以达到调和的效果，如"红"与"橙"，"蓝"与"绿"。

（4）方向对比

在园林空间的构图中，柱形、条形物体和大面积的草地、广场、水面结合，往往具有线的方向特征，显示物体的方向个性。园林中常用垂直和水平方向的对比，以丰富园林景物的形象。

如园林中常把山水互相配合在一起，使垂直方向上高耸的山体与横向平阔的水面互相衬托，避免了只有山或只有水的单调；在植物种植设计上，常将树形高大、直立的乔木和低矮丛生、匍匐状的灌木配植在一起种植，以形成水平方向和竖直方向上的对比。

（5）开合对比

开合是指空间的类型表现，开敞空间与闭合空间可以形成对比效果。如果从开敞空间进入闭合空间，便有视线受阻、天地变小的压抑感；同样，从封闭空间进入开敞空间则有"豁然开朗""极目楚天舒"之感。园林中利用空间的收、放、开、合，可形成敞景与聚景，视线忽远忽近，空间忽放忽收，从收敛空间窥视开敞空间，既有对比感，又有层次感。苏州留园入口的处理是空间开合对比的佳例，留园入口既曲折又狭长，且十分封闭，但由于处理得巧妙，充分利用其狭长、曲折等特点，应用对比的手法，使其与园内主要空间形成强烈的反差，使游人经过封闭、曲折、狭长的空间后，到达园内中心水池，顿感豁然开朗。

（6）明暗对比

也是光线上的对比，明暗与开合是相关的。一般情况是"合则暗，开则明"。

空间环境的明暗对人产生不同的心理感受。明亮使人开朗，精神振奋；灰暗使人视域缩小，景物朦胧柔和，使人自然入静，并伴随有清凉、幽深莫测之感。园林中常以明暗对比显示空间层次，增加开合对比效果。

（7）疏密对比

所谓"宽可走马，密不容针"，就是用来形容疏密对比的艺术手法的。在园林艺术中，这种疏密关系体现在很多方面。在景点的布置上讲究聚散，聚处则密，散处则疏。在种植设计上，有疏林密林、孤植群植，密林、疏林草地就是疏密对比手法的具体应用。在理水方面，表现在集中与分散的关系处理上。

（8）虚实对比

形式构图的虚实关系是以视线受阻程度为主要区分，又与景物的质地有关。虚实对比与开合对比、明暗对比有联系。园林绿地中的虚实常常是指园林中的密林与疏林草地；山与水的对比。虚给人轻松感，实给人厚重感。水面中的小岛，水为虚，岛为实，虚实对比；园林中的围墙，常做成透花墙，打破实墙的闭塞感觉，形成虚实对比。

（9）质感对比

在园林布局中，常常可以运用不同材料的质地或纹理，来丰富园林景物的形象。材料质地是材料本身所具有的特性。不同材料质地给人不同的感觉，如粗面的石材、混凝土、粗木、建筑等给人感觉稳重，而细致光滑的石材、细木、植物等给人感觉轻松。华美的大理石路面如果和天然朴素的山石在一起就会出现明显的质感的对比。同为园林植物，不同的种类，质感也不同，有的革质，看上去光亮、润泽；有的膜质，清透、细腻。不同的质感给人不同的感觉，在园林设计中，要根据确定的风格，选用不同质感的材料。如建造一个乡野味很浓的房屋，应该选用一些较为天然的，看起来古朴自然的材料，而不应选择给人豪华、富丽之感的材料。

在园林构图中，可用于对比的内容较多，除以上几种外，还有"动静"对比、"简繁"对比、"多少"对比、"浓淡"对比等。

2. 谐调

对比是为了取得变化，谐调是为了达到统一；在谐调中寻求变化，在变化中求得谐调统一。在园林中，景物的相互调和必须相互关联，而且含有共同的因素，甚至相同的属性。谐调分为以下两种。

（1）相似谐调

如形状相似而大小或排列上有变化称为相似谐调，当一个园景的组成部分重复出现，如果在相似的基础上变化，即可产生谐调感，例如一个大圆的花坛中排列一些小圆的花坛图案和圆形的水池等，即产生一种谐调感。

（2）近似谐调

如两种近似的体形重复出现，可以使变化更为丰富并有谐调感，如方形与长方形的变化，圆形与椭圆形的变化都是近似的谐调。

三、节奏与韵律

节奏和韵律是音乐上的用语，但同样适用于视觉艺术。节奏是以统一为主的重复变化；韵律是以变化为主的多样统一。节奏是基础，韵律是深化。

1. 简单重复

由同种因素等距反复出现并固定方向的连续构图。如等距的行道树、等高等距的长廊（图6-2-1）、等高等宽的登山道、爬山墙等。

2. 交替重复

由两三种组成因素，按固定组合有规律地连续构图。如行道树用一株桃树一株柳树反复交替地栽植（图6-2-2），两种不同花坛进行等距交替排列，登山道一段踏步与一段平面交替等等。

3. 渐变韵律

在反复出现的连续构图中，在某一方面作规律性的减少或增加。如由大到小、由高到低、由疏到密等。如山体的处理上小下大；亭子的体型下大上小（图6-2-3）。

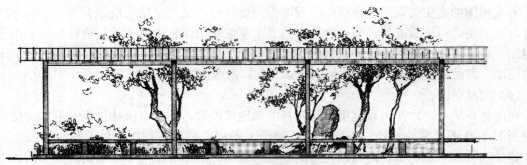

图6-2-1　等高等距的长廊

图6-2-2　行道树的交替重复

图6-2-3　亭子顶部的渐变韵律

4. 微变韵律（旋转韵律）

是在反复出现的连续构图中，每一因素既保持各组成因素的共性，又有自己的个性表现，达到在统一中求变化的艺术效果。如园林中的什锦窗、漏窗等（图6-2-4）。

图6-2-4　园林中的什锦窗、漏窗等的微变韵律

5. 起伏曲折韵律

音乐中的韵律本身就是起伏曲折的。园林空间的起伏曲折韵律由山体、建筑、树木、道路等多种要素综合构成。每种要素本身要有起伏曲折变化，还要保证整体景观的起伏曲折的韵律（图6-2-5）。

图6-2-5　起伏曲折韵律

6. 拟态韵律

既有相同因素又有不同因素反复出现的连续构图。如花坛的外形相同，但其中的花草种类、布置又各不相同，漏景的窗框一样，漏窗的花饰又各不相同等（图6-2-6）。

7. 交错韵律

即某一因素有规律地纵横穿插或交错，其变化是按纵横或多个方向进行的，如空间一开一合，一明一暗，景色有时鲜艳，有时素雅，有时热闹，有时幽静，组织得好都可产生节奏感（图6-2-7）。

园林中的节奏韵律又与园林空间的明暗、开合、虚实等对比谐调的处理分不开。在园林设计中，有时一个景物往往有多种韵律节奏方式可以运用，在满足功能要求前提下，可采用合理的组合形式，从而创造出理想的园林艺术形象。

四、比例与尺度

黄金分割率即把长度为1的直线分成两部分，使其中一部分对于全长的比等于其余的一部分对于这一部分的比，这个比值约为0.618。符合黄金分割比例的物体都被认为是美的。

图6-2-6　相同窗框不同花饰漏窗的拟态韵律

图6-2-7　空间一开一合、一明一暗形成交错韵律

　　园林中所谓的比例是指园林中的景物在体形上具有适当美好的关系，其中既有景物本身各部分之间长、宽、高的比例关系，又有景物与景物、景物与整体之间的比例关系，这两种关系并不一定用数字来表示，而是属于人们在感觉上、经验上的审美概念。在园林空间中具有和谐的比例关系，是园林美必不可少的重要特征，它对园林的形式美具有决定性的作用。中国古典园林要于方寸之地，显自然山水，比例的运用是十分讲究的。园林设计若使各个景物体比例合适，功能分区比例和谐，将赋予园林以协调一致和艺术完整性。

　　园林中的尺度是景物的整体或局部构件与人所习惯的某些特定标准度量之间的大小关系。功能、审美和环境特点决定园林设计的尺度。在正常比例情况下，大尺度给人以雄伟壮观之感；正常尺度使人感到自然亲切；小尺度则小巧玲珑，富于情趣。园林是供人休憩、娱乐、赏景的现实空间，所以，要求尺度能满足人的需要，令游人感到舒适、方便，这种尺度称之为适用尺度。如踏步一般高15cm，栏杆高80cm，坐凳高40cm，月洞门高2m，儿童坐凳高30cm等，都是按照一般人体的常规尺寸确定的尺度。

另外，在园林中常用到夸张尺度，将景物放大或缩小，以满足造园意图或造景的需要。通常，体量较大的景物和体量较小的景物并列，便会使较大的景物显得更大，因此设计比实际稍大的景物，往往会产生壮观和崇高的感觉。如北京颐和园佛香阁到智慧海一段登山道，台阶自然错落，但台阶高30～40cm，很明显，设计者的目的在于创造一种登佛寺的艰难感，令游人对佛寺产生尊敬感。

　　视点与比例和尺度的关系，正常视力可在1200m内看到人，25m内可以辨认，14m内可以看清其面部表情，1.2m为亲密距离。当安静休息区内避免游人互相干扰时，座椅等设施应至少相隔1.2m，或用地形树木等手段隔离。广场、游憩草坪等公共交往区应包括几个230m²的区域，形成多个交往圈供人选择。欧洲古典广场平均大小为140m×60m，相比之下，我国近年广场有大、空、多的缺点，片面求"广"而没有形成人活动的场。当空间宽度与周围主要围合物高度之比大于4倍时很难产生封闭感，在2倍左右时会使人感到舒服适宜。建筑高度大于所围合的空间尺寸时会有沉闷的感觉，公认的欧洲较好的广场其尺寸均在建筑高度的1～2倍。当空间过大使人在对比之下显得渺小而压抑时，应用具有"过度尺寸"的景物加以调节，并辅以座椅、花丛等，创造出安定平静的气氛。视点的选择也是非常重要的，视距和景物高度、宽度形成垂直视角和水平视角。

五、均衡与稳定

　　自然界的物体由于受到地心引力的作用，为了维持自身的稳定，靠近地面的部分往往要大而重，远离地面的部分则小而轻，园林中的稳定，是就园林布局的整体上下轻重的关系而言，而均衡是指园林布局中的部分与部分的相对关系，例如左与右、前与后的轻重关系等。

1. 均衡

　　在园林布局中要求园林景物的体量关系符合人们在日常生活中形成的平衡安定的概念，所以除少数动势造景外（如悬崖、峭壁、将倾古树等），一般艺术构图都力求均衡。均衡分为对称均衡和不对称均衡。

　　（1）对称均衡

　　自然界中存在许多的对称现象，如人的双手、双眼等，在我们的生活中也有很多对称的例子，如路灯、电线杆等。对称自从古希腊以来就作为形式美的原则，应用于建筑、工艺制作等，它同样也适合于园林艺术的创作，对称的布局有明确的轴线，在轴线左右完全对称，由于很强的规则性而易形成均衡的感觉，具有庄重、严整、单纯、寂静、庄严的优点。但同时也有呆板、消极等缺点，在规则式的园林中应用较多。如行道树两侧对称、花坛雕塑、水池的对称布置等（图6-2-8）。

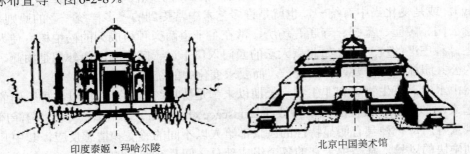

印度泰姬·玛哈尔陵　　　　　　北京中国美术馆

图6-2-8　对称均衡

　　（2）不对称均衡

　　在园林绿地的布局中，由于受功能、组成部分、地形等各种复杂条件制约，往往很难也没有必要做到绝对对称形式，在这种情况下，常采用不对称均衡手法。不对称均衡给人以生动活泼的感觉。

不对称均衡的布置要综合衡量园林绿地构成要素的虚实、色彩、质感、疏密、线条、体形、数量等给人产生的体量感觉，切忌单纯考虑平面构图。

不对称均衡的布置小至树丛、散置山石、自然水池，大至整个园林绿地、风景区的布局，应用广泛（图6-2-9）。

2. 稳定

是指园林建筑、山石和植物等上下、大小所呈现的轻重感的关系而言。在园林布局上，往往在体量上采用下面大、向上逐渐缩小的方法来取得稳定坚固感，如佛香阁。另外，园林建筑和山石处理上也常用材料、质地的不同重量感来获得稳定感。当然，为了特别的效果也可以打破传统的手法，创造不一样的感觉，如中国假山石处理上常背其道而行之，上大下小。如赖特的流水别墅就是杰出的例子（图6-2-10）。

图6-2-9　不对称均衡

图6-2-10　赖特的流水别墅

六、统一与变化

园林艺术应用统一（unity）的原则，是指园林中的组成部分，它们的体形、体量、色彩、线条、形式、风格等要求有一定程度的相似性或一致性，给人以统一的感觉。由于一致性的程度不同，引起统一感的强弱也不同。十分相似的一些园林组成部分即产生整齐、庄严、肃穆的感觉，但过分一致又觉呆板、郁闷、单调，所以园林中常要求统一当中有变化（diversity），或是变化当中有统一，也就是许多艺术中常提到的"多样统一"的原则。

纪念公园、陵园、墓园、寺庙等场所，常在主干道两旁种植成列的松柏树，使人肃然起敬，产生一种庄严的统一感。如北京天坛的西门入口干道、卧佛寺山门外都是如此。至于其他性质的公共园林就不需要过多的统一，而要求变化中的统一。

自然山水中，有生物也有非生物，长期以来都是协调统一的。它们以各种不同的内容互相组合起来，形成各种类型的风景特性（Landscace character），如沙漠风景、沼泽风景、高山草原风景等。每一种具有明显特性的风景都给人以不同的感受和情感反应，其中凡是真正使人感到愉快的风景，都是由于它的各个组成部分之间具有明显的协调统一。这个协调统一的程度是衡量美的质量标准。

1. 形式的统一

例如颐和园的建筑物都是按当时的《清式营造则例》中规定的法式建造的。木结构、琉璃瓦、油漆彩画等均表现出传统的民族形式，但各种亭、台、楼、阁的体形、体量、功能等却有十分丰富的变化。给人的感觉是既多样又有形式的统一感。古代的帝王宫苑如此，现代的园林仍然要求如此，这个艺术的原则是古今公认的。

有些游乐园，如丹麦首都在100多年前建造的翠拂里间游乐园，其中就有中国、日本、印度、阿拉伯等许多国家的建筑形式，表现出各种建筑艺术风格，使游人深感兴趣；又如英国伦敦的皇家植物园邱园，有200年前建造的中国宝塔（仿广州的花塔），有日本的门楼（从一次日本博览会移去）等。中国清代末期，在北京三贝子花园建一西方建筑名为"畅观楼"（现属北京动物园），圆明园的废墟中还可见到其中"西洋楼"的残迹，以上这些将外国建筑形式引入本国花园的做法，从审美心理学去分析，是属于"对比强度与新异性所引起的审美注意"（庄志民，1983）。说通俗一些就是"猎奇"的心理在作祟，以前那些统治者为所欲为、妄加挥霍的原因正是在此，如果不是"建筑展览会"，现代园林中应当重视形式的统一，否则就成了"大杂烩"。

除园林建筑要求形式统一之外，在总体布局上也要求在形式上统一。设计之初就要决定采取何种形式的布局，是曲折淡雅的自然式，还是严整对称的整齐式，或是建筑附近稍用整齐式，远离建筑采取自然式，使两者恰当地形成混合式。经过审慎地考虑，设计者即按既定的形式统一全园，不得混乱或混杂。

2. 材料的统一

园林中非生物性的布景材料，以及由这些材料形成的景物，也要求统一。例如堆假山的石料、指路牌、灯柱、宣传画廊、座椅、栏杆、花架……，常常具有功能和艺术两重效用，点缀在园内，要求制作的材料都应是统一的。

美国明尼苏达州有一座"风景树木园"，从入口处的告示牌到内部的许多指路牌、荫棚、花架、眺望台、灯柱、栏杆、格子架等，一律用木料构成，造型上一律用方形斜尖的柱头，全用棕色涂料，但在高矮、大小、粗细方面，依功能的需要变化十分丰富，看起来朴素大方，有明显的统一感。这种用材的统一，国外许多名园都遵从这个原则。

我国建筑历史以木结构流行的时间最长，人们观感上有顽固的传统喜好，如杭州岳坟有一个砖刻的侧门，上面的斗拱、屋面、吻兽、椽、檐等一律仿照木结构的外形丝毫不苟；山东泰山黑龙潭的边上一座石亭，也尽量模仿木构。很可惜，石料不像砖块那样听话，但大体上还是不脱木结构的窠臼。如今在长江流域各大城市（包括杭州）用钢筋混凝土仿制木结构的传统古典建筑亭、台、楼、阁等，更是惟妙惟肖，十分相像，最成功的是武汉的黄鹤楼。

总之，在修复古典园林时，为了新旧形式上的统一，以新的建筑材料服从旧的传统形式，使人获得统一的美感是完全必要的。

建国以来出现不少新型的园林建筑，新颖、轻巧、简练，一反木结构的常规，也深受游人的喜爱。由于建筑材料决定了结构，结构决定着形式。如果新材料的利用创作出新的建筑形式，为社会主义新园林开创新的面貌是完全可能的。曾经风行全国的所谓"岭南风格"的园林建筑，就是以钢筋混凝土为材料发展起来的。

3. 线条的统一

在堆石假山上尤其要注意线条的统一，成功的假山是用一种石料堆成的，它的色调比较统一，外形及纹理比较接近，但是互相堆叠在一起，就要注意整体上的线条问题。自然界的石山，表面的纹理相当统一，如云南石林各峰的纵线条十分明显。人工假山也要遵循这个规律，求得线条的统一。无锡一个杜鹃园全部用黄石堆叠，在横线条的统一上是比较成功的。

4. 整体与局部的统一

整体由不同的局部组成，每个组成整体的局部既要有自己的个性，又要有整体的共性。

通过个性的表现突出变化，以共性的联系达到统一。园林中的山石、水体、建筑、植物是组成园林整体的要素，每种要素都能以自己的个性形成局部景观，也可相互组成园林整体景观。

如果设计者只注意局部的个性，忽视整体的统一要求，就会显得杂乱、琐碎。相反，只讲整体的共性，不注意个性的表现，又会感到千篇一律、呆板平淡。一般情况下，构成整体的要素越少，越容易达到统一，但难以突出变化，相反要素越多，求得统一也越难。

一块公共园林，可以单一地为某个目的而服务。如体育公园、儿童公园、纪念公园等，性质比较专一，它的局部要服从整体，不能远离主题。也有一些综合性质的公共园林，内容比较多样，如前苏联倡导的"文化休息公园"，就是以各种文化活动供人们得到动的休息或安静的休息。所以各个局部都具有一定的、比较明确的主题。其中，可以有儿童活动区、体育活动区、安静休息区等等。各区均有它的特殊内容，但相互间也必须达到"协调统一"（harmonious unity），决不能在安静休息区突然装上喧闹的"登月火箭"或"环行木马""旱冰场"等。目前，大城市需要群众游乐活动，从儿童到成年势不可少，但在用地紧张的情况下，许多娱乐活动向公园争夺土地，造成极不协调的安排，这已不是局部与整体的统一问题，而是城市规划层面严重的社会问题。

一块公共园林在城市范围内，无论市区或郊区并不是孤立的，地球表面基本上是连成一片的整体，四周既影响局部，局部也影响四周，无论这块园林的性质如何，都要当它是一个局部，而与四周结合起来一并进行规划和设计。例如颐和园，如果没有西部的群山环抱和玉泉山的塔影，整个昆明湖的景致将会减色。相反的情况，局部对外部的影响，可以扩大到几千米，甚至几平方千米，例如北京植物园建立一座30多米高的烟囱加水塔（现已拆除），在它四周几千米之外就可以看到这个庞然大物，给人以工厂的预感，而想不到那里是一座植物园，无形中破坏了小西山一带的风景。美国造园家西蒙兹（J·Simonds）在他的《园林建造》一书中指出，园林中各局部的视觉协调才能给人以视觉美，各局部的功能上协调才能产生功能美（functionally beauty），这种"美"在规划时常会被忽略。上述北京植物园的大烟囱，由于貌似工厂，与静宜园、碧云寺、卧佛寺这样一片名胜区就产生了功能美的不和谐（discord）。

风景的变化又称多样化，是在统一的基础上变化才不致零乱。变化的程度过大就会失去了统一。北京郊区永定河上的卢沟桥，它的石栏杆上刻有变化丰富的石狮子。首先它的材料统一，高矮统一，柱头上一个大狮子也是统一的，可以变化的范围是大狮子周围小狮子的数量、位置和姿态等，结果匠师们极尽智巧，每个柱头上大小狮子的造型变化无穷，在坚持统一中求变化的原则下，创作出十分惊人的艺术品，受到中外人士的高度评价。

园林中的变化是产生美感的重要途径，通过变化才使园林美具有协调、对比、韵律、节奏、联系、分隔、开朗、封闭等，没有变化的园林将如荒漠秃岭，谈不上什么园林艺术。

本节简单地介绍了一些园林艺术造型的原理，实际上艺术创作应不受任何框框所限，画家可以在画框内任意挥毫，雕塑家在转台前可以随意加减，艺术家的形象思维驰骋千里本无拘束。这里所谓"原理"只不过是总结一下前人的园林艺术成果，找出一点规律性的东西，供后人创作或评议时提出点滴的线索而已。

七、园林意境表达

艺术的核心在于"意境"。中国园林艺术特点之一是"意境"的含蓄深远，这是园林精神内容的组成部分。园林意境对内可以抒己，对外足以感人。园林意境强调的是园林空间环境的精神属性，是相对于园林生态环境的物质属性而言的。园林造景并不能直接创造意境，但能运用人们的心理活动规律和所具有的社会文化积淀，充分发挥园林造景的特点，创造出促使游赏者产生多种优美意境的环境条件。

1. 虚实与错觉

园林空间以及不同的景观空间之间的虚实对比，使人产生变幻莫测、空间无限的心理感受。

虚实变化以及运用比例尺度的表现规律，会使人产生错觉。如以小寓大，以少代多，创造咫尺山林的意境。

中国画非常讲究"密不透风，疏可走马"的虚实关系。"虚实者，各段中用笔之详略也。有详处，必要有略处，虚实互用。"虚并非空洞无物，而是靠实来暗示，来衬托。元代倪瓒多画西湖一带的景色，一般近景坡陀林屋，是其实；中景一片空白代表汪洋湖水，是其虚；远景折带远岫，又一实；天空留白，又一虚。如此虚实相间，表达出简逸高旷的风格。

中国绘画如此，作为中国绘画立体化中的中国园林，同样也采用"实者虚之，虚者实之"的艺术手法，通常把园林中的山水、建筑当作"实"，把水面、庭院当作"虚"。运用虚实对比，来突破有限的空间，使园林空间曲折变化。一墙之隔是实，粉墙漏窗则是实中有虚；一水之隔是虚，水中岛屿与亭则是虚中有实。或以虚代实，用水面衬托、倒映庭院。如颐和园浩渺的昆明湖，既扩延了整个园林的范围，又使万寿山丰富的景点不显拥塞。或以实代虚，闭塞的墙体开以漏窗以拓展通透景区。像狮子林东南角的一段曲廊，廊檐下的墙壁上嵌着一块块石刻及花窗，远望长廊好像园林范围并非到此为止。沈复在《浮生六记》中说："虚中有实者，或山穷水尽处，一折而豁然开朗，或轩阁设厨处，一开而通别院。实中有虚者，开门于不通之院，映以石竹，如有实无也；设矮栏于墙头，如上有月台，而实虚也。"清代画家恽寿平说："须知千树万树，无一笔是树；千山万山，无一笔是山；千笔万笔，无一笔是笔。有处恰是无，无处恰是有，所以为逸。"

2. 比拟与联想

园林中的比拟就是给景物以人格化，使其有思想，达到触景生情或寓情于景。这是"情"与"景"的联系。如：

竹——虚怀若谷，高风亮节的品德；

梅——不畏严寒，纯洁自贞的品质；

兰——居幽自芳，清雅脱俗的素质；

菊——不畏风霜，繁盛多姿的性格；

荷——纤丽挺拔，出淤泥而不染的丽质；

柳——随遇而安；

牡丹——富贵华丽；

以及"松、竹、梅"为岁寒三友；"梅、兰、竹、菊"为四君子（图6-2-11）。西方心理学家把这种联想比拟称为"异质同构"。

3. 古迹与传说

历史古迹与传说是丰富园林人文景观内容、增加景观意境的主要方面。如"唐槐、宋柏"有时间的追忆，体现沧桑巨变。

4. 诗文题咏

通过风景点的题咏、对联、匾额、楹联、摩崖石刻点出风景主题，启发游人的意境联想。如泰山万仙楼北边山路上有一石壁刻有"虫二"，这一字谜说明这里的自然风景无限美好，寓意"风月无边"。

园林中的诗文题咏可帮助游人深入了解景观主题，领会和欣赏景色，具有"画龙点睛"

的作用。如山西蒲县鹳雀楼，经唐代诗人王之涣"白日依山尽，黄河入海流，欲穷千里目，更上一层楼"的诗一传，则闻名遐迩，诗依楼得势，楼依诗传名。

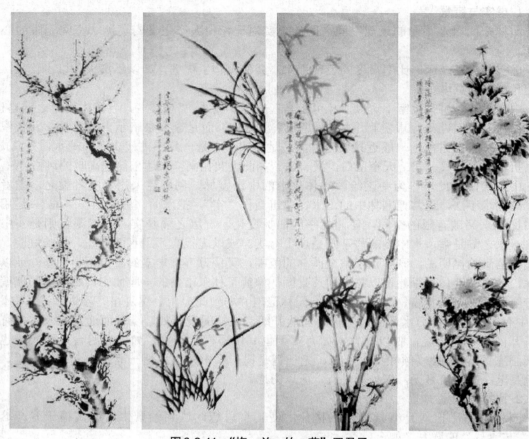

图6-2-11 "梅、兰、竹、菊"四君子

"文因景成，景借文传"。著名园林艺术家陈从周先生概括了园林与文学的依存关系。有些园林景观的得名，在很大程度上就是因为它的诗文，如岳阳楼与《岳阳楼记》，滕王阁与《滕王阁序》，醉翁亭与《醉翁亭记》等。即使一处不起眼的园林，若以好的诗词楹联加以点缀，融入人的情感，深化意境，也会大为生色，因文而传名。东晋时会稽近郊的兰亭，如果没有王羲之等文人名士的唱吟，特别是王羲之的《兰亭集序》，可能它就不会那样盛名远扬，且历千年而不衰。同样，如果西湖只有山水之秀和林壑之美，而没有岳飞、于谦、张苍水、秋瑾这些气壮山河的民族英雄，没有白居易、苏轼、林逋这些光照古今的诗人的陪衬，没有传为佳话的白蛇传、苏小小、济公的名声，西湖也可能不会名扬四海。

沧浪亭胜景闻名海内外，人们对它的了解主要因为欧阳修的《沧浪亭》长诗。北宋庆历四年，苏舜钦被诬陷，废为庶民，筑沧浪亭以遣怀，写下《沧浪亭记》等大量诗文，并邀请欧阳修写了《沧浪亭》长诗，沧浪亭遂声名鹊起。历史如过眼烟云，顷刻散去，但这座园林却饱经沧桑而不废，成为人们向往之处，沧浪亭也因此而流传更广，并一直保存至今。

中国古典园林大多是文人士大夫参与造园，并享园居之乐，也写出许多名园记，描写该园的历史和造园艺术。陈从周《中国历代名园记选注·序》说："深叹园与记不可分也。园所以兴游，文所以记事两者相得益彰。王维的《辋川集》《终南别业》，苏东坡的《灵璧张氏园亭记》等，都对山水园作了详细的记录。正是这些文情并茂，且被广为流传的园林文学作品，令后人得以想见其貌，使得上述名园为后人所熟知。苏轼、文同等文人创作的画，注重笔情墨趣，以简易幽淡为神妙，与宋徽宗的画风异趣，开创了"文人花派"的先河。宋代苏轼善于画枯木寒林、断山残史，传世作品有《枯木竹石图》。

宋徽宗赵佶是历史上的著名画家，作画重形似，追求逼真。他利用皇帝的无上权力，当总设计师，亲自谋划、指挥造园，集当时宫廷画院画家的智慧，组成设计绘图群，无论是选材、规划、立基、山水塑造，都绘成图纸，严格地按图施工，遂建成"括天下之美，藏古今之胜"的写实派园林杰作——寿山艮岳。寿山艮岳以山水论为创作指导，从立意开始到建筑、山水、花木的配置，空间曲折开合至诗情画意的写入，均是与山水论一致。它的规模并不算太大，但在造园艺术方面的成就却远超前人，具有划时代的意义。后以画本构图，成为造园的惯例。

在绘画之余，许多画家和王维一样，亲自构筑园林。"元四家"均以雅逸为宗，以表现画家的意兴心绪为主，把情感寄托于山水画中。他们有的直接参与了造园活动。勺园的主人米万钟本身就是明末著名诗人、画家和书法家，他晚年时曾把勺园的景物亲自绘成《勺园修禊图》。"西湖十景"主要是园体派画家马远和夏圭的作品。由此可以看到当时的山水画家参与造园的热情。

绘画对古典园林有着深远的影响。造园之理和绘画之理是相同的，园林的许多造园理论都源于绘画，绘画对造园的影响主要表现在画理是造园之源。

立意是画家经过艺术酝酿创造出既有生命又有美感的作品。"与一点墨，摄山河大地"等画理之精髓，与"片山多致，寸石生情"等构园理论完全吻合。所以在某种意义上可以说，造园论就是画论。画论中指出，山水布局，先从整体出发，大局下手，然后再考虑局部，穿插细节。南宋时期的著名画家谢赫在《古画品录》中谈到的绘画六法之一就是经营位置，即考虑整个结构和布局，使结构恰当，主次分明，远近得体，变化中求得统一。

我国历代绘画理论中谈及的构图规律有疏密、参差、藏露、虚实、呼应、繁简、明暗、曲直、层次及宾主等关系，这些绘画论述成为园林创作的理论基础。造园常见手法中的障景与借景便是绘画取舍理论的直接运用。

第三节　园林设计的生态学原理

一、生态园林的定义

园林学是一门综合性的边缘学科，与许多学科专业交叉。随着环境意识的增强，生态学被引入到园林专业，形成了生态园林。1996年出版的《中国大百科全书》称：着重从保护环境、维护生态平衡出发，遵循生态学原理，建立城市绿化系统，在园林中科学地建设多层次、多结构、多功能植物群落，以达到顺应自然、提高环境质量、有益于人们身心健康的园林绿化方案的措施，这样建成的园林绿地单体称作生态园林。多年来许多学者对生态园林提出了不同的定义，北京大学生态专家陈昌笃提出生态园林是按照生态学原理，以人与自然和谐一致为目的而规划、设计的某一地段。李洪远认为生态园林的概念具有狭义的生态园林和广义的生态园林。狭义的生态园林又称生态园、自然园、自然观察园等，是20世纪70年代以来，欧洲、美国、日本等地模仿自然生态环境而建造的公园或园中园。基本理念是创造多样性的自然生态环境，追求人与自然共生的乐趣，使人们在观察自然、学习自然的过程中，认识到生态环境保护的重要性。广义的生态园林或称为区域性园林，是一个城市及其郊区的区域范围的自然生态系统或绿地系统。基本理念是在城市及市郊范围内建立人与自然共存的良性循环的生态空间，保护和修复区域性生态系统，遵循生态学原理，建立合理的复合型的人工植物群落，保护生物多样性，建立人类、动物、植物和谐共生的城市生态环境。概括起来说，建设生态园林要继承发扬中国园林的精华，也要吸取世界各国风景园林有益的经验，生态园林是城市及郊区的区域范围的自然生态系统，应遵循生态学和景观生态学原理，以人为本，建设多层次、多功能、多结构的植物群落，修复生态系统，使其良性循环，保护生物多样性，谋求持续发展，以体现在功能、环境文化、结构和布局的合理性、形式和内容的科学性。并以生态经济学原理为指导，使生态效益、社会效益、经济效益得以协调发展，建成具有园林绿化面貌，提高人类健康水平、情节优美、舒适、安全的现代化生态环境。与生态园林相关的生态学科有：生态伦理学、人类生态学、城市生态学、景观生态学、植物种群生态学、深层生态学、生物化学生态学等。

二、生态园林的构成要素

与传统的园林一样，生态园林也是由山水地形、植物、建筑、道路广场等要素构成的，在各要素的利用和配置以及整个系统稳定性的维持和调控方面遵循控制论系统的三大基本原则，即循环再生原则、协调共生原则和持续自生原则。关于各组成要素的生态观点论述如下。

1. 土地保护与利用

21世纪我们面临着城市更新和城市重建，其中包括对破坏的自然环境的修复。建设需要土地，然而土地资源有限，因此我们应该合理地利用和保护好每一寸土地。设计者对每一寸土地的使用，不但不能浪费资源，而且要做到对现有生境、土壤、地形、水系、动植物等加以保护和利用，在人工的影响下提高其生态系统的多样性，丰富原有生态景观，加强原有风景特质，提高其生态系统的多样性、景观及生物的多样性。

2. 地形利用与改造

一块基地上，地形构成了园林的骨架，将直接影响园林的形式、建筑的布局、植物的配置等，因此，地形要素的利用与改造，是园林绿化的关键步骤。

堆山叠石、改造地形可以分割园景，阻挡噪声与吸收灰尘，调节小气候，形成一个宁静舒适的绿色空间，给人以精神享受，为现代园林提供了更丰富的生态类型。

为了创造有利于生物多样性所必需的立地条件，而建设不同的地形；为了防止水土流失，种植树木花卉，以苔藓、蕨类覆盖土壤与石块。这些植物的根系伸入土中，盘根错节与石土混合一体，极具自然感。

3. 水体

水是园林的灵魂，园林的生命。园林绿地对水的利用实际是循环再生、协调共生、多方位的利用，起到防火减灾、浇灌植物的作用并提高生态系统的稳定性。水体是地形组成中不可缺少的部分。园林绿地建设中应尽可能减少对原有地形地貌的改变，促进水资源良性循环，既聚水又保水。绿地具有良好的聚水能力，尤其是对雨水的渗透和地下水的补充有作用。将园林绿地与水形成有机整体，加强滨水地带植被，保持水土养分和土壤的渗透率。广场、停车场及道路硬质铺装可采用透水性良好的材料。在水体的设计中，要尽可能地创造一个完整的生态系统，如在水池中种植多种水生植物，形成自然的植物群落，放养鱼禽等，水边种植喜湿植物，使这些动植物和一些肉眼看不到的微生物共同构成食物链和食物网，完成物质循环及能量流动，形成一个稳定的生态系统。

4. 植物

生态基础设施的构成以植物为主体，它是人类改造、恢复和调控生态系统物流、能流的重要手段，适地适树，尊重自然是园林设计者必须遵从的一条准则。生态园林建设中，必须以乔木、灌木、攀援植物、花卉、草坪地被、水生植物等结合，并以不同树龄、不同季相的树木搭配，形成多层次、多功能、多结构的植物群落。尤其要注重复层植物群落的建设，复层植物群落其综合效益即释放氧气、吸收二氧化碳、蒸腾吸热、减尘滞尘、杀菌等，为单一草坪的 4～5 倍。与此同时，结构丰富、复杂的植物群落，使动物种类也呈现多样化，这样植物和动物、植物与植物之间形成了结构复杂、相对稳定的食物网，保证了整个园林生态系统物质循环和能量流动的正常进行。在植物材料的选择上，不能只局限于观赏植物，还应合理运用粮食作物、蔬菜、药草植物等，总体上以乡土树种为主。

5. 建筑

我国传统园林建筑的生态意义表现在：建筑与自然的高度融合，与自然风格的环境相协调，一般尺度、体量都较小，造型上轻巧灵透；建筑与基地有良好的融合关系，随高就低，曲曲折折，高处建亭，临水建榭，使人们觉得建筑是从基地环境中"生长"出来的；在色彩、装饰上力求自然简朴，与周围环境取得统一的视觉效果。

21 世纪建筑向生态化、智能化方向发展，节能、节水、节电型建筑将越来越受欢迎。美国科学家预测，未来的房屋将朝球形发展，与盆形建筑相比，拥有相同面积的圆顶，其外形面积要比盆形面积少 38%。因此，不论加热或制冷，均能节约可观的能源。

按照生态学理论运用以上要素设计出生态系统的连续性，趋于可持续发展方向发展，必须把注意力集中在功能上，提高所利用的每单位自然资源提供服务的价值，即全面提高资源生产率。在设计上将单一功能（传统的观赏、游憩）向多功能有机组合的园林绿地发展。

三、生态园林规划原理与原则

在生态园林的规划中主要运用以下几条原理：
① 生物与环境之间能量转换和物质循环原理；
② 生物共生互利原理；
③ 生态位原理；
④ 能量多级利用与物质循环再生原理；
⑤ 植物他感作用的原理和生态效益、社会效益。

四、园林中种植设计的生态学原理

1. 坚持以"生态平衡"为主导，合理布局园林绿地系统

生态平衡是生态学的一个重要原则，其含义是指处于顶级稳定状态的生态系统。此时系统内的结构与功能相互适应与协调，能量的输入和输出之间达到相对平衡，系统的整体效益最佳。在生态园林的建设中，强调绿地系统的结构和自然地貌与河湖水系的协调以及与城市功能分区的关系，着眼于整个城市生态环境，合理布局，使城市绿地不仅围绕在城市四周，而且把自然引入城市之中，以维护城市的生态平衡。

2. 遵从"生态位"原则，搞好植物配置

城市园林绿化植物的配置，实际上取决于生态位的配置，直接关系到绿地景观审美价值的高低和综合功能的发挥。生态位的概念是指一个物种在生态系统中的功能作用以及它在时间和空间中的地位。反映了物种与物种之间、物种与环境之间的关系。

在园林绿地建设中，应充分考虑物种的生态位特征。合理选配植物种类，避免种间直接竞争，形成结构合理、功能健全、种群稳定的复层群落结构，以利种间互相补充，既充分利用环境资源，又能形成优美的景观。在特定的城市环境条件下，应将抗污吸污、抗旱耐旱、耐贫瘠、抗病虫害、耐粗放管理等作为植物选择的标准。

在绿化建设中，可以利用不同物种在空间、时间和营养生态位上的差异来配置植物。如

杭州植物园的槭树、杜鹃园就是这样配置的。槭树树干直立高大、根深叶茂，可吸收群落上层较强的直射光和较深层土壤中的矿物质养分；杜鹃花是林下灌木，只吸收林下较弱的散射光和较浅层土壤中的矿物质养分，较好地利用槭树下的荫生环境。两类植物在个体大小、根系深浅、养分需求和物候期方面有效差异较大，按空间、时间和营养生态位分异进行配置，既可避免种间竞争，又可充分利用光和养分等环境资源，保证了群落和景观的稳定性。

3.遵从"互惠互生"原理，协调植物之间的关系

指两个物种长期共同生活在一起，彼此相互依存，双方获利。如地衣是藻与菌的结合体；豆科、兰科、杜鹃花科、龙胆科中的不少植物都有与真菌共生的例子；一些植物的分泌物对另一些植物的生长发育是有利的；但另一些植物的分泌物则对其他植物的生长发育不利，这些都是园林绿化工作中必须注意的。

4.保持"物种多样性"，模拟自然群落结构

物种多样性理论不仅反映了群落或环境中物种的丰富度、变化程度或均匀度，也反映了群落的动态与稳定性，以及不同的自然环境条件与群落的相互关系，生态学家们认为，在一个稳定的群落中，各种群对群落的条件、资源利用等方面都趋向于互相补充而不是直接竞争，系统越复杂也就越稳定。因此，在城市绿化中应尽量多造针阔叶混交林，少造或不造纯林。

第四节　园林设计中行为心理学原理

不论建筑师或景观设计师，其工作宗旨都是以人为本，为人们创造舒适宜人的环境。我们所讨论的环境，则是以人为中心的人类生存环境。人处于环境的核心，包围核心的周围一切事物、状况、情况的总和则构成了庞杂的环境系统。

英国首相丘吉尔曾说过："人们塑造了环境，环境反过来塑造了人。"也就是说人的行为与周围环境同处在一个相互作用的生态系统中，人是自觉地、有目的地作用于他周围的环境，同时又受到客观环境的影响和制约，在改变世界的同时，也改变了自己。

环境心理学也称环境行为学，作为心理学的一部分，把人类的行为与相应的环境（包括物质的、社会的和文化的）两者之间的相互关系与相互作用结合起来加以分析。

环境行为学比环境心理学的范围要窄一些，它注重环境与人的外显行为之间的关系与相互作用，因此其应用性更强。运用一些心理学的理论、方法与概念来研究人在城市与建筑中的活动及人对这些环境的反应，由此反馈到城市规划与环境设计中，以改善人类生存的环境。把设计师的一些"感觉"、"体验"提高到理论的角度来加以分析与阐明。

在园林设计中，我们首先要了解人的一些行为和感觉，才能设计出符合人的生理和心理需要的舒适的环境。

一、人对聚居地的基本需要

1.安全

安全是使人类生存下去的基本条件。人要有土地、空气、水源等，以适应人类抵御来自大自然与其他生物的侵袭。在园林设计中，很多方面都需要注意到安全性的问题，比如在水较深的湖边、临水的建筑等要设置栏杆。

2.选择与多样性

在满足了基本生存条件的前提下，就要满足人们得以根据其自身的需要与意愿进行选择

可能，"钟爱多样性"是生物学家、人类学家、心理学家的格言。因为它是一切人，包括生物界的本性。在园林设计中，从生态学的角度考虑，讲究生物多样性的创造，从人的行为心理学的角度考虑也是成立的，因为人类具有偏爱多样性的习惯，为了满足人的这种心理，在各种设计中，创造多样性是必不可少的。多样性的创造不仅包括生物多样性，还包括其他方面的多样化。

3. 需要满足的因素

① 最大限度地接触自然、社会、人为设施、信息等，即与外部世界有最大限度地接触。人有亲近自然、人群的愿望，因此，现代园林设计更注重回归自然，回归乡野。在现代快节奏生活方式的背后，人们更向往一种宁静而安逸的自然的生活环境。

② 公共性与私密性是人的最基本需要。人是群居性动物，需要参加社交活动，但同时又要求有属于自己的或几个人的私密空间。因此，在设计中为了满足人的这种需要，要创造不同的园林空间，或开敞，公共；或封闭，私密。

③ 人与其生活体系中各要素之间有最佳的联系，包括大自然与道路、基础设施等。在不同的环境里，人们有不同的需要，就需要有不同的设计，如在居住区内，需要设置健身设施，是因为人们在工作之余，回到自己生活的环境中，需要这样一个环境，这样的设施。而且这样的设施应该如何放置，或应放置于何处，才能满足人们的需要。园林中的道路设计在何处，才能最大地满足人的需求，既不会过分拥挤，又不会使游人在绿地中另辟新路。这些都是设计师们应该从人的行为心理角度出发，进而考虑的问题。

④ 根据具体的时间、地点以及物质的、社会的、文化的、经济的、政治的种种条件，取得四方面的最佳综合、最佳平衡。在小尺度范围内，人为环境要适应人的需要，在大尺度范围内，人造物要适应自然条件。园林空间的设计、景物的组织与安排、园林中小品的设计等都要以人的需要为前提，座椅的设计要符合人的标准尺度。

二、个人空间的分类

个人空间的距离是设计中应该考虑的一个重要因素，创造不同的空间类型如私密和公共的空间，要符合不同的距离要求。1966年Hall在他的《Hidden Dimension》（《看不见的向量》）一书中将人与人之间的距离分为四类。

1. 亲密的距离

处在亲密的距离时，个人空间受到干扰。

2. 个人空间的距离

个人空间的距离是指近到45 ～ 76cm，是得以最好地欣赏对方面部细节与细微表情的距离；远到76 ～ 122cm时，即到达个人空间的边沿，相互间的距离有一臂之隔，说话声音的响度是适度的，不再能闻到对方的气味。

3. 社交距离

社交距离是指近到122 ～ 214cm，接触的双方均不扰乱对方的个人空间，能看到对方身体的大部分。双方对视时，视线常在对方的眼睛、鼻子、嘴之间来回转，这往往是人们在一起工作、社交时保持的距离。

4. 公共距离

公共距离是指近到366 ～ 762cm，此时说话声音比较大，讲话用词很正规，交往不属于私人间的，对人体的细节看不大清楚，这个距离在动物界大约相当于逃跑的距离。距离若大于762cm，则全属公共场合。

人类既需要私密性也需要相互接触交往，过分的接触与完全没有接触，对个性的破坏力几乎同样大。因此，对每个人来说既要能退避到有私密性的小天地里，又要有与别人接触交流的机会，环境即可支持也可阻止这些需要的实现。环境设计中的一个基本点在于创造条件求得两者间的平衡，满足两方面的需要，即私密性与公共性。任何设计都应包含私密性与公共性及半私密性与半公共性空间。

　　各种设计和建造归根结底都是为了满足人们的需要，都可以从行为心理学的角度加以理解，人对新鲜事物、不同事物的好奇，可以作为游览路线设计的重要依据，如植物种植设计中运用色彩鲜艳的彩叶植物作为标志，引导游人视线。

第七章

园林山水地形艺术

第一节 园林地形艺术

一、地形改造的作用

园林地形是人化风景的艺术概括。不同的地形、地貌反映出不同的景观特征，它影响着园林的布局和风格。有了良好的地形地貌，才有可能产生良好的景观效果。因而，地形地貌的处理是园林绿地建设的基本工作之一。它的具体作用如下。

1. 为新建园林完成造园的骨架

合理地安排全园山、水的位置和相应的高程，更好地表现园林的主题和主景，将全园的功能划分和地形艺术的特点有机地结合、统一起来。

2. 有效地划分和组织园林空间

综合性的园林具有规模大、容量大、观赏、游览、活动设施多的特点，这就要求不同的功能空间之间有一种分割与隔离，而利用地形来完成这一使命，具有自然、灵活又不露人工的痕迹。但要隔而不断、露而不透，开辟适当的透景线把主要的园林空间区域有效地组织起来，才能达到"划整为零"和"集零为整"的目的。

3. 为园林植物（动物）营造良好的生长（生活）环境

对于一些生长环境要求比较高或当地的边缘植物（动物）来说，地形所构成的小气候环境，能使其良好生长。

4. 为园林建筑提供良好的基质

园林建筑需要有一个良好的基质，这是毋庸置疑的。原有的土质如果不符合建筑的需要，在地形改造时，就要进行必要地替换，以使其完全满足需要。

另外，还能够组织地面水的排除和满足其他功能的需要。

塑造地形是一种高度的艺术创作，它虽师法自然，但不是简单地模仿，而是要求比自然风景更精炼、更概括、更典雅、更集中，方能达到神形具备、传神入势的境界。只有掌握了自然山水美的客观规律，才能循自然之理，得天然之趣。如"山有气脉、水有源流，路有出入……""主峰最宜高耸，客山须是奔趋""山要回抱，水要萦回""水随山转，山因水而活""溪水因山成曲折，山蹊随地作低平"。这些都是造园家从真山真水中得到启示，对自然山水美的规律性概括。

二、地形的类型

园林地形状况与容纳游人量及游人的活动内容有着密切的关系，平地容纳游人较多，山地及水面的游人的容量将受到限制。一般理想的比例是陆地占全园的 $2/3 \sim 3/4$，其中平地占陆地的 $1/2 \sim 2/3$，丘陵占陆地的 $1/3 \sim 1/2$ 或山地占陆地的 $1/3 \sim 1/2$。

园林陆地的类型可分为平地、坡地和山地三类。

1. 平地

草地、集散广场、交通广场、建筑用地及山体和水面之间的过渡地带等，功能为接纳和疏散游人。

园林中的平地按地面材料可分为以下几种。

①土壤地面　可用作文体活动的场所，在城市绿地中应力求减少裸露的土地面，尽量做到"黄土不露天"。

②沙石地面　可用作活动场地和风景游憩地。

③铺装地面　有道路和广场，作为交通集散、休息观赏和文体活动的场地，形式可为铺装规则的或不规则的。

④绿化种植地面　包括草坪、花境、树林、树丛等，供游人进行文体活动或游憩观赏。

2. 坡地

如土坡、低丘陵坡、斜坡等，功能为种植乔木、灌木、藤本、花卉、地被、草坪等相结合的主要植物景观区域。

根据地面的倾斜角度不同可分为缓坡（坡度在8%～10%）、中坡（坡度在10%～20%）和陡坡（坡度在20%～40%）。

3. 山地

山地包括自然的山地和人工的堆山叠石。山地可以构成自然山水园的主景，组织空间，丰富园林的观赏内容，提供建筑和种植需要的不同环境，改善小气候，点缀、装饰园林景色。在园林中起主景、背景、障景、隔景等作用。

根据堆叠的材料不同，山地可分为土山、石山（天然石山、人工石山）、土石山（土山点石、石山包土）。

① 土山　一般坡度比较缓（1%～33%），在土壤的自然安息角（30°左右）以内。占地较大，不宜设计的过高，可用园内挖出的土方堆置，造价较低。如上海长风公园的铁臂山。

② 石山　包括天然石山和人工塑山两种。造型各异的石材，堆叠手法的不同，塑造出玲珑、峥嵘、顽拙等丰富多变的山景。石山坡度一般比较陡（50%以上），占地较小。石材造价较高，不宜设计太高，体量也不宜过大。

③ 土石山　有土上点石和外石内土两种。土上点石是以土为主体，表面在山峰处和山腰、山脚的适当位置点缀石块以增加山势，便于种植和营造建筑。这种山坡占地较大，不宜太高，它有土有石，景观丰富，以土为主，造价较低。故在造园中经常应用，如颐和园的万寿山、苏州的沧浪亭。外石内土是在山的表面包了一层石块，它以石块挡土，坡度可较陡，占地较小，可堆叠得高一些，如北海的琼华岛后山。

三、地形处理的原则及艺术手法

1. 地形的处理原则

山水是中国园林的骨架，在园林建设中，首当其冲的工程就是地形的整理与改造，因为它牵涉的面比较广，工程量比较大，工期也比较长，所以是建园的主要工程项目之一。如何减少土方的施工量、节约投资、缩短工期，这对整个建园工作具有重要的意义。因此，园林地形设计应全面贯彻"适用、经济、在可能条件下美观"这一城市建设的总原则。

《园冶》中说："因地制宜""得景随形""自成天然之趣，不烦人工之事"。因此，利用和结合原有的自然地形地貌是符合中国园林的造园法则的。但我们在强调因地制宜的同时，也不能忽视必要的地形改造，这不仅是功能上的要求，也是艺术上的要求。为了保证园林环境设计意图的实施，对工程量不大又不影响和破坏景观的地形地貌进行适当地整理与改造是完全必要的。

地形处理应以利用为主，改造为辅；因地制宜，顺应自然；节约工程开支；符合自然规律与艺术要求。即在充分利用原有地形地貌的基础上，适当地进行改造，达到用地功能、原地形特点和园林意境三者之间的有机统一。总之，力求使园林的地形、地貌合乎自然山水规律，达到"虽由人作，宛自天开"的境界。

2. 地形处理的艺术手法

堆山是中国园林的特点之一，是民族形式和民族风格形成的重要因素。中国造园艺术的历史发展进程，可以人工造山的发展过程为代表。汉代的宫苑，水池中用土堆成三座山，即方丈、瀛洲和蓬莱，象征海上神山；六朝时，帝王苑囿中堆出多土石兼用而体量巨大并摹拟山水；唐代城市宅园兴起，虽当时尚无明确的造山实践活动，但已将具有形象特殊的怪石罗列于庭前，作为独立的观赏对象；自宋代开始，土石趋于结合。在私家园林中，某种特定的山的形象塑造不明显，而在帝王苑囿中，如"艮岳"的万寿山已土石兼用，成为摹移山水向写意山水过渡的标志，为明清的写意山水奠定了基础。

地形的处理是建立在对自然山水理解的基础之上，灵活地运用其普遍性和特殊性的两个方面，融入作者对历史文化的思考，来完成山水园林的建构骨架。其具体手法如下。

① 主次分明　清代画家笪重光《画筌》说："众山拱伏，主山始尊，群山盘互，祖山乃厚"，意在突出群山的主山与主峰。在群山和群峰之间，都要高低错落，疏密有度。峰和峰之间要互相呼应、掩映和烘托，使宾主相得益彰。

② 组合有致　"山不在高，贵有层次"说明了层次的重要性。层次有三，一是前低后高的上下层次，山头作之字形，用来表示高远；二是两山对峙中的峡谷，犬牙交错，用来表示深远；三是平岗小阜，错落蜿蜒，用来表示平远（图7-1-1）。

③ 峰峦叠嶂　山势既有高低，山形就有起伏。一座山从山麓到山顶，绝不是直线上升的，而是波浪起伏，由低而高和由高而低，有山麓、山腰、山肩、山头、山坳、山脚、山阳以及山阴之分（图7-1-2），这是一山本身的小起伏。山与山之间有宾有主、有支有脉是全局的大起伏。

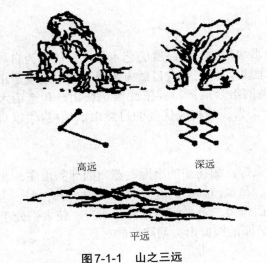

高远　深远

平远

图7-1-1　山之三远

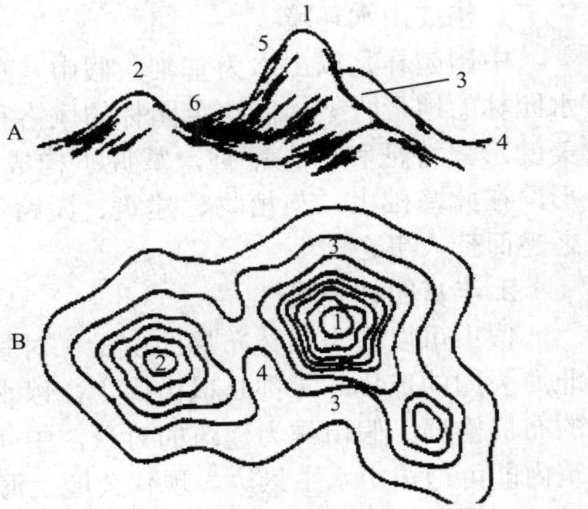

图7-1-2　山形分析

A：1—主山山头；2—次山山头；3—山腰；4—山麓；5—山肩；6—山谷
B：1—山头；2—次山山头；3—山阴；4—山凹

④ 一气呵成　山有来龙去脉，便有一气呵成之势，方能显示出山的神韵气势。虽然自然界中拔地而起的孤峰很多，但它的成因必与其周围众多的峰峦相一致。如果在城市园林中，只有一座孤峰，就不符合地貌形成的客观规律。除非用作园林入口的对景、障景，如上海龙华公园中的红岩与外滩公园入口处的池山及广州动物园的狮虎山等，具有特定的功能和目的，同地形的形成并无绝对联系。

⑤ 曲折回抱　由于山体曲折回抱，形成开合收放、大小不同、景观迥异的空间境域，产生较好的小气候。尤其在具有水体的条件下，溪涧迂回其间，飞流直下，能取得山水之胜和世外桃源的艺术效果。

⑥ 虚实相生　布置假山要疏密相间和虚实相生。疏密与虚实两词的含义既有相同之处，又有所区别。密是集中，疏是分散，实是有，虚是无，当景物布置密到不透时，便是实，疏到无时便成虚。在园林中不论群山还是孤峰都应有疏密虚实的布置。做到疏而不见空旷，密而不见拥斥，增不得也减不得，如同天成地就。山之虚实是指在群山环抱中必有盆地，山为实，盆地为虚；重山之间必有距离，则重山为实，距离为虚；山水结合的园林，则山为实，水为虚。庭园中的靠壁山，则有山之壁为实，无山之壁为虚。

综上所述，若所掇之山能做到上述六点，就能达到宋代郭熙在《林泉高致》中所述的"山近看如此，远数里看又如此，远数十里又如此，每远每异，所谓山形步步异也。山正面如此，侧面又如此，背面又如此，每看每异，所谓山形面面看也。如此是一山兼数百山之形态，可得而不悉呼！"山形的四面可观，变化多致，这就达到了"横看成岭侧成峰，远近高低各不同"的艺术境界。

第二节　假山艺术

堆山是以造景游览为主要目的，结合其他多方面的功能，以土、石等为材料，模拟自然山水并加以艺术的提炼和夸张，人工堆筑的山景。

凡人工在园林中堆筑的山一律称为假山。人们通常称呼的假山实际上包括假山和置石两部分。

一、假山的功能和作用

1. 构成山水环境

中国园林是以山水为基础，假山是塑造山水地形的一种高度的艺术创作，能作为自然山水园林的地形骨架，能决定园林的风格和艺术面貌。人们在大自然中发现了美，发现了山水美的形象特征和内在精神，掌握了构成山水美的组合规律，并依此堆筑假山，塑造山水地形，在此基础上，与植物、建筑、园路等结合，人工建构成优美的自然山水环境，"以自然之趣而药人事之工"。

2. 丰富园林景观

假山可以作为园林布局的主景、对景、背景等，如扬州的个园、苏州的环秀山庄、北京北海公园的琼华岛等都是以山为主，以水为辅。私家园林中的庭院内，常为：山—水—建筑的布局格局。假山作为建筑的对景，中间的水面作为二者之间的过渡与纽带，使人们处于建筑内即可饱览山水主景。如现代公园上海长风公园的铁臂山为朝霞榭的对景。

3. 组织园林空间

中国园林常根据用地功能和造景特色将园林空间组织成丰富多彩的景区。组织空间、划分景区的手段很多，但利用假山划分空间是从地形骨架的角度来划分，具有自然灵活的特点；还可以作为障景、对景、框景、夹景等灵活运用。特别是用山水相映成趣地结合来组织空间，使空间更富于性格的变化。如圆明园"武陵春色"要表现世外桃源的意境，利用土山分隔成独立的空间，又运用两山夹水、时收时放的手法作出桃花溪、桃花洞、渔港等地形变化，于极狭处见辽阔，似塞又通，由暗窥明，符合陶渊明文中对武陵的描述。颐和园仁寿殿和昆明湖之间的地带，是宫殿区和居住、游览区的交界。这里用土山带石的做法堆了一座假山。这座假山在分隔空间的同时结合了障景处理。在宏伟的仁寿殿后面，把园路收缩得很窄，并采用"之"字线形穿山而形成谷道。一出谷口则辽阔、疏朗、明亮的昆明湖突然展开在面前。这种"欲放先收"的造景手法取得了很好的实际效果。此外，如拙政园枇杷园和远香堂、腰门一带的空间用假山结合云墙的方式划分空间，从枇杷园内通过园洞门北望雪香云蔚亭，又以山石作为前置夹景。在园林入口处常用假山作为障景，如拙政园、红楼梦中的大观园都是成功的例子。

4. 满足游赏要求

观赏自然山水园林风景时，人们会产生一种愉快的心情。但在平地上游赏，因为视点低而不能看到景观的全部形象，若是居高俯视，骤然觉得视野变广了，景物的形象变样了，远远胜过平地上观赏。唐代著名大诗人杜甫早有"四顾俯层巅""游目俯大江"的诗句来形容俯视的美感。若是居高远眺，更有很多内容是在平地上无法得到的，同样使人产生美感。如："落日登高屿，悠然望远山"（储光羲），"登高望四海，天地何漫漫"（李白），"登高壮观天地间，大江茫茫去不还"（李白），远山、远树、远处的云霭烟波，一切不可及的地方，都会引起空灵之感，这种虚中有实的对比，形成了取之不尽的空间艺术美。正如王羲之在《兰亭序》中所说："仰观宇宙之大，俯察品类之盛，所以游目骋怀，足以极视听之娱，信可乐也。"这种乐趣古今一致。特别是在平原地区，人们更有登高远望的心理要求，采用假山来提高视点，以满足"极目四顾"的愿望，并满足人们的登山活动，感受山林野趣。

5. 装点园林环境

运用山石小品作为装饰点缀园林空间和陪衬建筑、植物的手段，在我国南、北方各地园林中均有所见，尤以江南私家园林运用最广泛。如苏州留园东部庭院的空间基本上是用山石和植物装点的，有的以山石作花台，或以石峰凌空，或藉粉墙前散置，或以竹、石结合作为廊间转折的小空间和窗外的对景。例如"揖峰轩"这个庭院，在大天井中部立石峰，天井周围的角落里布置自然多变的山石花台，就是小天井或一线夹巷，也布置以合宜体量的特置石峰。游人环游其中，一个石景往往可以兼作几条视线的对景。石景又以漏窗为前景，增添了画面层次和明暗的变化。仅仅四五处山石小品布置，却由于游览视线的变化而得到几十幅不同的画面效果。这种"步移景异""小中见大"的手法主要是运用山石小品来完成的。足见利用山石小品点缀园景具有"因简易从，尤特致意"的特点。还可以运用山石作为水体的驳岸、挡土墙、护坡和自然式花台，既具有实用功能，又可装饰点缀这些部位，增加自然情趣。例如北海琼华岛南山部分的群置山石、颐和园龙王庙土山上的散点山石等都有减少雨水冲刷的效用。在坡度更陡的山上往往开辟成自然式的台地，在山的内侧所形成的垂直土面多采用山石做挡土墙。自然山石挡土墙的功能和整形式挡土墙的基本功能相同，而在外观上曲折、起伏、凸凹有致。例如颐和园的"圆朗斋""写秋轩"，北海的"酣古堂""盎鉴室"周围都是自然山石挡土墙的佳品。

在用地面积有限的情况下要堆起较高的土山，常利用山石作山脚的落篱。这样，由于土易崩而石可壁立，就可以缩小土山所占的底盘面积而又具有相当的高度和体量。如颐和园仁寿殿西面的土山、无锡寄畅园西岸的土山都是采用这种做法。江南私家园林中还广泛地利用山石作花台栽植牡丹、芍药和其他观赏植物，并用花台来组织庭院中的游览路线，或与壁山结合，与驳岸结合，在规整的建筑范围中创造自然、疏密的变化。

运用山石还可以作为室内外自然式家具或器设，如石屏风、石床、石桌、石凳，既不怕日晒雨淋，又可结合造景。

二、假山的类型

假山依山体的构成材料分为土山、石山和土石相兼的山；按其造景作用分为主景山、配景山、障景山、隔景山和背景山等；石构假山依其在庭院中的位置又可分为庭山、壁山、楼山、池山等类型。

堆筑假山的材料主要是土和山石，李渔在《闲情偶寄》里论述如下："大山用土，小山用石""以土代石，能减人工，又省人力，且有天然委曲之妙，混假山于真山之中，使人不能辨者，其法莫妙于此""掇高广之山全用碎石，则如百纳僧衣，求一缝不可得，此其所以不耐观也。以土间之则可浑然无迹，且便于种树，树根盘固，与石比坚，树木叶繁，混然一色，不辨其谁石谁土""……此法不论石多石少，亦不必求土石相半，土多则土山带石，石多则石山带土，土石二物原不相离，石山离土则草木不生，是童山矣""……土之不胜者，以石可以壁立，而土则易崩，必杖石为藩篱故也。外石内土，此从来不移之法也"。

以上论述主要指出堆山有一定局限性，不可过高过大。占地面积越大，石山越不相宜，所以大山用土的原则在今天尤其值得重视。小山用石，可充分发挥堆叠的技巧，使它变化多端，耐人寻味。而且在小范围内，也不宜聚土为山，庭园中点缀小景，更宜用石。当然这两个原则都不是绝对的，不过一是以土为主，一是以石为主，总的精神是土石不能相离，主要便于绿化。同时他又指出土石的关系，说土山的缺点是容易崩毁，用石围在外面，以防止水土流失，这些见解对今天的造园山仍有指导意义。

另外，所谓"石包土"就是"外石内土"，是我国堆山的普遍做法，在我国古典园林中到处可见。所谓"土包石"则是将石埋在土中，好像天然土山中露出石骨一样，可埋置在山坡、草地边缘和道路拐弯处，起装饰点缀作用。创造起伏的丘陵地可用此法，如同山之余脉。

三、假山材料——山石

1. 山石的空间美学特性

中国园林"无园不石"，山石作为主要的造园要素，作为园林审美对象，它们或在园林庭院里孤峰独峙，或散置在山坡路旁，或堆叠成形态各异的假山，或制作成精美的山石盆景。人们不仅欣赏它的千姿百态，而且广泛利用山石作为驳岸、挡土墙、花台、栏杆等工程上的构筑材料。明清两代，人们对庭院内的孤赏石更为偏爱，人们为什么爱石、品石，会对山石有如此亲和的审美关系，这主要源于山石特有的表现于外的形体之美和凝聚在内的审美属性。

（1）表现于外的形体之美——瘦、透、漏、皱、丑

山石产于自然界，属自然之物，因此山石具有自然美的素质。我国地域辽阔，山石资源极为丰富，由于不同的山石生成的环境不同，其形质带给人的美感也不同。计成在《园冶》中论述太湖石"性坚而润，有嵌空、穿眼、宛转，险怪势，一种白色，一种色青而黑，其质文理纵横，笼络起隐，于石面遍多坳坎，盖因风浪中冲激而成，谓之'弹子窝'，扣之微有声。……此石以高大为贵，唯宜植立轩堂前，或点乔松卉下，装冶假山，罗列园林广榭中，颇多伟观也"。这是对太湖石的质、形、色、声以及用途等所作的品评，并指出了它的价值：以体量高大为贵。《云林石谱》评赞英石，提出"瘦、透、漏、皱"四个字，这实际上是提出了石的四个审美标准。此后，随着品石风气的日盛，人们又提出了"丑""巧""拙"

等品评标准，这里仅就石之"瘦""透""漏""皱""丑"的审美特性，作简单地论述。

所谓"瘦"，这是对石的总体形象的审美要求，即"壁立当空，孤峙无倚"，它好似亭亭玉立的淑女，高标自持的君子。在中国古典园林中，符合"瘦"这一标准的名石是很多的。苏州著名的留园三峰——冠云峰、瑞云峰、岫云峰，无不具有清秀、挺拔的"瘦"的品格。岫云峰瘦而多小孔，瑞云峰瘦而多大孔，冠云峰孤高而特瘦，漏皱而多姿。

关于"透"和"漏"，其解释历来有所不同，且二者有相似、相通之处。李渔在《闲情偶寄·居室部》中作了这样的阐述："此通于彼，彼通于此，若有道路可行，所谓'透'也；石上有眼，四面玲珑，所谓'漏'也。"其实，"透"是指通过、穿过之意，用于品石则指石孔相通。"漏"用于品石，主要强调石上有孔穴。一般来说，孔穴有透与不透二种，"透"是漏的属性之一，是"漏"的高级形态。因为，从其形成的难易来说，孔穴相通其形成所需要的时间更长。其美学价值也就更高。冠云峰通体上下布满孔穴（即为"漏"），在阳光的照射下，层次分明，明暗突出，空间感极强。在石的顶部也有一个通透的"石孔"这是全石的精华。石的"透""漏"之孔，不但赋予三维空间的实体嵌空玲珑、丰富奇特的外形表现，而且还使石之整体的立面造型变化多端，奇幻莫测。上海豫园的"玉玲珑"相传为宋代"花石纲"遗漏下来的奇石，高达3m有余，形如千年灵芝，通体都是孔穴。据说，在下面孔穴中焚一炉香，上面各孔穴都会冒出缕缕轻烟；而在上面孔穴中倒一盆水，下面各孔穴会溅出朵朵水花，可谓极尽"透""漏"之妙。正因为如此，该园才特意为此奇石建造了"玉华堂"，意谓美玉中的精华。

"依石之纹理而为之，谓之皱。皱者，皱也，言石之皮多皱也。"（沈宗骞《芥舟学画编·作法》）。可见，皱即是皱，皱即是皱。在园林中，皱就是石面上的凹凸和纹理，也就是计成在《园冶》所说的"纹理纵横，笼络起隐"。对石来说，"皱"的功能是"开其面"，即破图圈之体，去平面之态，使之立面层棱起伏，纹理丰富。这样石上受光面就富于变化，色调就不会呆板，从而使人感到耐看，有趣味。

"丑"是相对于美而言的，以丑品石，由来已久。"苍然两片石，厥状怪且丑"（白居易《双石》）。"怪柏锁蛟龙，丑石斗穿豹虎"（范仲淹《居园池》）。"无为州治有巨石，状奇丑。"（《宋史·米芾传》）。苏轼也好画石、咏石，其影响则更大。故郑板桥在《题画·石》中写道："米元章论石，曰瘦、曰皱、曰漏、曰透，可谓尽石之妙矣。东坡又曰：'石文而丑'。一丑字则石之千态万状，皆从此出。彼元章但知好之为好，而不知陋劣之中有至好也……，燮画此石，丑石也，丑而雄、丑而秀。"郑板桥在这里拈出一个"丑"字，而且把"丑"和"雄""秀"联在一起，是颇有见识的。他的这一美学思想，在刘熙载的《艺概》中得到了突出的强调和充分的发挥。"怪石以丑为美，丑到极处，便是美到极处。一'丑'字中，丘壑未易尽言。"（《艺概·书概》）。因此，石形之"丑"，实际上是一种既不对称均衡，又不符合比例的一种奇怪的美，一种让人可畏可怖而又可惊可敬的美。在外部形态上，丑石表现为"雄、秀、奇、怪"。

冠云峰集"瘦、透、漏、皱、丑"于一体，因其审美价值之高，从而位居留园三大名石之冠（图7-2-1）。

（2）凝聚在内的审美属性——神、古、骨、情

山石之所以具有审美价值，与其出于自然，神古而有骨、有情的内在特征有关。神是指古代先民把山水神化了。而山石为山之所产，故山石也带有神的灵性。何况"石者，金之根甲；石流精以生水，水生木，木含火。"（《博物志》）。石是金、木、水、火之源，也是人类生存必不可少的物质要素。"女娲炼石补天"也反映了先民对自然物山石加以神化并进行崇拜的一种审美心理。明代吴承恩的《西游记》，从有"灵通之意"的仙石迸裂出石猴写起。

清代曹雪芹的《红楼梦》，从女娲补天剩下未用而弃于青埂峰下的一块石头——"形体倒也是个灵物"写起。这些都反映了中华民族对自然山石的审美心理。

古——石的形体，虽千奇百怪，不可言说，但都是由于风吹浪激，日晒雨淋，历经多年而缓慢生成的。它是大自然的杰作，可谓鬼斧神工，巧趣天成。石头具有坚固耐久的物质属性，一些怪石名品，本身就有其古老漫长的历史。故而，在中国人的文化心理史上，也总是把"石"与"古"两个字紧紧地结合在一起。"石含太古云水气，竹带半天风雨声"（上海豫园联）。文震亨在《长物志·水石》中说："石令人古，水令人远，园林水石，最不可无。"这一园林美学名言，概括了这样一种园林审美现象，即人们面对奇石名品往往会萌发怀古之思。

图7-2-1

骨——指"风骨""骨气""骨力""骨格""骨相"等。在园林美学里，以石为骨的审美内涵也是很丰富的。"天地至精之器，结而为石，"（孔传《云林石谱序》），这是对"太古"以来形成的石的古老的历史性和坚固的物质性所作的美学阐释。"地以名山为之辅佐，石为之骨，川为之脉，草木为之毛，土为之肉"（《博物志·地》）。"石者，天地之骨也"（郭熙《林泉高致》）。这些都高度肯定了石之"骨"的内在特性。

情——是指山石的情感、情趣、人化性格，如选石强调山石的"瘦、透、漏、皱、丑"因为里面蕴含着不同的审美情趣。以"瘦"比拟不屈不阿的风骨，以"透"比拟耳聪目明的意态，以"漏"暗喻血脉畅通的活力，以"丑"表示奇突等。

2. 常见的山石材料

① 湖石　即太湖石，因原产太湖一带而得此名，为经过溶融的石灰岩。这种山石质坚而脆。由于风浪或地下水的溶融作用，其纹理纵横，脉络显隐。石面上遍多坳坎，称为弹子窝，扣之有声。还很自然地形成沟、缝、穴、洞。有时窝洞相套，玲珑剔透，集"瘦""透""漏""皱""丑"为一体，蔚为奇观，有如天然的雕塑品，观赏价值比较高。因产地不同，在色泽、纹理和形态方面有些差别。常见的有太湖石、房山石、英石、灵璧石、宣石等。

② 黄石　是一种带橙黄颜色的细砂石，苏州、常州、镇江等地皆有所产，其石型体顽夯，见棱见角，节理面近乎垂直，雄浑沉实，平正大方，立体感强，块钝而棱锐，具有强烈的光影效果，上海豫园的大假山、苏州藕园的假山和扬州个园的秋山均为黄石掇成。

③ 青石　是一种青灰色的细砂岩，其节理面不像黄石那样规整，纹理不一定相互垂直，也有交叉互织的斜纹，形体多呈片状，故又有"青云片"之称。北京圆明园"武陵春色"的桃花洞、北海的濠濮间都用这种青石为山。

④ 石笋　即外形修长如竹笋的一类山石的总称。这类山石产地颇广，石皆卧于山土中，采出后直立地上，作独立小景布置，如个园的春山。常见石笋有在青灰色细砂岩中沉积了一些卵石，犹如银杏所产的白果嵌在石中的白果笋；有一种乌黑色的乌炭笋；有净面青灰色或

灰青色高可数丈的慧剑石笋；还有钟乳石笋等。

另外，还有木化石、松皮石、石珊瑚、黄蜡石和石蛋等石品（图7-2-2）。木化石古老质朴，常作特置或对置。松皮石是一种暗土红的石质中杂有石灰岩的交织细片，石灰石部分经长期溶融或人工处理以后脱落成空洞，外观像松树皮突出斑驳一般。石蛋即产于海边、江边或旧河床的大卵石，有砂岩及各种质地的，岭南园林中运用比较广泛。如广州市动物园的猴山、广州烈士陵园等均大量采用。黄蜡石色黄，表面微有蜡质感，质地如卵石，多块料而少有长条形。广西南宁市盆景园即以黄蜡石造景。

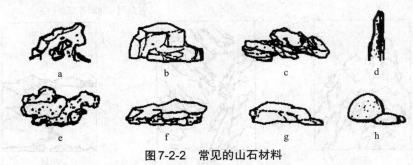

图7-2-2 常见的山石材料

a—太湖石；b—黄石；c—英石；d—石笋；e—房山石；f—青石；g—黄蜡石；h—石蛋

四、假山艺术

假山除了堆筑的技巧外，艺术要求是重要的环节，要统筹考虑其科学性、技术性和艺术性。

计成在《园冶》一书中言之"夫理假山，必欲求好，要人说好，片山块石，似有野致"。他又说："有真为假，做假成真，稍动天机，全叨人力"。要在有限的空间内，创造山水之胜，只能是神似的艺术再现。中国造园艺术与山水画关系密切，中国园林表现"多方胜景，咫尺山林"（《园冶》），而山水画表现"咫尺之内，而瞻万里之遥，方寸之中，乃辨千寻之峻"（《续画品并序》），两者的空间形式虽然不同，表现各异，但源渊相通，具有异曲同工之妙，即"师法自然"和追求"神似境界"。

假山最根本的法则就是"有真为假，做假成真"。这是中国园林所遵循的"虽由人作，宛自天开"的总则在掇山方面的具体化。"有真为假"说明了掇山的必要性；"做假成真"提出了对掇山的要求。天然的名山大川固然是风景美好的所在，但一不可能搬到园中，二不可能悉仿。只能用人工造山理水以解此求。《园冶》"自序"谓"有真斯有假"说明真山水是假山水取之不尽的源泉，是造山的客观依据。但是又只能是素材。而要"做假成真"就必须渗进人们的意识，通过人们主观思维活动，对于自然山水的素材进行去粗取精的艺术加工，加以典型概括和夸张，使之更为精练和集中（图7-2-3）。

1.山水相依，自然成趣

山水是自然景观的主要组成要素。"水得地而流，地得水而柔""山无水泉则不活""有水则灵"，说明了山水之间是相互依存和相得益彰的。山水的轮廓和外貌也是相互联系和影响的。正如清代笪重光在《画筌》中说："山脉之通按其水境，水道之达理其山形"。堆山必须遵循这个自然之理，要和水体取得有机联系，并要考虑其他因素，否则必然是"枯山""童山"而缺乏自然活力。山水相依，能构成有自然情趣的园林环境。如上海豫园黄石大假山主要在于以幽深曲折的山涧破山腹然后流入山下的水池。环秀山庄山峦拱伏构成主体，弯月形水池环抱山体两面，一条幽谷山涧穿贯山体再入池。南京瞻园因用地南北狭长而使假山各居南北，池在两山麓又以长溪相沟通等都是山水结合的成功之作。苏州拙政园中部以水为主，池中却又造山作为对景，山体又为水池的支脉分割为主次分明又有密切联系的两座岛山，这为拙政园的地形奠定了关键性的基础。

图7-2-3 堆山

因地制宜地利用环境条件，确定山水布置间的关系，选择合宜的堆山位置，做到山水相依，山抱水转，山水相连，山岛相延，水穿山谷，水绕山间，才能达到"构园得体"和有若自然。如果园之远近有自然山水相因，那就要灵活地加以利用。在"真山"附近造假山是用"混假于真"的手段取得"真假难辨"的造景效果。位于无锡惠山东麓的寄畅园借九龙山、惠山于园内作为远景，在真山前面造假山，如同一脉相承。其后颐和园建谐趣园仿寄畅园，于万寿山东麓造假山有类似的效果。颐和园后湖则在万寿山之北隔长湖造假山。真假山夹水对峙，取假山与真山山麓相对应，极尽曲折收放之变化，令人莫知真假。特别是自东向西望时，更有西山为远景，效果就更逼真一些。

"混假于真"的手法不仅用于布局取势，也用于细部处理。避暑山庄外八庙有些假山、山庄内部山区的某些假山、颐和园的桃花沟和画中游等都是用本山裸露的岩石为材料，把人工堆的山石和自然露岩相混布置，也都收到了"做假成真""自成天然之趣"的成效。

2. 主客分明，顾盼呼应

清代画家笪重光《画筌》说："众山拱伏，主山始尊，群山盘互，祖峰乃厚"，意在突出群山中的主山和主峰。在群山和群峰之间，都要高低错落，疏密有度。峰与峰之间要顾盼呼应、掩映和烘托，使宾主相得益彰。《园冶》提出："独立端严，次相辅弼"就是强调先定主峰的位置和体量，然后再辅以次峰和配峰，概括为主、次、配的构图关系。唐代王维《画学秘诀》谓："主峰最宜高耸，客山须是奔趋。"清代笪重光《画筌》说："主山正者客山低，主山侧者客山远。"都说明了这种构图关系。

假山与周围景物之间的关系处理也应该主次分明与突出主体景物。宋代李成《山水诀》谓："先立宾主之位，次定远近之形，然后穿凿景物，摆布高低。"这段画理阐述了山水布局的思维逻辑。拙政园、网师园、秋霞圃皆以水为主，以山辅水。建筑的布置主要考虑和水的关系，同时也照顾和山的关系。瞻园、个园、静心斋以山为主景，以水体和建筑辅助山景。留园东部庭院则又是以建筑为主体，以山、水陪衬建筑。北海画舫斋中的"古柯庭"则以古槐为主题，庭院的建筑和置石都围绕这株古槐布置。布局时应先从园之功能和意境出发并结合用地特征来确定宾主之位。假山必须根据其在总体布局中之地位和作用来安排。最忌不顾大局和喧宾夺主。

3. 层次变化，脉络贯通

宋代郭熙在《林泉高致》中说："山有三远。自山下而仰山巅谓之高远；自山前而窥山后谓之深远；自近山而望远山谓之平远。"三远说明了山在高低、前后、远近等方向上的层次变化。由此，体现在在立面上为有起伏变化、有山势、有山形、有来龙去脉。堆山时在平面上做到曲折回抱、疏密相间和虚实相生，形成开合收放、大小不同、景观迥异的空间境域。做到疏而不见空旷，密而不见拥斥，群山环抱中必有盆地，重山之间必有距离。在具有水体的条件下，溪涧迂回其间，飞流直下，能取得山水之胜和世外桃源的艺术效果。

就一座山而言，其山体可分为山麓、山腰和山头三部分。《园冶》说："未山先麓，自然地势之嶙嶒。"这是山势的一般规律。石可壁立，当然也可以从山麓就立峭壁。笪重光《画筌》说："山巅脚远""土石交覆以增其高，支拢勾连以成其阔。"都是山势延伸的道理。

堆山视山高及土质而定其基盘。山形追求"左急右缓，莫为两翼"。避免呆板、对称。山的组合包括"一收复一放，山势渐开而势转。一起又一伏，山欲动而势长""山外有山，虽断而不断""半山交夹，石为齿牙；平垒遥远，石为膝趾""作山先求入路，出水预定来源。择水通桥，取境设路"等多方面的理论，这在假山实例中均可得到印证。

4. 寄情于山，情景交融

假山很重视内涵与外表的统一，常运用象形、比拟和激发联想的手法造景。所谓"片山有致，寸石生情"也是要求无论置石或掇山都讲究"弦外之音"。中国自然山水园的外观是力求自然的，但就其内在的意境而言又完全受人的意识支配。这包括"一池三山""仙山琼阁"等寓为神仙境界的意境；"峰虚五老""狮子上楼台""金鸡叫天门"等地方性传统程式；"十二生肖"及其他各种象形手法；"武陵春色""漆淮间想"等寓意隐逸或典故性的追索；艮岳仿杭州凤凰山、苏州洽隐园水洞仿小林屋洞等；寓名山大川和名园的手法，扬州个园的四季假山，寓自然山水性情的手法和寓四时景色的手法，（图7-2-4）。

(a) 春山   (b) 秋山

(c) 冬山   (d) 夏山

图7-2-4 扬州个园四季假山

春山用笋石，配以晏竹，以粉墙为纸，竹石为绘，点画出一幅宛然生相的雨后春笋图。触景生情，使人联想到春回大地、万物复苏的欣欣向荣景象；夏山以湖石掇成，山峰平缓而临水，山顶有古柏繁荫如盖，山下通泉为平池，泉池流水淙淙，山间洞谷幽邃，岭腰蟠根垂萝，草木掩映，使人有置身于丘壑山林之感。游人可以从各洞点透视周围景观，领略夏山雨后多巧云，巧云有奇峰的景幻变化。感受到景随步移，移步得景的景观艺术享受。秋山气魄雄伟，最寓画意，是个园分景假山的精华所在。全山用黄石掇叠，气势磅礴，用石泼辣。秋山虽仅拔地数仞然而峻峭依云，有"竖划三寸当千仞高"的意境。山道构置十分严密，蹬道多隐置在洞穴之中，从下而上，洞中的叠石悬挂围顶，十分巧妙。山路崎岖迂回，时洞时天，时壁时崖，时涧时谷，引人入胜，变幻无穷。山道上下盘旋，造意极险，迷人往返，置人于"山穷水尽疑无路，峰回路转又一村"的真山境界。冬山选用色洁白、体圆浑的宣石在"透风漏月厅"南墙北掇垒假山，能给人产生雪山积雪未化的感觉。山顶部分则借助阳光照射下使石体放出耀眼光泽，这样既突出了冬山山峰，又增加了假山雪色的质感。另在冬山依托的南墙中部直对住宅过道狭巷口的墙面上，开列了四排、每排六个的尺径圆洞，由于负压作用，使穿洞之风呼呼作响，人为造成北风呼啸的音响效果，给游人增加了冬山的寒冷意境。冬山和春山仅一墙之隔，却又开透窗。自冬山可窥春山，有"冬去春来"之意。像这样既有内在含义又有自然外观的时景假山园在众多的园林中是很富有特色的，也是罕有的实例。

堆山时，石材不可杂，纹不可乱，块不可匀，缝不可多，要具有地方特色，最好就地取材；造型忌矫揉造作，忌繁琐，忌如香炉蜡烛，忌如笔架花瓶，忌如刀山剑树，忌如铜墙铁壁，忌如鼠穴蚁蛙，力求自然朴素，手法简练，这些也都是假山艺术所要求的。

五、置石

石，天地之骨也。

置石是用山石零星布置的一种点景方法，作为独立或附属性的造景布置。表现自然山石的个体美或组合的群体美，用石量少，起装饰点缀作用，或为局部的主景。

白居易《太湖石记》中提到丑石，"如虬如凤，若跧若动，将翔将踊，如鬼如兽，若行若骤，将攫将斗；……"。指石虽是一种静物，却具有一种动势，在动态中呈现出活力，生气勃勃，能勃发出一种审美的精神效果。中国人欣赏岩石，比西方人欣赏抽象雕塑具有更丰富的内涵，不在岩石的形似而在神似，欣赏它们千姿百态的意趣美。

1. 置石的选择

叠石不同于建筑、种植等其他工程，在自然式园林中所用山石没有统一的规格与造型，设计图上只能绘出平面位置和空间轮廓，设计必须密切联系施工或到现场配合施工，才能够达到设计意图。设计或施工应先观察掌握山石的特性，根据不同的地点不同的石类来叠石。我国选石有六要素。

① 质　山石质地因种类而不同，有的坚硬，有的疏松，如将不同质地的山石混合叠置，不但外形杂乱，且因质地结构不同而承重要求也不同，质地坚硬的承重大，质地脆的易松碎。

② 色　石有许多颜色，常见的有青、白、黄、灰、红、黑等色，叠石必须使色调统一，并与附近环境协调。

③ 纹　叠石时要注意石与石的纹理是否通顺、脉络相连，石表的纹理为评价山石美的主要依据。

④ 面　石有阴阳面，应充分利用其美的一面。

⑤ 体　山石形状、体积很重要，应充分考虑山石的体型大小、虚实、轻重合理配置。

⑥ 姿　常以"苍劲""古朴""秀丽""丑怪""玲珑""浑厚"等描述各种石姿，根据不同环境和艺术要求选用。

2. 理石的方式

我国园林中常用岩石构成园林景物，这种方式称理石。它归纳起来可分三类：置石成景、整体构景和配合工程设施（图7-2-5），现分述如下。

（1）置石成景

置石成景分为单置、散置和群置。

① 单置　单置也叫孤置、特置，是将整体或拼石为体量较大、体姿奇特的石景立于入口或道路端头景处、院落或广场中、廊间路旁、树木等风景视线的焦点处，作为局部小景或局部的构图中心，起对景、障景或点景的作用。如黄山的仙桃峰和猴子观海、四川三峡的神女峰等，都是以直立在山顶上的一块巨大岩石的形态命名的，由于这些岩石形状奇特，位置险要而引人注目，成为不可多得的风景。特置山石也可以和壁山、花台、岛屿、驳岸等结合使用。新型园林多结合花台、水池或草坪、花架来布置，组成各种石景。

凡作为特置用的岩石体量宜大，轮廓清晰，或清奇古怪，或圆浑厚重，或倒立，或斜倚横卧均可。如杭州花圃的皱云峰，因有很深的皱纹而得名；上海豫园的玉玲珑以百孔千穴、玲珑剔透而驰名；北京颐和园的青芝岫以雄浑的质感、横卧的体态和遍布青色小孔而纳入皇宫后院。广州海珠花园的鲲鹏展翅以及经历千年的九曜园中的九曜石都是特置中的珍品。

(a) 特置

(b) 苏州留园冠云峰

(c) 主石、从石和宾石

(d) 蹲配、剑配和卧配

(e) 腊石景

(f) 散石景

图7-2-5　置石

特置岩石犹如书法中的单字书法和电影中的特写镜头，因而作为特置的岩石要有较完整的形象，是单块岩石，也可用两三块或三四块拼合而成，但必须做到天衣无缝，不露一点人工痕迹，凡有缺陷的地方可用攀缘植物掩之。特置岩石要配特置的基座，方能作为庭院中的摆设。这种基座可以是规则式的石座，也可以是自然式的。

②散置　散置是将山石有散有聚、顾盼呼应成一群体设置在山头、山坡、山脚、水畔、溪中、路旁、林下、粉墙前等处，是"攒三聚五""散漫理之"的布局形式。

散置的山石石姿不一定很好，但应有大有小，布局无定式，可就形随势落石，深埋浅露以显自然意趣。还可以用一大块几小块成组散置用作山石桌凳。

③群置　应用多数山石互相搭配点置，称为群置或聚点。根据假山石的形状大小不同，互相交错搭置，可以配出丰富多样的石景，点缀园林。

配石要有主有从，主从分明。配置时宜根据三不等的原则，即石之大小不等、石之高低不等以及石的间距远近不等进行配置。石组配成之后，然后再在石旁栽植观赏植物。配植得体时，则树石掩映，妙趣横生；景观之美，可以入画。石组可以布置在山顶、山麓、池畔、路边、交叉路口以及大树下、水草旁。

（2）整体构景

整体构景是指用多块山石堆叠成一座立体结构的形体。此类形体常用作局部的构图中心或用在屋旁、道边、入口对景处，池畔、墙下、坡上、山顶、树下等处形成一定的景观。如北京紫竹院东南门处的山石对景。整体构景在造型和叠石技术上的要求均较置石高，应既有天然巧夺之趣，有不露斧琢之痕。设计和施工应注意造型，着重朴素自然，手法上讲求简洁，注意石不可杂，纹不可乱，块不可匀，缝不可多。叠石的造型手法常见的有挑、飘、透、跨、连、悬、垂、斗、卡、剑。

（3）配合工程设施

如用作亭、台、楼、阁、廊、墙等的基础与台阶，山间小桥、石池曲桥的桥基及配置于桥身前后，使它们周围环境相协调。

六、与园林建筑结合的山石布置

用假山石做成建筑物的室外楼梯、蹬道、踏步、建筑物基座、抱角、镶隅及回廊转折处的廊间山石小品等，如同建筑坐落在天然的山崖上，以减少人工气氛，增加自然情趣。

1. 自然山石踏跺、云梯和蹲配

中国传统的建筑多建于台基上，出入口部位需要有台阶衔接，园林建筑常用自然山石做成台阶踏跺，用以丰富建筑立面，强调建筑出入口。明代文震亨著《长物志》中"映阶旁砌以太湖石垒成者曰涩浪"[图7-2-6（a）]所指山石布置就是这一种，又称"如意踏跺"。蹲配是常和如意踏跺配合使用的一种置石方式，它兼备门口对置的石狮、石鼓之类装饰品的作用。蹲配在空间造型上则可利用山石的形态极尽自然变化。所谓"蹲配"以体量大而高者为"蹲"，体量小而低者为"配"[图7-2-6（a）]。实际上除了"蹲"以外，也可"立"、可"卧"，以求组合上的变化。但务必使蹲配在建筑轴线两旁有均衡的构图关系。

对于高层建筑，如楼、阁、重廊，可用自然山石掇成室外楼梯，既可节约室内建筑面积，又可成自然山石景。自然山石楼梯又称为云梯[图7-2-6（b）]，做得好的云梯组合比较丰富，变化自如。扬州寄啸山庄东院将壁山和山石楼梯结合一体。由庭上山，由山上楼，比较自然。其西南小院之山石楼梯一面贴墙，楼梯下面结合山石花台与地面相衔接。自楼下穿道南行，云梯一部分又成为穿道的对景。山石楼梯转折处置立石，古老的紫藤绕石登墙，颇具变化。

2. 抱角和镶隅

建筑的墙面多成直角转折。这些拐角的外角和内角的线条都比较单调、平滞。常以山石来美化这些墙角。对于外墙角，山石成环抱之势紧包基角墙面，称为抱角[图7-2-6（a）]；对于墙内角则以山石填镶其中，称为镶隅。经过这样处理，本来是在建筑外面包了一些山石，却又似建筑坐落在自然的山岩上。软化了建筑物的硬线条，增强了自然环境的空间效果。山石抱角和镶隅的体量均须与墙体所在的空间取得协调。山石抱角的选材应考虑如何使石与墙接触的部位，特别是可见的部位能吻合起来。

江南私家园林多用山石作小花台来镶填墙隅。花台内点植体量不大却又潇洒、轻盈的观赏植物。由于花台两面靠墙，植物的枝叶必然向外斜伸，从而使本来是比较呆板、平直的墙隅变得生动活泼而富于光影、风动的变化。这种山石小花台一般都很小，但就院落造景而言却起了很大的作用。苏州拙政园腰门外以西的门侧，利用两边的墙隅均衡地布置了两个小山石花台。一大一小，一高一低。山石和地面衔接的基部种植书带草，北隅小花台内种紫竹

数竿。青门粉墙，在山石的衬托下，构图非常完整。这里用石量很少，但造景效果很突出。苏州留园"古木交柯"与"绿荫"之间小洞门的墙隅用矮小的山石和竹子组成小品来陪衬洞门。

(a) 涩浪、蹲配与抱角
(b) 承德避暑山庄云山胜地云梯
(c) 尺幅窗与无心画
(d) 苏州网师园壁山
(e) 粉墙置石

图 7-2-6　与园林建筑结合的山石布置

3."尺幅窗""无心画"和粉墙置石

为了使园林建筑室内外互相渗透，常在建筑内墙上开"尺幅窗"，作为景框在窗外布置竹石小品，使之入画，这以真景入画，将自然美升华为艺术美，即为"无心画"[图 7-2-6（c）]。苏州留园东部"揖峰轩"北窗三叶均以竹石为画。微风拂来，竹叶翩洒。阳光投下，修篁弄影。画面十分精美、深厚。居室内而得室外风景之美。以墙作为背景，在其前布置石景，也是传统的园林手法。《园冶》有谓："峭壁山者，靠壁理也。藉以粉壁为纸，以石为绘也。理者相石皴纹，仿古人笔意，植黄山松柏，古梅美竹。收之园窗，宛然镜游也。"在江南园林的庭院中，这种布置随处可见。有的结合花台、特置和各种植物布置，式样多变。苏州网师园南端"琴室"所在的院落中。于粉壁前置石，石的姿态有立、蹲、卧的变化。加以植物和院中台景的层次变化，使整个墙面变成一个丰富多彩的风景画面 [图 7-2-6（d）、图 7-2-6（e）]。

4. 回廊转折处的廊间山石小品

园林中的廊为了争取空间的变化，使游人从不同角度去观赏景物，在平面上往往做成曲折回环的半壁廊。这样便会在廊与墙之间形成一些大小不一、形体各异的小天井空隙地。这是可发挥用山石小品"补白"的地方，使之在很小的空间里也有层次和深度的变化，使建筑空间小中见大，活泼无拘。上海豫园东园"万花楼"东南角有一处回廊小天井处理得当，自两宜轩东行，有园洞门作为框景猎取此景，自廊中往返路线的视线焦点也集中于此。因此，位置和朝向处理得法。石景本身处理也精炼，一块湖石立峰，两丛南天竹作陪衬。秋日红叶层染，冬天珠果累累。

除此以外，山石还可作为园林建筑的台基、支墩和镶嵌门窗。变化之多，不胜枚举。

七、与植物结合的山石布置——山石花台

自然式山石花台在江南园林中运用极为普遍。自然式山石花台相对地提高了种植地面的高度，降低了地下水位，为观赏植物的生长创造了合适的生态条件，从游览观赏要求上为游人提供了较为合适的高度，以免其躬身观赏植物，同时，山石花台在庭院等园林空间中能起到组织空间、引导游览的作用，花台的形体可随机应变。小可占角，大可成山，特别适合与壁山结合随心变化。

单体花台的平面轮廓应有曲折、进出的变化。同一庭院空间内，花台忌堵在中间，多采用"占边""把角""让心"的"三叉"式布局；组合花台要求大小相间，主次分明，疏密多致，若断若续，形成一个统一变化的园林空间。如苏州狮子林古五松园东院，用三个花台把院子分隔成几个有疏密和层次变化的空间。北边花台靠墙，南面花台紧贴游廊转角。在居中的花台立起作为这个局部主景的峰石。

苏州怡园的牡丹花台位于锄月轩南，花台依南园墙而建，自然地跌落成三层，互不遮挡。两旁有山石踏跺抄手引上，因此可观可游。花台的平面布置曲折委婉，道口上石峰散立，高低观之多致，正对建筑的墙面上循壁山作法立起作主景的峰石。即使在不开花时，也有一番景象可览。

花台的立面应有高低起伏变化，切忌把花台做成"一码平"。这种高低变化要有比较强烈的对比才有显著的效果。一般是结合立峰来处理，但又要避免用体量过大的立峰堵塞院内的中心位置。花台除了边缘以外，中间可少量地点缀一些山石，边缘外面也可埋置一些山石，使之有更自然的变化。

花台的断面轮廓既有直立，又有坡降和上伸下收等变化，必须因势延展，就石应变。其中很重要是虚实明暗的变化、层次变化和藏露的变化。具体做法就是使花台的边缘或上伸下缩，或下断上连，或旁断中连。化单面体为多面体。模拟自然界由于地层下陷、崩落山石沿坡滚下成围、落石浅露等形成的自然种植池的景观。

第三节　园林水景艺术

一、水体在园林中的作用

水，作为一种晶莹剔透、洁净清心，既柔媚、又强韧的自然物质，以其特有的形态及所蕴涵的哲理思想，早已进入了我国文化艺术的各个领域，如诗词、音乐、绘画、戏曲等方面，也成为园林艺术中不可或缺的、最富魅力的园林要素。

古人云："水性至柔，是瀑必劲""水性至动，是潭必静"，仅从水的本身而言，已是刚柔相济、动静结合的一种"奇物"。

早在近3000年前的周代，水已成为园林游乐的内容，故有人将水喻为园林的灵魂。有了水，园林就增添了活泼的生机，也更增加波光粼粼、水影摇曳的形声之美。但是，红花虽好，需有绿叶扶持。水影要有景物才能形成，水声要有物体才能鸣发，水舞要有动力才能跳

跃，水涛要有驳岸才能起落……没有其他要素相配，也难以发挥水的本质美。

在园林诸要素中，以山、石与水的关系最为密切。中国传统园林的基本形式就是自然山水园。"一池三山""山水相依""背山面水""水随山转，山因水活"以及"溪水因山成曲折，山溪随地作低平"等是中国山水园的基本规律。大到颐和园的昆明湖，以万寿山相依，小到"一勺之园"，也必有岩石相衬托，所谓"清泉石上流"也是由于山水相依而成景的。

山，基本上是静态的，而水则有动态与静态之分，即使是静态的湖池，也常以游鱼、莲荷或结合光影、气象来动化它。而如流水瀑布、溪涧等则是动态的水，故常有"山本静而水流则动"的说法，以水"活化"山，动静结合构成园景有山就可以登高远望，低头观水，产生垂直与水平的均衡美。有山就有影，水中之影加强和扩大了园林空间的景域，因而产生虚实之美。不同的水体构筑物可以产生不同的水态；以水环绕建筑物可产生"流水周于舍下"的水乡情趣；亭榭浮于水面，宛如神阁仙境；建筑物小品、雕塑立于水中可作为引导、标志及点缀。

至于丰富多彩的植物，尤其是那些繁花似锦、异彩纷呈的花卉，更是水景园林不可或缺的因素，植物如果缺了水，不仅不能生长，更谈不上植物的美，故水与植物相得益彰构成园景的伴侣。

不仅如此，园林中的水还具有调节小气候、灌溉和养育树木花草（尤其水生植物）、养鱼、泛舟游览、水上游乐、垂钓、游泳、蓄水以及特殊情况下的消防、防震等实用功能。

我国的先贤们对于水有过极为深刻、极富哲理的诠释，认为水是无私的，即凡是人类、动植物、其他生物，如需要均可给予，最有"德"；凡是水所到之处，就有生命成长，很"仁爱"；水总是向下流，直与曲都循其理，有"义气"；水是"浅者流行，深者莫测"，很有"智慧"；它能赴百初而不疑，有"勇"；水能"不清以人，鲜洁以出。"洗净污浊，与人为善；水"至量必平"，最"公正"。先贤们将水的本性拟人化的评价归结为德、仁、义、智、勇、善、正的品德，而在园林中，它与山石、植物、建筑物等要素组成丰富多样、绚丽多姿的美景，以其实惠功能、优美形象、深刻寓意而成为难能可贵的园林要素，体现出真善美的风姿。

二、水的形式与特性

1. 水的形式

① 自然界中水的形式　以江河、湖泊、瀑布、溪流、涌泉等形态出现。

② 园林设计中水的形式　以平静的——湖泊、池面，流动的——溪流、水坡、水道、水涧，跌宕的——瀑布、水帘、壁泉、水梯、水墙，喷涌的——各种类型的喷泉等等形态出现。园林水景设计，既要师法自然，又要不断创新，设计中可以以一种形式为主，其他形式为辅。

2. 水的特征

（1）水的状态

通常水以无色无味的液态存在，其本身无固定的形状，但其可塑性很大，随其所承载物形状的变化而变化。从某种意义上来说，园林水景的设计，其实就是对水池形状的设计。

水的状态可分为静态水和动态水两类。

静态水，不流动且平静，给人以宁静安详之感。它能客观地、形象地反映周围的景物，如倒影，它可增强园林水景的美感及景观效果。动态水，流动充满活力，包括河流、喷泉、瀑布、溪流等。它与静态水相比，令人兴奋、欢乐和激动。

此外，水的状态还受气温、光、风等气候环境的影响，而表现出不同的景观。

（2）水的特性

① 水本身透明无色，但水流经水坡、水台阶或水墙时，构筑物饰面材料的颜色会随水层的厚度而变化。

② 宁静的水面具有一定的倒影能力，水面会浮现出环境的色彩。倒影能力与水深、水底和驳岸的颜色深浅有关，水底用深色材料会增加倒影的效果。

③ 急速流动喷涌的水因混入空气而出现白沫。

④ 当水面波动时，或因水面流淌受阻不均产生湍流时，水面会扭曲倒影或水底面图案形状。

3. 水面的尺度和比例

在园林设计中，除自然形成的或已具规模的水面外，一般应加控制。过大的水面，散漫，不紧凑，难以组织，而且浪费用地。过小的水面，则局促难以形成气氛。

水面的大小是相对的，同样大小的水面在不同环境中所产生的效果可能完全不同。

在设计中，水面的尺度需要仔细地推敲，综合考虑所采用的水景设计形式、表现主题、周围的环境景观等。

小尺度的水面较亲切怡人，适合于宁静、不大的空间，如庭院、花园、城市小公共广场；尺度大的水面，适合于大面积自然风景区、城市公园和巨大的城市空间、大型广场。

三、中国传统园林理水艺术特点

近3000年来，中国园林的传统理水特点可概括为以下几个方面。

1. 引水入园，挖地成池

古代的皇家园林水面很大，必然要引江河湖海之水入园构成一个完整的活水系统。如秦始皇引渭水为兰池；汉代的上林苑外围有"关中八水"提供水流；魏晋南北朝时期，石虎的华林苑，也是引漳水入天泉池；唐代的曲江池引沪河、黄渠之水入园；以至元、明、清的北京三海、颐和园昆明池，都是引西郊玉泉山的泉水入园，利用自然水源，以扩大水面。

而在一些面积小又无自然水源的园林中则讲究"水意"，挖池堆山，就地取水，以少胜多，甚至取"一勺则江湖万里"的联想与幻觉来创造水景。

2. 山水相依，崇尚自然

中国传统园林的体系是崇尚自然的，在自然界的景致中，一般是有山多有水，有水多有山。山水相依，构成园林，无山也要叠石堆山，无水则要挖池取水。水景的细部处理，如驳岸、水口、石矶以及水中、水边的植物配置和其他装饰，乃至利用自然天象（如日、月）等水景作为构思，都源于大自然。这种利用自然，模拟自然，理水靠山，相映成景，是创造园林水景的又一个特色。

3. "一池三山"是中国园林理水的传统模式

自秦朝时期有去东海求仙的史实以来，海中三仙山就以"蓬莱、方丈、瀛洲"之名引入园林之中，以后在汉代建章宫的太液池、北魏华林园的天渊池、唐代大内的太液池及以后的各个朝代大型园林中，如杭州西湖、北京的三海、颐和园等，多有三仙山的水景，这种理水的模式一直沿用至今，它意味着人们对美好愿望和理想的一种追求（图7-3-1）。

4. 以水的诗情画意，寓意人生哲理

"亲水"是人生来就有的天性，中国又是一个诗的国度，论水、画水之风，甚为普遍。在历代诗人画家的笔下，留下来水的诗篇、画幅何止千万！诗仙李白的"飞流直下三千尺，疑是银河落九天"，宋代处士林和靖的"疏影横斜水清浅，暗香浮动月黄昏"这些诗句几乎都成为家喻户晓的绝唱，让人们吟颂了千余年！而如"孤帆远影碧空尽，唯见长江天际流"，

以及"明月松间照，清泉石上流"等，简直就是一幅幅优美而有气势的山水画，诗中有画，画中有诗的水景，在中国文学与绘画的丰富宝库中，比比皆是。而如"曲水流觞"则更是中国文人雅士所独有的一种极具诗情画意与浪漫情怀的游乐方式。

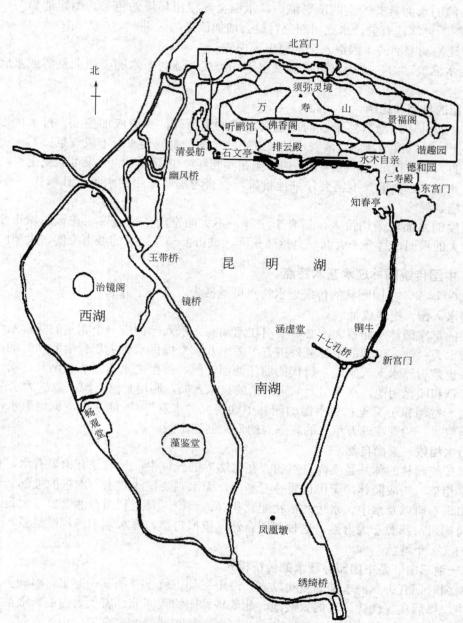

图7-3-1　园林水体分隔示意颐和园的水系

从水的形态、性格来寓意人生哲理，或加以人文化的诗文，也是数不胜数。如孔子的"逝者如斯，不舍昼夜！"告诉人们，消失的时光与人事，有如昼夜流水般地永远离去。以水劝喻人们要饮水思源者，莫如朱熹的"半亩方塘一鉴开，天光云影共徘徊，问渠哪得清如许，为有源头活水来"。而以之比喻君民关系的莫如荀子的"君者，舟也，庶人者，水也，水能载舟，亦能覆舟，君以此思危，则危将焉而不至矣"，寓意颇深。

因此，水景设计、建造园林水景取其如是者如北京北海公园的濠濮间、承德避暑山庄的濠濮间想亭等，都是寓意于古代庄子与惠子观水中鱼游之乐的对话，而引申出"别有会心，自得其乐"哲理而来的（图7-3-2）。

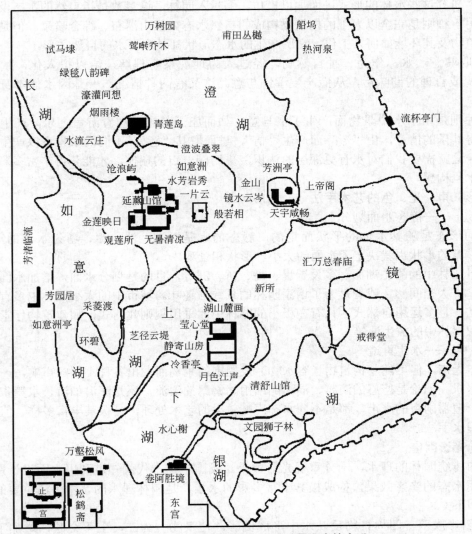

图7-3-2　园林水体分隔示意承德避暑山庄的水系

此外，中国园林水体，尤其是大水面的功能是多方面的，既有水景的观赏，如观瀑、赏月、领略山光水色之美，也有水中取乐，如泛舟、垂钓并兼有蓄水、灌溉、水产等。所以，园林水面的设置，确是美观与实用、艺术与技术相结合的一项重要的园林内容。

四、水景设计原则及设计手法

静态或动态的自然水体，一般需要经过一定的艺术加工才能成为园林水景。水体本身的可塑性极强，如果其艺术手法精巧，则可产生丰富多彩、精妙绝伦的园林水景。所以说，优美的园林美来自设计者的艺术手法。

1. 基本原则

① 得其性　在营造园林水景时，要尽量去理解和发挥其特性。比如水平如镜，镜则有

影，影则借助于物而成景，物是各种各样的，故物影的水景就是丰富多彩的。但设计者不能局限于这种简单的影景，更可以利用天气、气候……来创造水景。

② 仿其形　大自然的水十分丰富，水体也是异常多样，大至江河湖海，小到溪、潭、泉、池。研究这些水体的形式进而加以模仿，缩景入园林，这多数是指自然的水态及其环境而言；另一种则是完全以人工的构筑物构成的自然水态如假山瀑布、综合喷泉。但是，无论水体构筑物及其环境如何人工化，它所产生的水态形状都是来自水的自然之形。

③ 取其意　水，作为一种自然物，经过人为地观察与理解，给以拟人化，赋以一种伦理道德或哲理的韵味后，从而产生了情与意。这又有两种情况，一是因水体本身产生的情意。

一种则是由于水中景物而产生了情与意。如而庄子与惠子观看游鱼之乐，产生别有会心、自得其乐的情意，由"形"而产生"情"，进而取其"意"，不同的水景可以产生不同的情与意，这就需要我们对水有更深层的认识，更广阔一点的揣摸，才能获得丰富多彩、别出心裁的水景构想。

2. 形、声、光、色的艺术手法

（1）形——静态水面划分

水的形态是随其水体的形状而定的，静态的水是以湖、池、潭、塘为水体的，故湖、池、潭、塘的形状也就决定了水面的大小、形状和景观。

风景园林中的静态湖面，多设置堤、岛、桥、洲等，目的是划分水面，增加水面的层次与景深，扩大空间感；或者是为了增添园林的景致与趣味。城市中的大小园林也多有划分水面的手法，且多运用自然式，只有在极小的园林中才采用规则几何式，如建筑物厅堂的小水池或寺观园林中的放生池等。

（2）声——水声再造

水本无声，但可随其构筑物（容水物）及周围的景物而发出各种不同的声响，产生丰富多姿的水景。无论是悠悠的滴露、涓涓的细雨、潺潺的溪流，还是澎湃如涛、水舞雀跃、叠瀑飞溅、喧嚣闹市的水声，都是不同水态声响效果的艺术处理，是极其丰富多样、值得发扬的园林理水手法。

（3）光影因借

中国传统园林的理水，十分重视光影效果。我国早在古代就知道利用水面设计影景了。充分利用水态的光影效果，构成极其丰富多彩的水景，是园林理水的艺术手法重要的一环。现举例如下。

① 倒影成双　四周景物反映水中形成倒影，使景物一为二，上下交映，增加了景深，扩大了空间感。水中倒影是由岸边景物生成的，如果岸边景物如画，影也如画，如岸边景物凌乱，则不能成景，故园林水面之旁，一定要精心布置各种景物，才能获得双倍的光影效果，取得虚实结合，相得益彰的艺术效果。

② 借景虚幻　由于视角的不同，岸边景物与水面的距离、角度和周围环境也不同，景物在地面上能看到的部分，在水中不一定能看到，水中能看到的部分，在地面上又不一定能看到。如杭州西湖三潭印月的一个亭子，由于竹林的遮挡，站在内湖东岸北端，几乎看不到，但从水面却可以看到其影，这就是从水面借到了亭的虚幻之景。故岸边的景观设计，一定要与水面的方位、大小及周围的环境同时考虑，才能取得理想的效果，而这种借虚景的方法，也许正是倒影水景的"藏源"手法，可以增加游人"只见影，不见景"的寻幽乐趣。

③ 优化画面　在色彩上看来不是十分调和的景物，如倒映在绿水中，就有了共同的基调。如碧蓝的天空，有丝丝浮云，几只小鸟与岸边配置得当的树木花草，反映于水中，就构

成了一幅色调十分和谐的水景画。如在理水中注意水面本身的色调，及水色的深浅等就可以产生不同艺术效果的水景。当然，要优化景面还要考虑到与水面环境的协调及景物本身的性质与构图等。

至于倒影的清晰度，与景物的轮廓线、色彩和水的透明度、风力、天气、明亮度等有关系。在一般情况下，视距近、景物低、结构完整、疏松，则倒影的清晰度大。

④ 逆光剪影　岸边景物被强烈的逆光反射至水面，勾勒出景物清晰的外轮廓线，就会出现"剪影"，似乎产生出一种"版画"的效果。如杭州西湖三潭印月西部堤岸的大叶柳，在傍晚时分，自东向西望去，在堤的前后都有强烈的逆光照射，因为堤岸与树木都处于背光面，故在水中能看到树的轮廓线，细看才可看到层层叠叠的西湖柳，在平平淡淡的夕阳里被简化而形成的"剪影"水景。

⑤ 动静相随　风平浪静时，湖面清澈如镜，即使是阵阵微风也会送来细细的涟漪，给湖光水色的倒影增添动感，产生一种朦胧美。若遇大风，水面掀起激波，倒影则顿时消失。而雨点又会使倒影支离破碎，则又是另一种画面。水本静，因风因雨而动，小动则朦，大动则失。这种动与静的相随出现时受天气变化的影响，它丰富了园林的水景。

⑥ 水中月影　水中的月影，本是一种极普通而简单的水景，然而在中国传统文学及传说中，却被大大地加以美化、引申而达到十分高雅、完美的境界，几乎形成一种"水里广寒"。

"饮弄水中月""耐可乘明月，看花上酒船""绿水净素月""春水月峡来""今人不见古时月，今月曾经照古人，古人今人若流水，共看明月皆如此。""起舞弄清影，何似在人间""曾向湖堤夜扣舷，爱看波影弄婵娟。一尘不动天连水，万籁无声客在船。"……在中国的风景诗文中，这种对月形、月色、月影等的描写以及由月引发的种种感想的诗句比比皆是，多是由于诗人对大自然的种种月影的观察、体验而引申、创作出来的，园林造景也是以大自然为创作的源泉，在以诗文意境创作之中，构想出一些以月为主题的园林水景，是十分丰富而有趣的。

（4）色

水本无色，由于光线照射及水中含有的物质不同，给人的色感也不同，如海水是蓝色的，湖水是绿色的等，而水旁的景物色彩则更为直接地反映于水色上。现代园林理水中的色彩主要是在水体本身及其构筑物，主要方法如下。

① 在水中加色，使水体具有丰富多彩的色调，尤其是在小型的动态喷泉中，加色量不大，可使水景有所变化。

② 在水中设彩灯，增加水的夜色，而灯的安置位置，可在水旁、水底，也可漂浮于水面的景物上，如中国传统的荷花灯。也可用彩灯照射喷泉，如舞台布景。

③ 在水池底面设置有色的或五彩缤纷的池底画。一般游泳池的底面油漆成深蓝色，犹如海洋，显得晶莹洁净；园林水池底面有鱼、虾的图案，水波微动，仿若游鱼戏水一般。

五、园林中常见水体水景设计要点

1. 湖、池

湖、池有天然和人工之分，园林中湖池多就自然水域，略加修饰或依地势就低开凿而成，水岸线应曲折多变。小水面应以聚为主，较大的湖池中可设堤、岛、半岛、桥，或种植水生植物分隔，以丰富水中观赏内容及观赏层次、增加水面变化。堤、岛、桥均不宜设在水面正中，应设于偏侧使水有大小之对比变化。另外岛的数量不宜多，忌成排设置，形状宁小勿大，轮廓形状应自然而有变化。

人工湖池还应该注意有水源及去向的安排，可用泉、瀑布作为水源，用桥或半岛隐喻水的去向。

规则式水池有方形、长方形、圆形、抽象形及组合形多种形式，水池的大小根据环境来定，一般宜占用地的1/10～1/5，如有喷泉时，应为喷水高度的2倍，水深30～60 cm。

（1）岛

岛在园林中可以划分水面的空间，使水面形成几种有情趣的水域，水面仍有连续的整体性。尤其在较大的水面中，可以打破水面平淡的单调感。岛居于水中，呈块状陆地，四周有开敞的视觉环境，是欣赏四周风景的中心点，同时又是被四周所观望的视觉焦点。故可在岛上与对岸边建立对景。由于岛位于水中，增加了水中空间的层次，所以又具有障景的作用。通过桥和水路进岛，又增加了游览情趣。

① 山岛　即在岛上设山，抬高登岛的视点。有以土为主的土山岛和以石为主的山石岛，土山因土壤的稳定坡度限制，不易过高，而且山势缓慢，但可大量种植树木，丰富山体层次和色彩；石山可以创造悬崖及陡峭的地势，如不是天然山地，只靠人工掇筑，则只宜小巧。故仍以土石相结合的山更为理想。山岛上可设建筑，形成垂直构图中心或主景，如北海琼华岛。

② 平岛　岛上不堆山，以高出水面的平地为准，地形可有缓坡的起伏变化，因有较大的活动平地适于安排群众性活动，故可将一些游人参与人数集中，又须加强管理的活动内容安排在平岛上，如露天舞池、文艺演出等，只须把住入口的桥头即可。如不设桥的平岛，不宜安排过多的游人活动内容。若在平岛上建造园林建筑景观，最好在二层以上。

③ 半岛　半岛是陆地伸入水中的一部分，一面接陆地，三面临水，半岛端点可适当抬高成石矶，矶下有部分平地临水，可上下眺望，又有竖向的层次感，也可在临水的平地上建廊，榭探入水中，岛上道路与陆地道路相连。

④ 礁　是水中散置的点石，石体要求玲珑奇巧或状态特异，作为水中的孤石欣赏，不许游人登上。在小水面中可代替岛的艺术效果。

岛的布局：

水中设岛忌居中与整形。一般多设于水的一侧或重心处。大型水面可设1～3个大小不同、形态各异的岛屿，不宜过多，岛屿的分布须自然疏密，与全园景观的障、借结合。岛的面积要依所在水面的面积大小而定，宁小勿大。

（2）堤

堤是将大型水面分隔成不同景色的带状陆地，它在园林中不多见，比较著名的如苏州的苏堤、白堤、北京颐和园的西堤等。堤上设道，道中间可设桥与涵洞，沟通两侧水面；如果堤长，可多设桥，每个桥的大小、形式应有变化。堤的设置不宜居中，须靠水面的一侧，使水面分割成大小不等、形状有别的两个主与次的水面，堤多为直堤，少用曲堤。也有结合拦水堤设过水堤（过水坝），这种情况有跌水景观，堤上必须栽树，可以加强分割效果，如北京颐和园西堤以杨、柳为主，玉带桥以浓郁的树林为背景，更衬出桥身洁白。堤身不宜过高，宜使游人接近水面，堤上还可设置亭、廊、花架及座椅等休息性设施。

2. 河流

平地上或坡地上相对窄而长的水面称为河流。在园林中组织河流，平面不宜过分弯曲，但河床应有宽有窄，以形成空间上开合的变化。河流两岸要注意景观的艺术处理，安排好对景、夹景、借景及风景透视线。

3. 溪涧

在自然界中，泉水由山上集水而下，通过山体断口夹在两山间的水流为涧，山间浅流为溪。一般习惯上"溪""涧"通用，常以水流平缓者为溪，湍急者为涧。园林中可在山坡地适当之处设置溪涧，溪涧的平面应蜿蜒曲折，有分有合，有收有放，构成大小不同的水面或宽窄各异的水流。竖向上应有缓有陡，陡处形成跌水或瀑布，落水处还可构成深潭。多变的水形及落差配合山石的设置，可使水流忽急忽缓、忽隐忽现、忽聚忽散，形成各种悦耳的水声，给人以视听上的双重感受，引人遐想。

杭州玉泉溪位于玉泉观鱼东侧，为一条人工开凿的弯曲小溪涧，引玉泉水东流入植物园的山水园，溪长60余米，宽仅1m左右，两旁散植樱花、玉兰、女贞、南迎春、杜鹃、山茶、贴梗海棠等花草树木，溪边砌以湖石，铺以草皮，溪流从矮树丛中涓涓流出，每到春季，花影堆叠婆娑，成为一条蜿蜒美丽的花溪。

4. 瀑布

从河床横断面陡坡或悬崖处倾斜而下的水为瀑，因遥望之如布悬垂而下，故称瀑布。瀑布是动态水景。大的风景区中，常有天然瀑布可以利用。人工园林中在经济条件和地貌条件允许的情况下，可以模仿天然瀑布的意境，创造人工小瀑布。瀑布设计按其结构应安排好上流、落水口、瀑身、瀑潭及下流。上流即水源，落水口为水流经悬崖的下落处，落水口一般由自然山石砌成，宽瀑口可形成帘布状瀑景，瀑口处砌石可形成多股式瀑景。瀑身为瀑布主要观赏面。瀑布的下落方式有挂瀑、叠瀑、飞瀑、帘瀑四种形式（图7-3-3）。瀑潭为接受瀑水的受水池。下流是瀑布的排水处。为节约用水，人工瀑布一般利用马达抽取瀑潭之集水循环使用。马达应埋于山石深处，以防噪音污染园林环境。

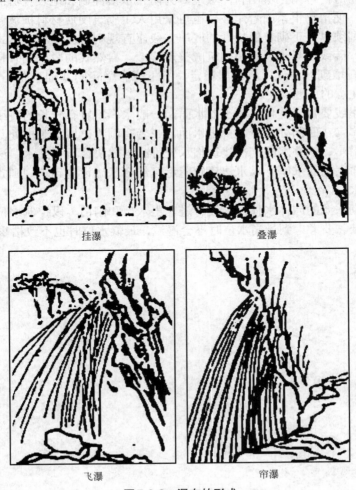

挂瀑　　　　　　　　　叠瀑

飞瀑　　　　　　　　　帘瀑

图7-3-3　瀑布的形式

5. 泉

按其出水情况有以下几种。

① 涌泉　地下水涌到地面所形成的泉景，园林涌泉多为自然泉水。

② 壁泉　由墙壁出水口落下之泉水水景，园林中偶有应用。壁泉由壁面、落水口、接水池组成。落水口的形式有几何形（如洛阳龙门壁泉）、动物头形（如洛阳友谊宾馆壁泉）。壁泉的水流方式有片落、柱落和点落。

③ 喷泉　地下水向地面上涌出称为泉，泉流速大，涌出时高于地面或水面。喷泉是以喷射优美的水形取胜，整体景观效果取决于喷头嘴形及喷头的平面组合形式。现代喷泉的造型多种多样，有球形、扇形、莲花形等。平面组合是结合水池环境的平面形状及造景立意进行的。由于光、电、声波及自控装置已在喷泉上广泛应用，因此喷泉形式多种多样。为了避免北方冬季喷泉无法喷射，而且水池及喷泉水管、喷头外露不美观这些缺陷，近年来还出现了隐蔽式喷泉（旱地喷泉），即将喷泉的喷水设施均设在地下，地上只留供水流喷出的小孔或窄缝，有水喷射时美观，无水可喷时也很美观，铺装的场地还可供人们活动。

六、水岸处理

园林的水岸处理与水景效果关系很大，水岸分缓坡、陡坡、垂直和垂直出挑。在岸坡角度小于土壤安息角时，可用土壤的自然坡度。为防止水浪冲刷和地表径流的冲刷，可以种植草地和地被植物，使植物根系固着岸坡，也可采用人工砌筑硬质材料护坡。当土壤坡度大于土壤安息角时，则须以人工砌筑保护性的驳岸。驳岸有规则式驳岸和自然式驳岸两种。规则式驳岸是以石料、砖或混凝土预制块砌筑成整形岸壁。自然式的驳岸则有自然的曲折和高低变化，或用假山石堆砌。为使山石驳岸稳定，石下应有坚实的基础，尤其是北方严寒地带，冻胀是非常值得注意的问题。

自然式的驳岸线要富于变化。较小的水面，一般水岸不宜有较长的直线，岸面不宜离水面太高，假山石岸常在凹凸处设石矶挑出水面，或者有洞穴，似水源出处。在石穴缝间隙植藤蔓，使其布于沿岸、低垂水面。在建筑临水处可凸出数块叠石和灌木，这些都可打破水岸线的单调感，水面宽阔的水岸，靠水边建筑附近可结合基础设施砌筑规则式的驳岸，而其余水岸仍为自然式水岸。

依靠自然江湖水源的园林水体，须设有进、出水口和闸门，以控制水位。园中水位以常年的平均水位为准。要考虑到最高水位时不会漫溢，最低水位时也不致枯竭。

第八章

园林植物造景艺术

风景或景观中，除了自然界的山水、日月、生物外，还有人工的建筑物、街道、广场等，都是景观构成的要素。但童山秃岭，无景可言，只有披上了绿装，才有山林之美。一泓池水，晃漾弥渺，虽然有广阔深远的感受，但若在池中、水畔结合植物的姿态、色彩来组景，能使水景频添几多颜色。

植物造景就是运用植物题材来创作的景观，是当前建立城市生态系统的重要组成部分。通过应用自然界的植被、植物群落、植物个体所表现的形象美来创造各种景观，即用乔木、灌木、藤本及草本等各种植物，充分发挥植物本身形体、线条、色彩等自然美，配植成一幅幅美丽动人的画面，供人们观赏。

植物造景的种植设计，如果所选择的植物种类不能与种植地点的环境和生态相适应，就不能存活或生长不良，也就不能达到造景的要求；如果所设计的栽培植物群落不符合自然植物群落的发展规律，也就难以生长发育达到预期的艺术效果。所以掌握自然植物群落的形成和发育，其种类、结构、层次和外貌等是搞好植物造景的基础。

第一节　植物造景的原则

要创作"完美的植物景观，必须做到科学性与艺术性两方面的高度统一，即既满足植物与环境在生态适应上的统一，又要通过艺术构图原理体现出植物个体及群体的形式美，及人们在欣赏时所产生的意境美"，这是植物造景的一条基本原则。

一、生态原则

园林植物是由有观赏价值的野生植物经过驯化和培育而成的，在其长期的系统发育过程中，受环境条件的影响而产生了多种多样的适应性和不同生态类型的植物品种，全面地了解和掌握组成环境的各个因素以及这些因素同植物之间、不同品种之间的关系，才能科学合理地配置园林植物，组成稳定、和谐的生态植物群落，创造出优美的植物景观，给人以美的感受。

1.植物对环境的适应性

① 温度　植物只有在适宜的温度下才能生长发育，超过植物所能忍受的最高温度或最低温度，致使植物的生理活动受到破坏，极易造成植株死亡。如在0℃以下对于不适应北方寒冷气候的植物，其地上部分的组织极易结冰而发生冻害。高温会造成植物的呼吸作用超过光合作用，促使蒸腾作用加强，致使植物失水饥饿而死亡。同时，温度对花芽分化也有作用。

② 光照　园林植物的生长发育必须在光的照射下经过光合作用才能完成，所以光是园林植物的能量源泉。只有在光照下，植物才能正常生长、开花和结果。

③ 水分　植物体的组成和光合作用都离不开水，是其生长发育的重要原料之一。植物体内进行的一切生理生化活动都需要水，离开水分植物的光合作用、呼吸作用、蒸腾作用都不能正常进行，严重影响植物的生长发育和开花结果。

④ 土壤　是园林植物生长的根本。植物靠土壤直立，靠土壤提供生长发育所必需的水分、养分和氧气。土壤是由自然界的母岩分化而成的，由于母岩的不同，土壤的质地、结构、养分和酸碱度均有差异，长期生长在不同土壤上的植物也就形成了不同的适应类型。

2. 植物的群落性和多样性

在自然界，任何植物种都不是单独地生活，总有许多其他种的植物和它生活在一起，这些生长在一起的植物种，占据了一定的空间和面积，按照自己的规律生长发育、演替更新，并同环境发生相互作用。

群落内的植物既存在互助关系，也有激烈的竞争。不同植物之间还有拮抗作用，必须在植物造景中予以特别注意。如刺槐、丁香两种植物的花香会抑制临近植物的生长，配植时要将两种植物各自栽植。榆树与栎树、白桦与松、松与云杉之间具有对抗性，配植时不要栽植在一起。黑胡桃树的根系分泌胡桃酮，能使树下的草本植物中毒枯死。赤松林下不宜栽植牛藤、灰藜、苋菜等植物。所有这些因素在植物造景中必须要严格掌握。

人工群落或栽培群落是按人类需要，把同种或不同种的植物配植在一起形成的，是服从于人们生产、观赏、改善环境条件等需要而组成的。植物造景主要是栽培群落的设计，栽培群落设计时要遵循本地区自然群落的发展规律和生态关系，即植物选择应以乡土植物为主，引种成功的外地优良植物为辅；把生态效益放在首位，最大限度地增加单位面积的绿量，充分运用植物的观赏特性和造景功能，表现植物群落的美感，体现艺术和科学的和谐，创造出具有生态性、景观性的植物群落。如果园、苗圃、行道树、林荫道、林带、树丛、树群等。

植物造景的基础是园林植物，要创造出丰富多彩的植物景观，必须要有多种不同类型的植物材料，也就是具有植物的多样性。植物多样性是生物多样性的组成部分，是植物之间以及与其生存环境之间复杂的相互关系的体现，也是植物资源丰富多彩的标志。植物的多样性同生物多样性一样，是由遗传多样性、物种多样性和生态系统多样性三个层次组成。

我国是个园林资源非常丰富的国家，观赏植物中的被子植物、裸子植物、蕨类植物、苔藓、藻类等应有尽有。由于我国地域辽阔，气候、土壤条件变化较大，因此观赏植物的原始生态条件类型多样，植物群落从南到北、从东到西都有着明显的规律性变化。而分布在不同区域的植物形成了多种生态适应性，这就为创造各种不同的植物景观提供了充分的条件。

二、性质和功能原则

植物造景要从园林的性质和主要功能出发。园林具有多种功能和作用，但具体到某一绿地，总有其具体的主要功能，因此植物造景要求也不同。如城市工厂和居住区间的卫生防护林，主要功能是隔离、吸收和过滤有害气体及烟尘，应选择抗污染性强的树种，并根据有害气体的流动规律，确定植物组合结构；街道绿地的主要功能是庇荫、组织交通和美化市容，植物造景时应选择冠大荫浓、树型美观的树种。

三、艺术美的原则

植物造型艺术的基本原则，即多样统一、对比调和、对称均衡和节奏韵律，其表现原则应当遵循形式美的艺术原则。

1. 统一的原则

变化与统一或多样与统一的原则。其意义在于艺术形式的多样变化中，要有其内在的和谐与统一关系，既显示形式美的独特性，又具有艺术的整体性。植物造景时，树形、色彩、线条、质地及比例都要有一定的差异和变化，显示多样性，又要使它们之间保持一定相似性，引起统一感，这样既生动活泼，又和谐统一。

城市中树种规划时，分基调树种、骨干树种和一般树种。基调树种种类少，但数量大，形成该城市的基调及特色，起到统一作用，是主要的植物配置体现者。而一般树种，则种类多，每种量少，是以数量多取胜，主要是辅助造景的作用，其色彩五彩缤纷，起到变化的作用。

长江以南盛产各种竹类，在竹园的景观设计中，众多的竹种均统一在相似的竹叶及竹竿的形状及线条中，但是丛生竹与散生竹有聚有散；高大的毛竹、钓鱼慈竹或麻竹等与低矮的箬竹配植则高低错落；龟甲竹、人面竹、方竹、佛肚竹则节间形状各异；粉单竹、白杆竹、紫竹、黄金间碧玉竹、碧玉间黄金竹、金竹、黄槽竹、菲白竹等则色彩多变。这些竹经巧妙配植，很能说明统一中求变化的原则，虽然万变不离其宗，但却又各不相同，变化细微却又各现其景。

2. 调和的原则

即协调和对比的原则。植物景观设计时要注意相互联系与配合，体现调和的原则，使人感到柔和、平静、舒适和愉悦的美感。找出近似性和一致性，配植在一起才能产生协调感。相反，用差异和变化可产生对比的效果，具有强烈的刺激感，形成兴奋、热烈和奔放的感受。因此，在植物景观设计中常用对比的手法突出主题或引人注目。如当植物与建筑物配植时要注意体量、重量等比例的协调：广州中山纪念堂主建筑两旁各用一棵冠径达25m的庞大的白兰花与之相协调；南京中山陵两侧用高大的雪松与雄伟庄严的陵墓相协调；而一些小比例的岩石园及空间中的植物配植则要选用矮小植物或低矮的园艺变种。反之，庞大的立交桥附近的植物景观宜采用大片色彩鲜艳的花灌木或花卉组成大色块，才能与之在气魄上相协调，如果一个小体量的庭院种植各种各样的植物，整个庭院被塞得很拥挤，那么就会失去协调性，给人很不舒服的感觉。

3. 均衡与稳定的原则

在园林景观的平面和立面布局中，只有做到均衡和稳定才能给人以安定感，进而得到美感和艺术感受。均衡是表现物体在平面和立面上的平衡关系，而稳定则是表现物体在立体上重心下移的重量感。这是植物配植时的一种布局方法。将体量、质地各异的植物种类按均衡的原则配植，景观就显得稳定、顺眼。如色彩浓重、体量庞大、数量繁多、质地粗厚、枝叶茂密的植物种类，给人以重的感觉；相反，色彩素淡、体量小巧、数量简少，质地细柔、枝叶疏朗的植物种类，则给人以轻盈的感觉；根据周围环境，在配植时有规则式均衡（对称式）和自然式均衡（不对称式）两种形式。规则式均衡常用于规则式建筑及庄严的陵园或雄伟的皇家园林中，如门前两旁配植对称的两株桂花；楼前配植等距离、左右对称的南洋杉、龙爪槐等；陵墓前、主路两侧配植对称的松或柏等。自然式均衡常用于花园、公园、植物园、风景区等较自然的环境中。蜿蜒曲折的园路两旁，路右若种植一株高大的雪松，则邻近的左侧须植以数量较多、单株体量较小、成丛的花灌木，以求均衡。

4. 韵律和节奏的原则

配植中有规律的变化就会产生韵律感，舞蹈中讲求韵律协调的美，植物造景也不例外，植物种植中体现出的韵律感可以使游览欣赏者得到一种很舒服惬意的感觉，规整中不乏自然韵味，既没有纯自然的凌乱感，也不会有完全规则的呆板，富于变化，视觉有疲劳感小，如杭州白堤上桃树与柳树间种，云栖竹径，两旁为参天的毛竹林，如相隔50m或100m配植一棵高大的枫香，有韵律的变化，则沿径游览时就不会感到单调。

四、利用植物特点营造的原则

不同的园林植物具有不同的观赏特性，如银杏、鹅掌楸的叶形；玉兰、紫薇的花色；月季、桂花的芳香；垂柳、毛白杨的树姿；松、竹、梅的气质美。

此外，园林植物随着季节的变化，会产生周期性的不同季相，在植物配植中应抓住这一特点，进行植物的季相交替艺术构图，延长植物的观赏期，形成四季美观的景色，充分利用植物的色、香、姿、韵等特色可以创造出随着时间和空间变化的完美的园林景观。如杭州花港观鱼公园，春、夏、秋、冬四季景观变化鲜明，春有牡丹、迎春、樱花、桃、李；夏有荷花、广玉兰；秋有桂花、槭树；冬有腊梅、雪松，取得了很好的植物景观效果。

植物配植的季相交替构图，一般指的是一个园林或景区总的景观而言，不是要求每一个园林小局部的植物配植都做到四季开花不断，否则种类不多的花木，样样俱全植于各个景点，必然造成主次不分，杂乱无章，失去各不同景点的特色。

五、诗情画意的原则

中国历来就是个很有内涵的国家，尤其我国古代的文人墨客更是个个才华横溢，诗词歌赋都是优美淡雅。我国有着深厚的文化底蕴，这也为园林发展提供了素材，任何事物的发生发展都离不开对它作用的各个因素，文化因素是众多因素中绝对不可忽视的重中之重。根据园林植物的特性和人们赋予植物不同的品格、个性进行植物配置，可以表现出鲜明的园林意境。如毛主席纪念堂周围绿化，以乡土树种油松为主，表现出庄严、肃穆、悼念的意境；内环绿地为列植黄杨球的带状草坪；外环绿地自内向外列植雪松、山里红、油松，春来山里红满树白花，在苍松衬托下格外素雅，入秋累累红果挂满枝头，体现了毛主席播下的革命种子一片火红，代代相传的意境；最内层雪松枝干平展，把毛主席纪念堂衬托的更加雄伟；南北入口，配以树干挺直的云杉、白皮松，并布置鲜花花环，增加了悼念气氛。

在园林植物配植中还常常注入诗情画意，如无锡杜鹃园利用山麓岗坡遍植杜鹃，层层叠叠如云似锦，创造出"一园红艳醉坡坨"的诗意。又如杭州花港观鱼公园牡丹园，采用自然式种植方式，参照我国传统花卉画描绘的牡丹、花木、山石、地被相结合、自然错落的布局手法，形成一幅生动的立体画图。

第二节　草坪及地被植物种植设计

一、园林草地及地被植物在园林中的意义和作用

1. 草地及地被植物的环境保护作用

① 可改善小气候　草地在夏季白天比裸露地面气温要低，在冬季则比裸露地面气温高。草地近地层的空气湿度在白天比裸露地面高，晚上则较低。草地风速比裸露地面降低10%，所以，草地对小气候的改善具有很大作用。

② 具有杀菌作用　很多草地植物和地被植物都可分泌杀菌素，受伤后产生杀菌素的作用强烈。

③ 降低空气含尘量。

④ 降低空气中二氧化碳的含量。

⑤ 改善土壤结构　禾本科植物的根系能改善土壤结构，促进微生物的分解活动，促进土壤中有机物无机化。

⑥ 巩固土壤，减低地表径流，减少水土冲刷，保护露天水体免受污染。

2. 草地对游人活动的作用

置身于园林中的游人，不仅要在室内和室外广场道路上活动，而且也要在铺装道路广场以外的地上活动。活动内容有体育运动、游戏、武术等积极休息活动；也有散步、阅读、垂钓、日光浴、空气浴，露宿、欣赏音乐、欣赏风景等安静休息活动。这些活动内容，如果在

裸露的地面上进行，不仅不够卫生和清洁，而且很不舒服，游人也得不到应有的休息。

以北京的颐和园为例，在节假日游人众多，万寿山60公顷的面积里面，最多一天的游客人数达到11万人，几乎每6m²有一个游人，因为没有草地，所以游人几乎找不到可以停下来休息一会儿的地方，所有的路上、建筑内、广场上都挤满了人。颐和园要算全国园林建筑物最多的园林，游人尚且没有休息的地方，如果建筑物稀少的园林，则草地更有重要的意义。

园林中如有完善的建筑材料铺装的道路和广场，有铺装完善的园林建筑，但在其他地面没有草地的覆盖，雨季，不仅游人在游园时泥泞不堪，而且会把大量的沾于足上的泥土带到道路广场上，带入清洁的建筑物内部，弄脏铺装地面，甚至使清洁工作难以进行。在有草地覆盖的情况下，就不会出现这种情况，草地以及地被植物有涵养水源的作用，绿色的小草不仅遮掩了道路铺装的生硬，也给人以视觉上的享受。

另外，用草坪来铺装裸露地面，比起用建筑材料来铺装，既经济又环保。

3. 草地及地被植物在美观上的作用

简洁的草坪是丰富的园林景物的基调，并非我们满眼的绿色都是来自郁郁葱葱的树木，大面积的主基调其实是来自柔弱的小草，是草地覆盖了裸露的黄土地，让人们生活的环境更加清新健康。如同绘画一样，草坪是绘画的单纯而统一的色和基调，色彩绚丽，轮廓丰富的树木、花草、建筑、山石等则是绘画中的主色主调。如果园林中没有草坪，犹如一张只画了主调而没有画基调的未完工的图画。这张未成的图画，不论作为主调的树木、花草、建筑、地形色彩如何绚烂，轮廓如何丰富，但由于没有简洁单纯的底色与基调的对比与衬托，在艺术效果上，就显得杂乱无章，得不到多样统一的效果。

4. 草地及地被植物的其他作用

在土壤自然安息角以下的土坡及水岸，草地及地被植物是最经济而合适的护坡护岸的材料。

在城市街道、广场等地，经常要维修的地下管道上的地面，用草地铺装，最为方便。

许多预留的建筑基地，在近期用草地或草本地被植物绿化，也最合适。

在地下有工程设施（如化粪池、油库），其上面的覆土厚度在30cm以内时；或地下为岩层、石砾而土层厚度不到30cm时，只能用草地绿化。

综合以上情况，在公共园林中，例如各种公园、动物园、植物园、城市的街道广场上，一切人流量很大的道路广场，要用完善的建筑材料覆盖起来；而在建筑、铺装的道路广场以外的一切裸露土面，都应该用草地或地被植物覆盖起来。

在工厂企业、机关学校、居住区及重点美化地段，也应该做到不裸露土壤；在一般地区，则应尽量利用土地，种植农作物和蔬菜，把地面绿化起来。如劳力不足，无力种植植物，则原来在土地上自然生长的野生草本地被植物，从卫生的观点和美化的要求来看，也都必须保留下来。虽然不如人工铺设的草坪美观，但比裸露的地面，既有利于卫生，又较美观。

二、园林草地及草坪设计

1. 园林中草地的涵义

（1）草地

园林中所称的"草地"，系指广义的草地而言，与自然界的草地有所不同。

自然界的草地，是泛指一切草本植物群落而言，其中包括单子叶草本植物和双子叶草本植物：包括华丽的花卉，也包括开花不华丽的禾本科、莎草科植物，有单纯的，也有混交的。

园林中所指的"草地"，一般系指以开花不华丽的禾本科或莎草科植物为主体，有时也混有少量其他单子叶或双子叶的草本植物；一般植株不高：有单纯的，也有混交的，通常不加刈剪，任其自然生长。园林中设立草地，除了水土保持、防尘、杀菌、美观的目的以外，还有一项重要的任务是为了满足游人的游戏和户外活动的要求，因而草坪草必须能够经得起游人的踩踏，由于禾本科草本植物特别耐踩的特性，因而园林草地总以禾本科植物为主体。

园林中铺设地面的草本植被，如果是开花华丽的多年生草本植物时，则称为花地，反之则称为草地，以示区别。

（2）草坪

园林中所指的"草坪"，系指狭义的草地而言。"草坪"具有如下特征：主要由绿色的中生禾本科多年生草本植物组成，这种草本植被的覆盖度很大，形成郁闭的像绿毯一样致密的地面覆盖层。草坪有了茂密的覆盖度以后，才能在卫生保健上、体育游戏上、水土保持上、美观上以及促进土壤有机质的分解与生产化等等方面，起到良好的效果。如果草坪的植株是稀疏的，不能把土面全部覆盖起来，则不可能发挥良好的作用。

2. 园林中各种草地的类型

（1）根据草地和草坪的用途分类

① 游憩草坪　供散步、休息、游戏及户外活动用的草坪，称为游憩草坪。一般均加以刈剪，在公园内应用最多。

② 体育场草坪　供体育活动用的草坪，如足球场草坪、网球场草坪、高尔夫球场草坪、木球场草坪、武术场草坪、儿童游戏场草坪等。

③ 观赏草地或草坪　这种草地或草坪，不允许游人入内游憩或践踏，专供观赏用。

④ 牧草地　以供放牧为主，结合园林游憩的草地称为牧草地，普遍为混合草地，以营养丰富的牧草为主，一般多在森林公园或风景区等郊区园林中应用。

⑤ 飞机场草地　在飞机场铺设的草地。

⑥ 森林草地　郊区森林公园及风景区在森林环境中任其自然生长的草地称为森林草地。一般不加刈剪，允许游人活动。

⑦ 林下草地　在疏林下或郁闭度不太大的密林下及树群乔木下的草地，称为林下草地。一般不加刈剪。

⑧ 护坡护岸草地　凡是在坡地、水岸为保护水土流失而铺的草地，称为护坡护岸草地。

以上许多类型的草地中，以游憩草坪、体育场草坪和观赏草坪为园林中草地的主要类型。

（2）根据草本植物组合方式分类

① 单纯草地或草坪　由一种草本植物组成，例如草地早熟禾草坪、匍茎翦股颖草坪等等。

② 混合草地或草坪（或称混交草地）　由几种禾本科多年生草本植物混合播种而形成，或禾本科多年生草本植物中混有其他草本植物的草坪或草地，称为混合草坪或混合草地。

③ 缀花草地或草坪　在以禾本科植物为主体的草坪或草地上（混合的或单纯的），混有少量开花华丽的多年生草本植物。例如在草地上，自然疏落地点缀有卷丹百合（*Lilium*）、鸢尾（*Iris*）、萱草（*Hemer Ocams*）、剪秋罗（*Lychnis*）、楼斗菜（*Aquilegia*）等球根或宿根花卉。这些花卉数量一般不超过草地总面积的1/3。分布要有疏有密，自然错落。要用于游憩草坪、森林草地、林下草地、观赏草地及护坡护岸草地上。在游憩草坪上，花卉应分布于人流较少的地方。这些多年生花卉，有时发叶，有时开花，有时花与叶均隐没于草地之中，地面上只见一片单纯草地，因而在季相构图上很有风趣。在体育场草坪上，则不能采用这种类型。

（3）根据草地与树木的组合情况分类

① 空旷草地（包括草坪，以下同）　草地上不栽植任何乔灌木。这种草地主要是供体育游戏、群众活动用的草坪。空旷草地的四周，如果被其他乔木、建筑、土山等高于视平线的景物包围起来，这种四周包围的景物不管是连接成带的，或是断续的，只要占草地四周的周

界达 3/5 以上，同时屏障景物的高度在视平线以上，其高度大于草地长轴与短轴的平均长度的 1/10 时（即视线仰角超过 5°～6° 时），则称为"闭锁草地"。如果草地四周边界的 3/5 范围以内，没有高于视平线的景物屏障时，这种草地，称为"开朗草地"。开朗草地多位于水滨、海滨或高地上。园林中的孤立树、树丛、树群多布置在空旷草地中。

② 稀树草地　草地上稀疏的分布一些单株乔木，株行距很大，当这些树木的覆盖面积（郁闭度）为草地总面积的 20%～30% 时，称为稀树草地。稀树草地主要是供游憩用，有时则为观赏草地。

③ 疏林草地　空旷草地适于春秋佳日或亚热带地区冬季的群众性体育活动或户外活动；稀树草地适于春秋佳日及冬季的一般游憩活动。但到了夏日炎炎的季节，由于草地上缺少树木庇荫而无法利用。这时宜采用疏林草地的形式，即在草地上布置乔木，其株距在 8～10m 以上，郁闭度 30%～60%。这种疏林草地，由于林木的庇荫性不大，阳性禾本科草本植物仍可生长，所以可供游人在树荫下游憩、阅读、野餐、进行空气浴等活动（但不适于群众性集会）。

④ 林下草地　在郁闭度大于 70% 的密林地或树群内部林下，由于林下透光系数很小，阳性禾本科植物很难生长，只能栽植一些含水量较多的阴性草本植物。这种林地和树群，由于树木的株行距很密，不适于游人在林下活动，因而这种林下草地以观赏和保持水土流失为主，游人不允许进入。

（4）根据园林规划形式分类

① 自然式草地和草坪　不论是经过刈剪的草坪，或是自然生长的草地，只要地形地貌上是自然起伏的，在草地上和草地周围布置的植物是自然式的，草地周围的景物布局、草地上的道路布局、草地上的周界及水体均为自然式时，这种草地或草坪就是自然式草地或草坪。

游憩草地、森林草地、牧草地、自然地形的水土保持草地、缀花草地多采用自然式的形式。

② 规则式草坪和草地　地形平整，或为具有几何形的坡地、阶地且与其配合的道路、水体、树木等布置均为规则式时，称为规则式草地或草坪。

足球场、网球场草坪、飞机场草坪、规则式广场及街道上的草坪多为规则式。

③ 开阔式草坪和草地　在周边配置稀疏树木而中间完全开敞的草坪和草地。这种草坪一般面积比较大，开阔无视线屏障，多为自然式也有规则式。多用于园林开阔空间，供人们休闲和观赏周围风景，是一种园林空间规划常用的手法。

3. 园林草地及草坪设计要点

（1）草种的选择

园林草地要满足游人游憩、体育活动及审美需要，所选草种必须植株低矮、耐践踏、抗性强、绿色期长、管理方便。

如北方地区，冬季寒冷干燥，夏季炎热高温，所选草种以冷季型草种为主，如 *Poa*、*Lolium*、*Agrostis*、*Festuca* 等等。

（2）草地踩踏和人流量问题

体育场草坪及游憩草坪游人很多，平均每平方米的草坪每天能经受多少游人的踏压，在设计上是一个很重要的问题。从草坪学的知识可知，适度的踏压对草坪生长有利，但踏压如果过度，草坪就会受到破坏。因此对草坪草的选择是个很关键的问题，直接影响到建植后的成坪效果，以及今后的景观效果。

根据有关人士对草坪草种踏压频度与生育关系的试验，得出如下设计依据：在游人量较大或体育场草地，以选用狗牙根、结缕草、翦股颖、牧场早熟禾等草种为宜，同时在设计草地时，在单位面积上的游人踩踏次数，最多每天不要超过 10 次。当草地每天超过 10 次以上的踩踏时，草的重量减轻，地上部分蘖减少，最后甚至地下部的根茎也暴露出来，严重影响草坪的生长发育，在这种情况下，草地必须圈起来，停止开放，予以一周到十天的休养以利恢复，因此在草坪应用的同时应该充分考虑到人流量的需要和草坪草种的耐践踏程度，合理选择，合理养护。

（3）草地的坡度及排水问题

① 从水土保持方面考虑　为了避免水土流失，或坡岸的塌方、崩落现象发生，任何类型的草地，其地面坡度均不能超过该土壤的自然安息角（一般为30°左右）。超过这种坡度的地形不能铺设草地，一般均采用工程措施（如用砖、石、水泥等材料）加以护坡。

② 从游园活动来考虑　例如体育场草地，除了排水所必须保有的最低坡度以外，越平整越好。一般观赏草地、牧草地、森林草地、护坡护岸草地等，只要在土壤的自然安息角以下，必须的排水坡度以上，在活动上没有其他特殊要求。

关于游憩草地：规则式的游憩草坪，除了保持必须的最小排水坡度以外，一般情况，其坡度不宜超过5%。自然式的游憩草地地形的坡度最大不要超过15%。一般游憩草坪，70%左右的面积，其坡度最好在5%～10%，当坡度大于15%时，由于坡度太陡，进行游憩活动就不安全，同时也不便于除草机进行刈草的工作。

③ 从排水来考虑　草坪最小允许坡度应从地面排水要求考虑。体育场草坪由场中心向四周跑道倾斜的坡度为1%，网球场草坪由中央向四周的坡度为0.2%～0.5%。普通游憩草坪的最小排水坡度最好也不低于0.2%～0.5%，且不宜设计成不利于排水的起伏交替的地形。

（4）草地的艺术构图要求

在有限的园林空间范围内，要形成不同的感觉空间，或开朗或闭合，或咫尺山林增加游人的游览情趣，草坪植物的构图极为重要，所以设计者不能只看到树木花卉的造景作用，而忽视了草坪的构图艺术。

① 立意　立意是草坪空间构图的前提。要创造雄伟开阔的园林空间，可借助于地形及草坪周围单纯树种的乔木，林冠线要整齐，树木平面前后错落，并保留一定的透视面，增加深度感，草坪中间不配植层次过多的树丛。

要造成封闭式空间，草坪面积宜小，周围要密植树丛、树群，并以孤植树、树丛、雕塑等作为草坪主景；欲造成咫尺山林的意境，可以借助于一定坡度的地形建立草坪，并以不同树种和不同高度的树丛组合成层次丰富的林冠线，衬托出深邃的意境，再以地被植物隐没山坡的实际高度。如杭州西泠印社南向山坡草坪，面积0.57公顷，坡高5m，南向草坪一边为茂密的竹林，一边为稀疏的杂木林，并有建筑隐于林中，山坡树丛厚仅15m，错落配植青桐、槐树、女贞、棕榈等高低不同的树木，山上设1m宽小路遮盖于大树之下，地面由书带草及低矮灌木作地被，景观达到了预期的效果。

② 林缘线的处理　林缘线是指树林、树群、树丛边缘上林冠投影的连线。草坪空间构图主要是通过林缘线和林冠线的处理来达到其意境要求的。

林缘线曲折组合可增加景深，大空间中创造小空间，如杭州花港观鱼公园大草坪，雪松树群中有一个6株雪松组成的小空间，远看一片树，近看大空间中有小空间；林缘线的不同处理，可使面积相近、形状相仿的草坪产生不同形式的空间。

③ 林冠线的处理　林冠线是指树林、树群或树丛在空间立面的轮廓线，林冠线对游人审美感觉影响很大。

林冠线高，树木分枝点低（雪松、桧柏等），或所用灌木高于1.5m时，整个林冠层遮住游人视线，则产生空间的封闭感；而分枝点高的乔木（柏树、合欢等）所形成的林冠线，就会产生空间的通透感。

等高林冠线易产生雄伟、简洁、壮观的艺术效果，如同一高度级别的树木配植到一起。

起伏林冠线易产生秀美的艺术效果，如不同高度树木配植；同高树木相配植，但有突出林冠线之上的孤植树或树丛打破平直、单调的林冠线，同高度树木配植于起伏的地形上（图8-2-1）。

④ 草坪主景的处理　园林中的主要草坪多设主景，一般由植物构成建筑、山石、土丘配合。主景植物的配植常采用孤植或丛植形式。

图8-2-1　"林冠线"的处理

⑤ 草坪树丛、树群的配植

a."林"式树丛、树群的配植　目的是在小面积草坪上创造大自然"林"的意境。创造一个范围很小却植物景观相对丰富的小群落。为此应选择干直而高耸的大乔木，一般为单一树种，至多两个树种，7～8株以上树木自由栽植郁闭成林。如杭州"花港观鱼"柳林草坪，面积2800余平方米，北临西湖，以13株垂柳疏密相间，自由错落地布置于岸边，构成浓荫而自然的柳林空间，进行"林"式树丛配植、最好能同时借助于自然地形，如山坡、溪流，使其更富于山林情趣。如郑州市人民公园西门内小草坪，面积仅5100m²，以"鹿群"雕塑为主景，其后堆置高仅1m的缓坡土丘，土丘上自然的、疏密有致的栽植36株油松，虽然油松只有4～5m高，但颇有松林之趣。

b. 隔离式树丛、树群的配植　隔离式树丛常用于划分园林空间或遮挡不雅之处，用于全隔的隔离树丛或树群，一般应规划成水平、垂直郁闭度均高的树丛或树群。杭州柳林草坪南部与干道之间的多层隔离树群，设计得较为理想，树群宽5～7m，长40m，第一层植物为高1.2m，株距0.5m的蕉藕；第二层为高1.5m，株距为1～1.5m的海桐；第三层为高3～4m，株距2m的桧柏；第四层为高3m，株距2～2.5m的樱花。从草坪看去，红花蕉藕以翠绿的海桐、暗绿的桧柏为背景，从主干道看去，盛开的樱花以高耸的桧柏为背景。此树群不但隔离效果好，观赏效果也很理想，在营造优美景观的同时又得到一定的生态效益。

c. 背景树丛、树群的配植　背景树丛、树群的树种应单纯，若用不同树种，其冠形、树高与风格应基本一致；结构与密度均应高于前景树，株距不大于2m。

背景植物的配植形式依主景要求而定：花缘以紧密结构、分枝点低的林带或植篱为背景，如艳丽的一串红以翠绿的黄杨绿篱为背景，形成色彩的视觉冲击力，效果较好；色叶木或花木作孤植、丛植，以高大的、常绿的树群、树林为背景，如大红紫薇以雪松为背景，红枫以油松为背景；高干前景树，以常绿、分枝点低、绿色度深等对比强烈的乔灌木为背景，如海桐、石楠、珊瑚树、雪松、桧柏等（图8-2-2）。

⑥ 草坪树木的间距　依立意与功能要求而定。供数十人林荫下活动之处，树木株行距要大，一般5～15m，可形成开阔空间。较封闭的空间，树木株距可小些，如弈棋处树木间距以3～5m为宜。成年树间距：阔叶小乔木，如桂花、玉兰、樱花等，3～8m；阔叶大乔木，如悬铃木、国槐等，5～15m；针叶小乔木，如罗汉松等，1～5m；针叶大乔木，如雪松、侧柏，7～18m；一般灌木，0.5～5m。

图8-2-2　背景树的应用

三、其他地被植物的配植

1. 树坛、树池中的地被植物配植

树坛、树池中由于乔灌木的遮蔽，形成半阳性环境，所用地被植物应是半耐阴的，可以是单一地被植物，也可以是两种地被植物混交，其色形与姿态应和上木相呼应，如色叶木树坛以麦冬、沿阶草、吉祥草等常绿地被为宜；自然栽植为孤立木下的地被植物，能有效地增加自然风趣。

2. 林下和林缘地被植物的配植

林下配植相适应的耐阴、半耐阴地被植物，不但能保持水土，而且能增加林相层次和景深，体现植物配植的自然美，适用于林下的地被植物有玉簪、吉祥草、沿阶草、阔叶麦冬、红花酢浆草、石蒜、金针菜、鸢尾等。

林缘地被植物的配植，可使乔木与草地道路之间形成自然的过渡，如河南鸡公山风景区大茶沟林缘的水竹，使林地与溪涧结合得十分自然，起到了承上启下的作用。

3. 地被植物的点配植方式

地被植物除上述配植方式外，还常见配植于台阶石隙、池或塘溪的山石驳岸及园林置石。点植于林溪山涧之间可以使人工景观更加自然，更贴近于真正的自然景观。

第三节　以花卉为主的种植设计

一、花坛

花坛是在具有一定几何形轮廓的植床内，种植各种不同色彩的观赏植物而构成的一幅具有华丽纹样或鲜艳色彩的图案画，是把花卉按规则式栽植在几何图形植床内的配置形式。花坛内的花卉植株高度和色彩要求一致，以体现大小整齐、色彩鲜明、群体效果为好。所以花坛是用活植物构成的装饰图案。花坛的装饰性，是以其平面的图案纹样或花卉开花时华丽的色彩构图为主题的，个体植物的线条美，花和叶的形态美，个体植物的体形美，都不是花坛所要表现的主题。花坛内栽植的观赏植物，都要求有规则的体形。经过整形的常绿小乔木可以在花坛内栽植，但是自然形的乔木不能在花坛内种植。

1. 花坛的类型

（1）根据表现主题不同分类

① 花丛式花坛　又称"盛花花坛"，是以观花草本植物花朵盛开时的群体美来表现主题的花坛。花丛花坛栽植的花卉必须开花繁茂，在花朵盛开时，植物的枝叶最好全部为花朵所掩盖（图8-3-1）。因此花卉的花期必须一致，如果花期前后错落的花卉，就不能达到良好的效果。叶大花小，叶多花少，以及叶和花朵稀疏而高矮参差不齐的花卉不宜选用。花丛花坛也可称为盛花花坛。各种花卉组成的图案纹样，不是花丛花坛所要表现的主题，图案纹样在花丛式花坛内属于从属的地位，花卉本身盛花时群体的色彩美，在花丛花坛内居主要地位。

花丛式花坛可以由一种花卉的群体组成，也可以由多种花卉的群体组成。花丛式花坛由于平面长和宽的比例不同，又可以分为花丛花坛、带状花丛花坛和花缘三类。

a. 花丛花坛　个体花丛花坛，作为绿地景观中独立存在的一种形式。其形状为规则的几何式，如方形、圆形、椭圆形、多边形等。不论其植床的轮廓为何种的几何形体，只要其纵轴和横轴的长度之比，为（1∶1）～（1∶3）时称为花丛花坛。

花丛花坛的表面，可以是平面的，也可以是中央高四周低的锥状体，也可以为中央高四

周低的球面。当花丛花坛的剖面成三角形时则称为"锥状花丛花坛"，剖面为半圆形时则称为"球面花丛花坛"。

b. 带状花丛花坛　花丛花坛的长轴与短轴的比为3倍以上时就称为带状花丛花坛。带状花丛花坛有时作为配景，有时作为连续风景中的独立构图，其宽度一般在1m以上。与花丛花坛一样有高出地面的植床，植床的周边用边缘石装饰。

c. 花缘　花缘的宽度，通常不超过1m，长轴与短轴的比至少为4倍以上。花缘多为一种花卉组成，通常不作为主景处理，仅作为花坛、带状花坛、草坪花坛、草地、花境、道路、广场、基础栽植等的镶边。花缘没有独立的高出地面并用边缘石装饰起来的植床。

花丛式花坛以花卉花朵盛开时群体的华丽色彩为构图的主题，所以花坛的外形几何轮廓可以较模纹花坛丰富些，但是内部图案纹样须力求简洁，只有同种且花期完全一致的华丽花卉，才有可能组成复杂图案。不同种类的开花植物组成复杂的盛花图案是不容易成功的，所以不同植物结合时图案应简单些。

为了维持花丛式花坛花朵盛开时的华丽效果，花丛式花坛的花卉必须经常更换；通常多应用球根花卉及一年生花卉，一般多年生花卉不适宜选作花丛式花坛应用，花丛式花坛的植物，在开花以前的苗圃中可以进行摘心。但在开花时，不进行修剪。

图8-3-1　花丛式花坛

② 模纹式花坛　模纹式花坛也可以称为"嵌镶花坛"，即用不同色彩的观叶植物或花叶俱佳的观赏植物配置成不同图案的花坛。模纹式花坛表现的主题与花丛式花坛不同。模纹式花坛不以观赏植物本身的个体美或群体美为表现的主题，这些因素在模纹式花坛内居于次要的地位。应用各种不同色彩的观叶植物或花叶兼美的植物，所组成的华丽复杂的图案纹样，才是模纹式花坛所要表现的主题。由植物所组成的装饰纹样在模纹式花坛内居于主要的地位（图8-3-2）。

模纹花坛常用的植物材料为五色草，如果用其中一种草简单地大片群植，就不可能产生华丽的效果，这与大片的郁金香花群相比较就显得黯然失色，但是如果用红、绿、白、黑、黄五色草组成模纹花坛时，就成了精美的地毯一样华丽的装饰图案，这时与郁金香花群比较起来就各有千秋了。

模纹式花坛因为内部纹样繁复华丽，所以植床的外轮廓应该比较简单。

a. 带状模纹花坛　模纹花坛的长轴与短轴之比在3倍以上时，称为带状模纹花坛。

b. 毛毡花坛　应用各种观叶植物组成精美复杂的装饰图案，花坛的表面通常修剪得十分平整，整个花坛好像是一块华丽的地毯，所以称为毛毡花坛。五色草是组成毛毡花坛的最理想的植物材料，可以组成最细致精美的装饰纹样，可以做出6～10cm的线条来，当然，毛毡花坛也可以应用其他低矮的观叶植物，或花期较长、花朵又小又密的低矮观花植物，但选用的植物必须高矮一致，花期一致，而且观赏期要长。因为毛毡花坛的设计和施工都要花费很大的劳动，如果观花期很短就不经济了。

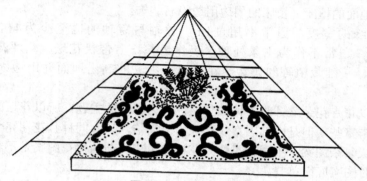

图8-3-2　模纹式花坛

　　c. 浮雕花坛　毛毡花坛的表面是平整的，浮雕花坛的装饰纹样一部分凸出于表面，另一部分凹陷，好像木刻和大理石的浮雕一般。通常，凸出的平面由常绿小灌木组成；凹陷的平面栽植低矮的草本植物。

　　③ 标题式花坛　在形式上和模纹式花坛没有区别，但其表现的主题不相同。模纹式花坛的图案完全是装饰性的，没有明确的主题思想，而标题式花坛有时是由文字组成的，有时是由具有一定含意的图徽或绘画，有时是肖像。标题式花坛是通过一定的艺术形象来表达一定的思想主题的。标题式花坛最好设置在坡地的倾斜面，并用木框固定，这样可以使游人看得格外清楚。

　　a. 文字花坛　可以用文字花坛来庆祝节日，或是展示大规模展览会的名称；有时公园或风景区的命名，也可以用木本植物组成的文字花坛来表示。有时文字标题可以与绘画相结合，好像招贴画一样，例如一幅"世界和平"的花坛，除了文字以外，还可以用飞翔的和平鸽图画来象征。在文字的周围应该用图案来装饰。

　　b. 肖像花坛　革命导师、人民领袖以及科学和文化上的伟人肖像都可以作为花坛的题材，肖像花坛的设计和施工都比较复杂，是花坛中技术性最高的一种，肖像花坛一般以五色草来组合最好。用其他植物栽植都有一定的困难，上海鲁迅公园有过鲁迅的肖像花坛。

　　c. 国徽花坛　国徽、纪念章、各种团体的徽号都可作为花坛的题材，例如国旗、红星、象征工农联盟的镰刀和铁锤，都是花坛的题材。医院可用十字图案，铁路可用车头和铁轨的徽号。国徽是庄严的，设计必须严格符合比例尺寸，不能任意改动。

　　d. 象征图案花坛　象征图案花坛的图案也有一定的象征意义，但并不像徽章或徽号那样具有庄严及固定不变的意义。图案的设计可以是任意的。例如在歌舞剧院的广场上，可以用竖琴来作花坛的图案；农业展览会可用麦穗的图案，运动场可用掷铁饼者的形象来作花坛；儿童公园可用童话故事来作花坛，迪斯尼乐园的入口处可以设米奇标识。

　　④ 装饰物花坛　装饰物花坛也是模纹的一种类型，但是这些花坛具有一定实用的目的。

　　a. 日晷花坛　在公园的空旷草地或广场上，用毛毡花坛植物组织出12小时图案的底盘，然后在底盘南方竖立一支倾斜的指针。这样，在晴朗的日子，指针的投影就可从上午七时到下午五时为游人指出正确的时间来。日晷花坛不能设立在斜坡上，应该设立在平地上。

　　b. 时钟花坛　用毛毡花坛植物种植出时钟12小时的底盘。花坛本身应该用木框加围，花坛中央下安放一个电动的时钟，把指针露在花坛的外边，时钟花坛最好设置在斜坡上（图8-3-3）。

图8-3-3 时钟花坛

c. 日历花坛　在毛毡花坛上，用文字做出年、月、日。整个花坛最好有木框围起来，其中，年、月、日的文字，再用小木框种植，底盘上留出空位，这样就可以更换，日历花坛最好安置在斜坡上。

d. 毛毡饰瓶　在西方园林中，常常用大理石或花岗石雕成的饰瓶作为园林的装饰物，这种饰瓶可以安置在花坛中央、进口两旁、石级两旁、栏杆的起点和终点等地方。毛毡饰瓶是用铁骨等作为骨架，扎成饰瓶的轮廓，中央用苔藓、锯末、土等物填实，外面用黏湿的土壤掺上腐熟的马粪塑成一个饰瓶，再在饰瓶的表面种上五色草组成各种装饰的纹样，就像景泰蓝花瓶一样。随着栽植和发展，由饰瓶发展为花篮、各种动物、抽象形体的造型等，这种形式称为五色草立体花坛。通常多设置在独立花坛的中央以供观赏。

⑤ 草坪花坛　大规模的花坛群和连续花坛群，如果完全按花丛式花坛或模纹式花坛来种植，则管理费用和建设费用是非常庞大的，因为花坛维持时间不持久，每年又要更换植物，所以格外不经济。如果管理不周，非但不能收到美观的效果，反而会引起相反的作用。因此，在街道、花园街道、大广场上，除重要的地点及主要的花坛采用模纹式花坛或花丛式花坛外，其余较次要的花坛就采用草坪花坛的形式。

草坪花坛布置在铺装的道路和广场中间，植床有一定的外形轮廓，植床高出于地面，并且有边缘石装饰起来，草坪花坛之内和花坛一样，是观赏的，不许游人入内游憩。

如果是四周被道路包围起来的一般矩形空地，虽然有路缘石围起来，并且铺了草坪，同时也不许游人进入，但是这种在构图上，并不作为装饰主题来处理的一般性草坪，只能称为观赏草坪，不能称为草坪花坛。草坪花坛在整个构图上是装饰主题之一，在外形轮廓和布局上以及花坛群的组合上，是有一定的艺术处理手法的，同时在整个范围内面积也比较小。如果在一个广场内，道路面积很小，草坪很大，那么只能说在草地上有道路。如果广场的铺装面积很大，铺装场上设置了面积小于广场铺装面积许多、经过艺术处理的种植床，植床内铺了草坪，这样的植床就称为草坪花坛。草坪花坛的表面要求修剪得平整，为了求得较华丽的效果，可以用花叶并美的多年生花卉的花缘来镶边，有时用常绿的木本矮篱来镶边。

草坪花坛选择的草种最好是观赏价值很高、适应性也较强的植物。草种可以不必耐踩，但是返青要早，秋天枯黄期要晚，此外，草坪也可用于模纹花坛，并可以为花丛花坛镶边。

（2）依据规划方式不同分类

花坛的规划方式与欣赏者的视点位置有关，当鉴赏者在某一固定视点下，可以满意地欣赏整个构图的时候，这种风景称为静态风景。如果一个构图，不论在任何一个固定视点下都不能满意地欣赏，而需要欣赏者移动视点，从构图的起点逐步地、局部地、连续地去欣赏这个构图，然后才能了解构图的整体，这种风景称为"连续风景"，属动态风景的构图。有的花坛是属于静态风景的花坛，有的则是连续风景花坛。例如独立花坛是静止景观的花坛；带状花坛、连续花坛群、连续花坛组群则是连续风景的花坛。

① 独立花坛　独立花坛并不意味着在构图中是独立或孤立存在的。构图整体中的任何局部或个体，都和构图中任何其他的局部或个体有着血肉的联系。艺术构图中没有偶然的结合，都是牵一发而动全身的。但是独立花坛是主体花坛，它总是作为局部构图的一个主体而存在的。独立花坛可以是花丛式的、模纹式的、标题式的或装饰物花坛，但是独立花坛一般不宜采用草坪花坛，草坪花坛作为构图主题是不够华丽的。

独立花坛通常布置在建筑广场的中央、街道或道路的交叉口、公园的进口广场上、小型或大型公共建筑正前方、林荫花园道的交叉口以及由花架或树墙组织起来的绿化广场中央。在花坛群或花坛组群构图中，独立花坛是主体，是构图中心。独立花坛的长轴和短轴的比不能大于1：3。带状花坛不适宜作为静态风景的独立花坛，独立花坛外形平面的轮廓不外乎三角形、正方形、长方形、菱形、梯形、五边形、六边形、八边形、半圆形、圆形、椭圆形，以及其他的单面对称或多面对称的花式图案形。独立花坛的外形平面总是对称的几何形，有的是单面对称的，有的是多面对称的。独立花坛面积不能太大，因为独立花坛内没有通路，游人不能进入，如果面积太大，远处的花卉就模糊不清，失去了艺术的感染力。当独立花坛内部设置了通路，把花坛划分为由几个局部组成的整体时，这个花坛的整体就应该称为花坛群而不宜称为独立花坛了。独立花坛可以设置在平地上，也可以设置在斜坡上。独立花坛的中央有时没有突出的处理。当需要突出处理时，有时用修剪的常绿树，有时用修饰或毛毡饰瓶（现在多用五色草立体造型），有时则用雕像作为中心（前苏联莫斯科高尔基文化休息公园中圆形的独立花坛就是以装饰雕像为主体的）。

② 花坛群　当多个花坛组成一个不能分割的构图整体时，称为花坛群。花坛与花坛之间为草坪或铺装场地。这种花坛群，其长轴和短轴的比不超过1：3，花坛群是由许多个体花坛排列组合而成的。其排列组合是有规则的，花坛群总是对称的，至少是单面对称。单面对称的花坛群，许多花坛就对称地排列在中轴线的两侧，多面对称的个体花坛就对称地分布在许多相交轴线的两侧，这种花坛群在纵轴和横轴交叉的中心，就成为花坛群的构图中心。独立花坛可以作为花坛群的构图中心，独立花坛必然是对称的，但是构成花坛群的其余个体花坛本身，就不一定是对称的了，当然也可以是对称的。除了独立花坛可以作为花坛群的构图中心外，有时水池、喷泉、纪念碑、主题性的、纪念性的或装饰性的雕塑，也常常作为花坛群的构图中心。

当面积很大的建筑广场中央、大型公共建筑前方或是规则式园林的构图中心，需要布置独立花坛作为构图的主体时，这个独立花坛的面积为了与广场和绿地取得均衡，就必然也有很大的面积。当独立花坛的面积过于庞大的时候，如果其短轴的长度超过7m的时候，站在地平面上的游人，对于花坛中央部分就看不清楚，所以对于艺术感染力来说，过大的独立花坛是不利的，同时从园林的游憩功能上来说，大面积的独立花坛，因为占有很大面积就不能容纳更多的游人。所以在游园的游人容纳量上是不经济的。为了解决以上的矛盾，在大面积的建筑广场或规则式的绿化广场上，布置大面积的花坛群要比布置大面积的独立花坛有利得多。

最简单的主体花坛群是由3个个体花坛组成的，其中一个是主体，另外两个是客体。复杂的花坛群可以由5、7、9、…个体花坛来组成。最简单的配景花坛群可以是布置在中轴线左右的两个左右对称的花坛群（每个个体花坛本身是不对称的）。

花坛群内部的铺装场地及道路是允许游人活动的。大规模的铺装花坛群内部还可以设置座椅、花架，以供游人休息。花坛群可以全部采用模纹式的，或是花丛式的花坛来组成。但是由于规模很大，为了经济起见，其中主体花坛可以采用花丛式或模纹式。次要的外围的个体花坛可用有花缘镶边的草坪花坛。小型的规则式的专类花园，最小型的规则式广场花园有时就是由一个花坛群组成，花坛群因为要便于游人活动，所以不能设置在斜坡上，但是平地上的花坛群是很大的，由于视角很小，所以整个构图不容易清楚，艺术效果不好，为了补救这个缺点，如果遇到四周为高地，而中央为下沉的平地时，就把花坛群布置在低洼的平地上，当然这块下沉的平地应该有地下的排水设备，以免积水，这种下沉的花坛群，称为"沉床花园"，这种沉床花坛群，当游人在高地时，是能够更满意地欣赏花坛群的整个构图的。

③ 花坛组群　由几个花坛群组合成为一个不可分割的构图整体时，称为花坛组群（图8-3-4）。其规模要比花坛群更大。通常布置在城市的大型建筑广场上、大型的公共建筑前或是在大规模的规则式园林中。花坛组群的构图中心常常是大型的喷泉、水池、雕像，次要部分常用华丽的园灯来装饰。

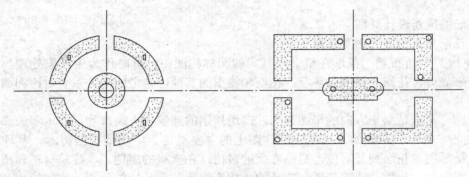

图8-3-4　花坛组群示意图

④ 带状花坛　在连续风景中，带状花坛可以作为主体来运用，例如在道路中央或林荫花园道的中央，可以将带状花坛作为主体。此外，带状花坛还可以作为配景（图8-3-5）。例如作为观赏草坪花坛的镶边、道路两侧的装饰、建筑物墙基的装饰。带状花坛可以是模纹式的、花丛式的或标题式的。

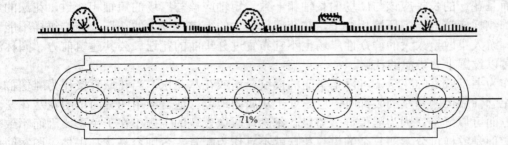

图8-3-5　带状花坛示意图

⑤ 连续花坛群　许多个独立花坛或带状花坛成直线排列成一行，组成一个有节奏规律的不可分割的构图整体时，便称为连续花坛群（图8-3-6）。连续花坛群是连续风景的构图。连续花坛群通常总是布置在道路的两侧、林荫道或纵长的铺装广场，有时也可布置在草地上。连续花坛群的演进节奏，可以用两种或三种不同个体花坛来交替演进。在节奏上有反复演进和交替演进两种形式。整个连续构图，可以有起点、高潮、结束等。在起点、高潮和结

束处常常应用水池、喷泉和雕像来强调。

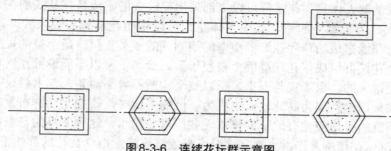

图8-3-6　连续花坛群示意图

连续花坛群的长轴与短轴长度的差别，至少在3倍以上。除了平地以外，两侧有石级蹬道的斜坡蹬道中央，也可以配置连续花坛群。连续花坛群在坡道上可以成斜面布置，也可以成阶梯形布置，但是总是沿着道路来布置，中央有连续花坛群的道路也可以称为花园路，或称为道路花园。

2. 花坛的规划设计原则

（1）花坛及花坛群的平面布置

① 花坛的平面布置　花坛在整个规则式的园林构图中，有时作为主景来处理，有时则作为配景来处理。花坛与周围的环境，花坛和构图的其他因素之间的关系有对比和调和两个方面。

a. 对比　花坛是水平方向的平面装饰，广场周围的建筑物、装饰物、乔木和大灌木等等的装饰性是立面的和立体的。这是空间构图上的主要对比。广场周围的树木、草坪是单色的，主要是绿色，花坛则是彩色，是色彩上的对比。在素材的质地上，建筑材料和植物材料的对比是突出的。此外，建筑与铺装广场的色相不饱和，而花坛的色相就比较饱和；广场的铺装平面和草地都是没有装饰纹样的，而花坛的装饰纹样与简洁的场地的对比是突出的。

b. 调和　作为主景来处理的花坛和花坛群，其外形是对称的，可以是单轴对称，也可以是多轴对称。在道路交叉的广场上，花坛的布置首先应该不妨碍交通。

花坛或花坛群的平面轮廓应该与广场的平面相一致，例如广场是圆形的，花坛或花坛群也应该是圆形的；如果广场是长方形的，那么花坛或花坛群不仅在外形轮廓上应该为长方形，而且花坛的长轴应该与广场的长轴相一致，短轴应该与广场的短轴相一致，花坛的风格和装饰纹样应该与周围环境相统一，在交通量很大的街道广场上的花坛，装饰纹样不能十分华丽。游人集散量太大的群众性广场也不宜布置过分华丽的花坛。公共建筑前方、园林游憩广场可以设置十分华丽的花坛。

作为主景欣赏的花坛，可以是华丽的模纹花坛或花丛花坛。当花坛直接作为雕像群、喷泉、纪念性雕像的基座的装饰时，应该处于从属的地位。适合应用图案简单的花丛花坛。在色彩方面可以鲜艳，因为雕像群、喷泉、纪念性雕像表现的主题不在于色彩，因而不致喧宾夺主，但是纹样过分富丽复杂的模纹花坛就不宜作为配景，否则容易扰乱主体。图案简单的用木本常绿小灌木或草花布置的草坪花坛，也可以作为基座的装饰。

构图中心为装饰性喷泉和装饰性雕像群的花坛群，其外围的个体花坛可以很华丽，纹样可以丰富，但是中央为纪念性雕像的花坛群，四周的个体花坛的装饰性，应该恰如其分，不能采用纹样过分复杂的模纹花坛，以免喧宾夺主，以采用纹样简单的花丛式花坛或草坪为主的模纹花坛为宜。

从大处来说，花坛或花坛群的平面外形轮廓应该与广场的平面轮廓相一致。但在细节上，仍然应该有一定的变化，如果花坛外形只是广场的缩小，因过分类似，感觉不够活泼。如有一定的变化，艺术效果就会更好一些。如果是交通量很大的广场，或是游人集散量很大的大型公共建筑前的广场，为了照顾车辆的交通流畅及游人的集散，则花坛的外形常常与广场不一致。这时功能上的要求起了决定性的作用，构图上的不调和就不易感知。例如正方形的街道交叉广场、三角形的街道交叉广场的中央都可以布置圆形花坛；长方形的广场可以布置椭圆形的花坛。

一般情况下，花坛或花坛群的面积与广场面积的比例最大不要超过三分之一，最小也不小于十五分之一。观赏草坪面积可以大些。如果广场的游人集散量很大、交通量很大，花坛面积比例可以更小些。华丽的花坛面积比例可小些，简洁的花坛面积比例可大些。

作为配景处理的花坛是以花坛群的形式出现的。配景花坛群配置在主景主轴的两侧。另有作为主景的花坛布置在主轴上。配景花坛的个体花坛，外形与外部纹样不能采用多轴对称的形式，最多只能应用单轴对称的图案和外形，分布在主景主轴两侧的花坛，其个体本身最好不对称，但与主景主轴另一侧的个体花坛，必须取得对称，这是群体的对称，不是个体本身的对称。

② 视觉与花坛的布置关系　无论是独立花坛或是花坛群里的任何一个个体花坛，当其面积过大的时候，视觉的效果就不好（图8-3-7）。

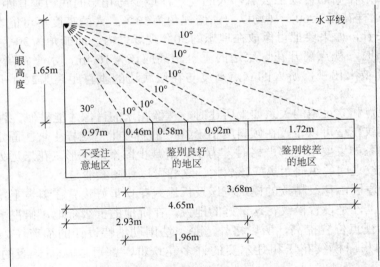

图8-3-7　视线与花直径的关系分析图

在平地上，人的眼睛高度是一定的，通常视点高度不超过1.65m，由于视点离开地面不高，视线与地平面的成角很小，所以花坛的平面图案在视网膜上的映像，只有近距离的比较清楚，远距离的图案就密集于一起，因而鉴别不清。通常一个人站立在花坛边缘，视点高度约1.65m。从脚跟起的0.97m距离以内，也就是从视点与地面的垂线开始的30°视角以内的图案，当人眼水平向前平视的时候，是不受注意的，通常人眼的最大垂直视场为130°，平视的时候，与水平线垂直的就是中视线。所以视场范围从中视线以下，只能看到60°，所以脚跟30°内的图案是在平视视场以外的，当然观赏花坛的人也可以俯视，如果俯角为30°，垂直视角为60°的时候，以离开游人立点0.97m以外大概2m距离之内的纹样最清楚。在离开立点2.93m以外的1.72m的花坛，在映像上所占的面积，实际上和在30°以外的10°视角内之0.46m花坛面积的映像大小是同样的，映像缩小了4倍左右。所以一般平地上的独立模纹花坛，面积不宜太大，其短轴的长度最好在8～10m以内。这样从两面来看，还可以把纹样看清。

图案十分粗放简单的独立花坛，或是图案十分简单的独立花丛式花坛，面积可以放大，通常直径可以为15～20m。草坪花坛面积可以更大。方形或圆形的大型独立花坛，中央图案可以简单，边缘4m以内图案可以丰富些。

为了减少模纹式花坛图案的变形，有许多方法。通常独立的模纹花坛，中央隆起，使其成为向四周倾斜的球面或锥状体，则纹样变形可以减低，同时模纹花坛的直径也可以增大。

最好的办法，是把模纹式花坛设立在斜面上，斜面与地面的成角越大，图案变形越小。最大的成角为90°，与地面完全垂直，这样图案虽然可以不变形，但是对于土壤崩落和植物栽植是不可能的。为了土壤不致崩落，植物有可能栽植，一般最大的倾斜角为60°。花坛外围还要用木框固定，以免土壤崩落。许多标题式的模纹花坛，尤其是肖像花坛，设置在60°的斜坡上比较容易成功。

如果高度是1.94m，斜坡为60°，那么看花坛的人，只能立在离开花坛茎部0.97m以外，看起来肖像才像，太远太近看起来都不像。1950年夏季，前苏联莫斯科红普列司文化休息公园中的斯大林肖像花坛为11m×12m，要做这样大的肖像花坛，在60°的斜坡上，如果游人的视点离开花坛底边的高度只有一人高（1.65m）那就不行了。因此，这个斜坡应该在低处，而游人应该站在高的台地上去看，人的视点，最少与花坛的底边垂直距离为10.4m、水平距离为6m，这样花坛在60°视场以内，俯视角为30°。人的高度不可能有10m多高，所以要在高地上去看，如果要把肖像放在理想的30°视场以内，而俯角为30°，斜坡为60°，肖像高度为12m时，视点离开花坛底边的垂直距离应该是16.4m，水平距离也为16.4m。所以游人必须在高坡上俯视，游人的立点高度与花坛底边的垂直距离为16.4m–1.65m=14.75m（图8-3-8）。

当观赏者视点和立足地的关系如上所述时，肖像花坛的肖像才能酷似，否则就会变形。

一般性的模纹花坛可以布置在倾斜度小于30°的斜坡上，这样土坡的固定比较容易，花坛大小与视点关系如果要求不够严格时，为了尽量减少图案的变形，花坛远处的图案，其横向花纹与横向花纹之间的纵向距离应该放大，这样可以使图案清楚。

由于视觉的原因，花纹精致的模纹花坛及标题式花坛最好设置在斜坡上，逐级下降的阶地平面上和斜坡上，是设置模纹花坛最好的地方，在阶地的上级阶地，俯视下级阶地的平面模纹花坛，由于视点位置提高，所以格外清楚。法国勒纳特设计的福苑（Vaux-lc-Vicomte）中的一对主要的华丽模纹花坛和凡尔赛的许多花坛群，都可以从高一级的阶地上去俯视它们。

此外，花坛群的轴线应该与整个规则式园林布局的轴线一致或统一。

连续花坛是由一种个体花坛或2～3种不同个体花坛单轴演进而成的，演进的方式有反复、变化反复、交替反复等。连续花坛组群由一个花坛群或2～3个不同花坛群进行单轴演进而成的，连续花坛组群也可以是两个平行单轴演进的连续花坛群组成的。

大规模的花坛群有时是花坛群成相交的多轴演进而组成的。

规则式园林中的许多专类花园，例如蔷薇园、鸢尾园，常常由花坛组群或连续花坛组群所组成的，城市中的规则式广场花园、规则式花园，其平面也可以由花坛组群的形式构成。

（2）个体花坛的设计

① 花坛的内部图案纹样　花丛花坛的图案纹样应该简单，模纹花坛的纹样应该丰富，花坛图案的内容要有时代感，并与所在环境及所要陪衬的主体内容相呼应，切忌文不对题。花坛的图案形式应简洁、大方，不能过于零乱琐碎，常用的形式有花叶式、星芒式、多边

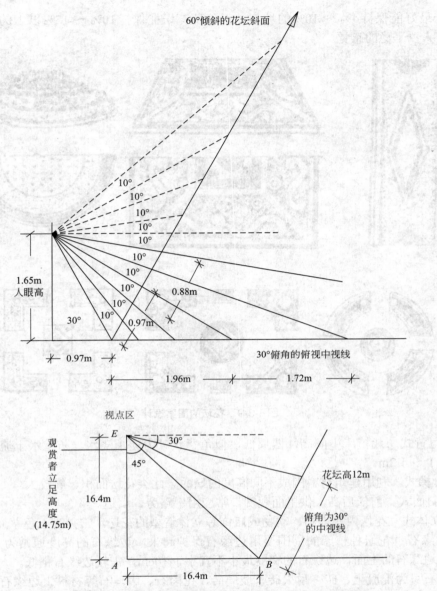

60°倾斜的花坛斜面

10°
10°
10°
10°
10°
10°
10°
10°
10°
10°
30°
10°

1.65m
人眼高

0.88m

0.97m

0.97m

30°俯角的俯视中视线

1.96m   1.72m

视点区

观赏者立足高度
(14.75m)

E
30°
45°
16.4m

花坛高12m

俯角为30°
的中视线

A   B
16.4m

图8-3-8　斯大林肖像花坛观赏者视点和立足点的关系分析图

式、自然曲线式、水纹式、云卷式、自然形体式。五色草立体花坛要与周围环境相协调，其骨架多用钢材、铁管等制作，由于立体造型的骨架上要缠泥草把和栽植五色草，因此栽后尺寸要大于骨架尺寸，故骨架制作时要此设计数据小10cm左右。另外，立体造型部分，应以红、黑色为主，平面部分则以绿色为主，这样更能突出立体部分，并形成色彩对比效果（图8-3-9）。

②花坛的高度和边缘石

a. 花坛的高度　花坛竖向设计有以下几种形式。

i. 平面式　花坛表现的主要是平面图案，由于视角关系离地面不能太高，但为了花坛排水以及主体突出，避免游人践踏，花坛的种植床应该稍高出地面，通常种植床的土面高出外面平地为7～10cm，为了利于排水和观展，花坛的中央拱起，成为向四面倾斜的和缓曲面。

花丛花坛最好能保持4%～10%的坡度，五色草花坛能保持10%～15%以上的坡度。平面式花坛给人以平稳的感觉。

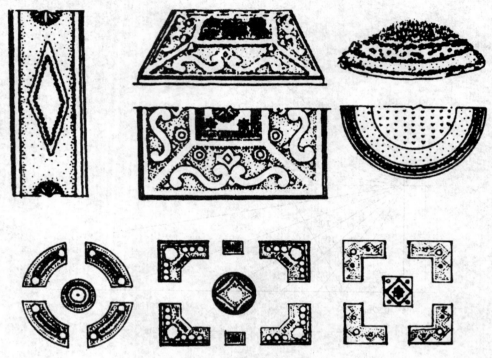

图8-3-9　花坛的图案设计

ii. 龟背式　栽植床中间高，四周低，似龟背状。为便于浇水，防止水土流失，中央高度一般为1～1.2m。

iii. 阶梯式　利用建筑材料围成不同高度的坛面。此类花坛面积一般较大。

iv. 斜面式　前低后高，供单面观赏。常应用于路旁、墙边。

v. 立体式　花坛内有人物、动物或瓶饰等立体造型的花坛，常见为五色草立体花坛。

b. 边缘石　花坛种植床的周围要用边缘石保护起来，边缘石的高度通常为10～15cm。种植床靠边缘石的土面，边缘石的宽度最小不宜小于10cm，需较边缘石稍低。

边缘石可为混凝土、砖、耐火砖、玻璃砖、花岗石、大理石等材料。边缘石的色彩应与道路及广场的铺装材料相调和，色彩要朴素，形式要简单。

③ 花坛设计图的制作

a. 总平面布置图　花坛设计总平面图要求绘出所在环境的建筑、道路、广场、草地及花坛平面轮廓，比例尺一般为（1:500）～（1:1000）。

b. 花坛施工图

i. 平面图　花坛施工图要求绘出花卉图案纹样，标出所用植物名称、数量。单轴对称的花坛，绘制半个花坛施工图，多轴对称花坛绘制1/4施工图，没有几何轨迹可求的曲线图案，最好用方格纸设计，以便施工放样。花坛施工图的比例，模纹花坛为（1:20）～（1:30），花丛花坛为（1:50）。

ii. 断面图　复杂的花坛群或花坛要做出断面图。

（3）花坛植物的选择

花丛花坛以一二年生草花为主，模纹花坛以五色草为主。

二、花境

1. 花境的特征

花境是园林中从规则式构图到自然式构图的一种过渡的半自然式的种植形式。平面轮廓与带状花坛相似，种植床的两边是平行的直线或是有几何规律可循的曲线。长轴很长，短轴的宽度从视觉要求出发，矮小的草本植物花境，宽度可以小些，高大的草本植物或灌木花境，其宽度要大些。花境的构图是一种沿着长轴的方向演进的连续构图。所以其宽度必须使游人在立点的视场内能看清楚。

花境在园林中所占的面积，要远远超过花坛的面积。花坛中栽植的植物以一二年生草花为主，花境栽植的植物以多年生花卉和灌木为主。花境栽植以后常常三五年不更换，只需要中耕、施肥、保护、灌溉及局部更新即可。花境内的植物以能够露地越冬、适应性较强的多年生植物为主，要求四季美观，有季节性的交替，花境是竖向和水平的综合景观，因此很少用修剪的常绿乔木作为装饰。

花境的主题是表现观赏植物的自然美和观赏植物自然组合的群落美，所以构图不是平面的几何图案，而是植物群丛的自然景观。首先要考虑植物与植物之间、群落内部有机体之间相互作用的生物学规律，而不是单纯从图案的要求出发。花境的平面轮廓和平面布置是规则的，但是花境内部的植物配植则完全是自然式的，所以，花境是兼有自然式和规则式的特点，自始至终有明显的主调植物反复出现。

花境与自然式的花丛及带状花丛的主要区别是花境的边缘是直线或有几何轨迹可寻的曲线，线条是连续不断的，两边的边缘线是平行的，沿着边缘线至少有一种矮性植物镶边；自然式花丛及带状花丛，其四周的外缘完全是不规则的自然曲线、线条也不能平行，没有任何几何轨迹可寻。花丛的边缘没有连续不断的镶边植物，花丛的外缘也不可能用一根连续不断的曲线包围起来。因为花丛外缘常有脱离群体的单独的植株突出于花丛边缘之外，使花丛的边缘错落有致。花境内的每一株植物不能脱离群体，必须栽植在带状的种植床内。自然式花丛与外围的草地林木没有明显的界线，其边缘与周围的植物成为一种错综的混交状态；花境则与环境之间，不但有明显的边界线，而且用镶边植物加以强调。

2. 花境的类型

（1）依据植物材料不同分类

① 灌木花境 花境内应用的观赏植物全部为灌木，并以观花和观果的灌木为主。

② 耐寒多年生花卉花境 由可以露地越冬、适应性较强的多年生花卉组合而成，如鸢尾、芍药、长药景天、萱草、紫萼玉簪、耧斗菜、剪夏罗、肥皂草、荷包牡丹等等。

③ 球根花卉花境 花境内栽植的花卉为球根花卉。如百合、郁金香、大丽花、晚香玉、唐菖蒲等。

④ 一年生花卉花境 用一年生植物组成，由于费工多，且只能临时和短期应用，所以通常不用。

⑤ 专类植物花境 由一类或一种植物组成的花境，称专类植物花境。例如芍药花境、丁香花境、菊花花镜、芳香植物花境等。作为专类花境的植物，在同一类植物或同一种植物内，种类和品种的数量很大，变异也很大时才有良好的效果。如果同一种植物，只有二个变种，设计专类花境就不免单调。

⑥ 混合花境 主要指由灌木和耐寒性多年生花卉混合而成的花境。

（2）依据规划设计方式不同分类

① 单面观赏花境 花境靠近道路和游人的一边比较低矮，离开道路及游人的一边，植物逐级高大起来，形成了一个倾斜面；花境远离游人一边的背后，有建筑物或植篱作为背

景，使游人不能从另外一边去欣赏它，这种花境称为单面观赏花境。单面花境的高度可以超过游人视线。但是不能超过太多，一般不允许栽植小乔木。

② 两面观赏花境　花境设置于道路、广场和草地的中央，花境的两边，游人可以靠近去欣赏，这种花境，中央最高，两侧植物逐渐降低。这种花境没有背景，中央最高部分一般也不超过人视线的高度；只有灌木花境中央可超过视线高度。

③ 独立演进花境　独立演进的花境就是主景花境，是两面观赏的，有中轴线，必须布置在道路的中央，使花境的轴线与道路的轴线重合。

④ 对应演进花境　配景花境在园林道路轴线的左右两侧、广场或草坪的四周、建筑的四周，配置左右两列或周边互相拟对称的花境。当游人沿着道路前进时，不是侧面欣赏一侧的构图，而是整个园林局部统一的连续构图，这种花境称为对应演进花境。尤其是道路两侧的两列花境，应该以道路的轴线为中轴线，把左右两列花境当作一个构图来设计，左右两列花境要成为对应的拟对称演进，在演进的节奏上左右两列花境不可呆板对称，而要互相顾盼和应答。

3. 花境的布置和设计

（1）花境的平面布置

① 建筑物的墙基　通常称为基础栽植，当建筑物的高度不超过 4 ～ 5 层，可以用花境作基础栽植，这种装饰可使墙面与地面所成的直角的强烈对立得到缓和，使建筑物与四周的自然风景和园林风景取得调和；当建筑物的高度超过 5 ～ 6 层，不是一下就可以与四周的自然风景取得协调，所以花境就不能起作用了。

② 道路上的布置　在园林中，道路有两种目的，一种是交通的道路，以交通为主，花卉装饰是从属的；另一类道路，是以欣赏沿路的连续风景构图为主的道路，道路上用花坛来装饰的可以称为花坛路；用花境来装饰的可以成为花境路；如果应用花坛、花境和植篱混合装饰的规则式园路，可以称为规则式道路花园。如果作为花境路来规划，可以分为以下三种方式。

a. 在道路中央，布置一列两面观赏的花境。

b. 在道路的左右两侧，每边布置一列单面观赏的花境，花境的背面都有背景和行道树。

c. 在道路中央，布置一列两面观赏的独立演进花境，道路两侧布置一对对应演进的单面观赏花境。

③ 与植篱和树墙的配合　在规则式园林中，常常在修剪的植篱或由常绿小乔木修剪而成的树墙前方布置花境，花境可以装饰树墙单调的立面基部；树墙可以作为花境的单纯背景，二者交相辉映，十分动人。花境的前面常配置园路，以便游人欣赏。

④ 与花架、绿廊和游廊配合　花境是连续构图，最好是沿着游人喜爱的散步道路去布置。在雨天，游人常常沿着游廊走，尤其是中国园林建筑，游廊特别多，在夏季有阳光的时日，游人常常在花架和绿廊底下游憩，所以沿着游廊、花架和绿廊来布置花境，能够大大提高园林的风景效果。花架、游廊、绿廊等建筑物台基的立面前方可以布置花境，游人在散步时可以沿路欣赏两侧的花境，花境又可以装饰花架和游廊的台基。

⑤ 与围墙和阶地的挡土墙配合　花园、公园的围墙，阶地的挡土墙，建筑院落的围墙，由于距离很长，立面很单调，为了绿化这些墙面，可以应用藤本植物，也可以在围墙的前方布置单面观赏的花境，墙面可以作为花境的背景，花境的外侧再布置园路，阶地挡土墙的正面布置花境是最合适的，可以使生硬的阶地地形变得美观起来。

（2）花境的种植床和内部的植物配植

① 花境的种植床　花境的种植床应稍稍高出地面，在种植床有边缘石镶边的情况下，

花境植床高度与花坛相同，但花境常常没有边缘石镶边，在这种情况下，植床的外缘与道路或草地相平，中央高出7～10cm，以保持2%～4%的排水坡度。

花境种植床的宽度　单面观赏的多年生草本花境，最理想的宽度为3～4m，灌木花境可加宽到5m。两面观赏的花境宽度为4～8m。

② 花境的背景　两面观赏的花境不需要背景，单面观赏的花境需要有背景，花境的背景可以是装饰性的围墙，也可以是格子篱，格子篱的色彩可以是绿色的或白色的，最理想的背景是常绿树修剪成的绿篱和树墙。花境与背景之间可以有一定距离，也可以不保留距离。

③ 花境的镶边植物　两面观赏的花境，两边都要用植物来镶边，单面观赏的花境，靠道路一边，要用植物来镶边。镶边植物可以是多年生草本，可以是常绿矮灌木，也可以是草皮，镶边植物最重要的特征，必须四季常绿或非常美观，最好为花叶兼美的植物，例如马蔺花、酢浆草、葱兰等。也可以应用常绿小灌木，如矮黄杨等，但是这些植物必须是矮生的。草本花境的镶边植物不宜超过15～20cm，灌木花境的镶边植物不宜超过30～40cm，必须常绿栽植成为单行直线排列。花境也可以用草皮镶边，草皮的宽度不宜太狭，至少40cm以上，宽的可以到60～80cm，并经常用快刀切成规则的带形，以免妨碍植床内花卉的生长，花境镶边的小灌木要经常修剪。

④ 花境内部的植物配植　花境的背景和镶边植物是完全规则式的，花境内部的植物配植是自然式的，植物是高低参差不齐的，并不依据一定的几何纹样来组织植物。

花境是一个半自然式的连续景观，在构图中有主调、基调和配调，个体花境是连续不断的，每个个体花境没有起点、高潮、结束等重点和顶点。整个花境自始至终以同一个调子演进，演进的花境常常用道路、绿篱、矮墙、树墙来隔断，花境隔断以后，另一个连续的花境可以转调演进。

花境演进的最小单元就是自然式的花丛；这个最小单元的花丛组合，是5～10种以上的植物自然混交而成；有主景，配景和背景之分，要高低参差；色彩上有主色、配色、基色之分，同时又要成为块状及点状混交，色彩上要对比与调和相统一；在植物的线形、叶形、姿态及枝叶分布上，也要做到多样统一的组合；这个花丛的组合，还要照顾到春去秋来的季节交替，在立面上花卉要有高低起伏，花丛内植物的多度也要不同。

把这样的一个自然式花丛进行反复演进，或变化反复演进，就可以构成整个花境，或者由不同的两三个自然式花丛进行交替反复演进，也可以构成整个花境。每个演进单元的花丛如果安排了季节的交替，那么整个花境也就有季节的交替，而且每一季节都有一个主调。

（3）花境设计图的制作

① 平面布置图要求与花坛设计相同，比例尺为（1:100）～（1:500），画出花境边线、绿篱、道路等。

② 种植施工图　一般不需要立面图，只需要平面图，图纸比例尺为（1:40）～（1:50）即可，只要把花卉所占位置用线条围起来即可，通常一种几株花卉成为一丛。画出范围，标出数字，或直接写上学名都可以。全部花卉的数量要标出。

三、花台与花池

1. 花台

在较高的栽植床内，以花草、灌木、小乔木、山石组成的规则式或自然式的植物景观。花台的高度通常为0.5～0.8m。规则式花台栽植床轮廓为规则的几何形体，床内花木多作规则栽植，近代规则式花台还常做成不同高程的立体组合式。自然式花台栽植床边缘由自然山石高低错落组成，床内花草、树木及山石自然参差布置成山水画般的景观。

花台常用植物有松、梅、牡丹、芍药、腊梅、月季、玉簪、麦冬、沿阶草等。

2. 花池

为中国传统花卉栽植方式之一。其特点是栽植床与地面高程相近，边缘以山石瓦镶成自然弯曲的外形轮廓，池内灵活配植花木、山石。

第四节　乔灌木的种植设计

一、乔灌木的特性

乔木和灌木都是直立的木本植物，在园林中的综合作用很大：不仅可改善环境小气候，而且可供游人纳凉，具有分隔园林空间及与建筑、山体、水体组景等作用。在园内所占的比重较大，如果说园林中的山体、地形是园林的骨架，那么乔灌木则是园林的肌肉和外装，乔木的树干明显、粗壮，具庞大的树冠，多数乔木树冠下可供游人活动、乘凉纳荫，构成伞形空间。乔木可孤植，也可群植，是竖向的主要绿色景观，既可作主景，也可作配景和背景；还可与灌木组合形成封闭空间。因乔木有高大的树冠和庞大的根系，故一般要求种植地点有较大的空间和较深厚的土壤。

灌木多呈丛状，主干不明显，树冠较矮小。由于枝条密集，树叶满布，又多花、果，故是很好的分隔空间和观赏的植物。在防风、固沙、消减噪声和防尘等方面都优于乔木。耐阴的灌木可以和大乔木、小乔木、地被植物组合成为立体绿化景观。灌木可独立栽植在草地中，也可成排成行种植呈绿墙状。灌木由于树冠小，根系有限，因此对种植地点的空间要求不大，土层也不必很厚。

二、乔灌木种植的类型

按照树木的生态习性，运用美学原理，将乔木、灌木、藤本依其姿态、色彩、干形进行平面和立面的构图，使其具有不同形式的有机组合，构成千姿百态的美景，创造出各种引人入胜的树木景观，称为树木造景。园林内的树木造景按照不同的配置形式，可分为自然式配置和规则式配置。孤植、丛植和群植主要用于配植自然式树木景观，列植主要用于规则式树木配植，对植与林植则既可用于自然式，也可用于规则式。

1. 自然式配置

在平面和立面的构图中，把树木按照不规则的株行距进行组合的配置形式称为自然式配置。在自然式配置中又分为孤植、丛植、群植和林植。

（1）孤植

是指乔木孤立种植的表现，又叫孤立树，有时也可以用两株乔木或三株乔木紧密栽植，但必须是同一树种，相距不超过1.5m。孤植树下不能配置灌木，可设石块和座椅，孤植树所表现的主要是树木的个体美。

① 可作为孤植树的植物具有突出的个体美

a. 体形巨大，树冠伸展，给人以雄伟、深厚的艺术感染。如柳树、榆树等。

b. 姿态优美、奇特。如油松、雪松、榕树、七叶树等。

c. 开花繁茂，果实累累。开花繁茂的如山杏、榆叶梅、毛樱桃、李等，开花时，给人以华丽浓艳，绚烂缤纷的艺术感染；结果的如接骨木、忍冬、荚蒾等，硕果累累，引人暇思。

d. 芳香馥郁，给人以香沁肺腑的美感。如丁香、玫瑰、黄刺玫等。

e. 具有彩色叶。指秋天变色或常年红叶的树种如茶条槭、火炬树等。给人以霜叶照眼、秋光明净的艺术感受，如白桦、红叶李等。

② 生长健壮、寿命长，能经受住大自然灾害的树种。不同地区应以本地区的乡土树种中经过考验的大乔木为宜。

③ 因孤植树是独立存在于开敞空间中，得不到其他树种的保护，故须选用抗旱、耐烟尘、喜阳的树种。需要小气候温暖的树木不适宜作孤植树。另外，所选树木应是不含毒素和易于落污染性花果的树种，以免妨碍游人在树下休息（图8-4-1）。

图8-4-1　孤植树景观

孤植树在设计中多处在绿地平面的构图中心和园林空间的视觉中心而成为主景。孤植树非常引人注目，具有强烈的标志性、导向性和装饰作用，供观赏和庇荫之用。

对孤植树的设计要特别注意的是做到"孤树不孤"，即孤植树要有开阔的空间，要以草坪作地被，以其他树木作陪衬，以蓝天或山体作背景，共同组合成为一个优美的有机整体。为了取得最佳的观赏效果，应按规定留出立面、平面观赏视距。孤植树的树种选择，除姿态、色彩、干形外，为了立见效果，应选择慢生树种的大规格树木，除特殊需要外，一般应以乡土树种为主，这样的孤植树长寿、稳定，易于长期观赏。适合作孤植树的乔木树种有银杏、紫椴、小叶朴、五角枫、黄菠萝、核桃楸、花楸、榉树、白桦、悬铃木、樟树、白玉兰、广玉兰、樱花、榕树、木棉、凤凰树、鱼尾葵、针葵、落叶松、油松、雪松、云杉、冷杉、华山松、白皮松等。体型大、枝叶繁茂、花朵密集的花灌木独株或几株组合在一起，也可以作为孤植树，如黄刺玫、紫丁香、玫瑰、忍冬、菱叶绣球、金丝桃等。

孤植树的布置场所　孤植树在园林中的比例不能过大，但在景观效果上作用很大，往往是园林植物构图的主景，在园林中规划位置要突出，一般多布置在以下场所。

① 开朗的大草坪或林中空地的构图重心上，与周围景物取得均衡和呼应。要求四周空旷，不仅要保证树冠有足够的生长空间，而且要有一定的观赏视距，一般适宜的观赏视距为树木高度的4倍左右。

② 设置在开朗的河边、湖畔、用明朗的水色作背景，游人可以在树冠的庇荫下欣赏远景和水上活动，下斜的枝干还可以构成自然形状的框景，悬垂的枝叶也是添景的效果，如桂林水畔的大榕树。还可设在山坡、高岗和陡崖上与山体配合。山坡、高岗的孤立树下可以纳凉眺望；陡崖上的孤植树具有明显的观赏效果，如黄山迎客松（图8-4-2）。

③ 桥头、自然园路或河溪转弯处。种植在上述地点的孤立树具有吸引游人视线、标志景观位置的诱导作用，故称作园林导游线上的诱导树。这种诱导树要求有明显的个体美。

④ 建筑院落或广场中心。设在由园林建筑组成的小庭院中时，孤立树的选择要考虑空间大小，如庭院较小时，可设小乔木，如苹果、山杏、山楂等，在铺装场地设孤植树时要留有树池，树池上架座椅，保证土壤的松软结构。在规则式广场中的孤植树可与草坪、花坛、树坛结合，但面积要较大，设在中心的孤立树冠幅可小些，树形匀称，一般采用尖塔形或卵圆形的针叶树。

（2）丛植

由两株至十几株同种或不同种的乔木或乔木与灌木，按高低错落组合在一起的配置形式。丛植的方式主要运用在自然式园林中。配置树丛的地点可以是自然植被或草地、路旁、水边、山地和建筑四周。树丛既表现树木组合的群体美，同时又表现其组成单株的个体美，所以，选择树丛的单株树木条件与孤植树相似，要求在庇荫、树形姿态、色彩、开花或芳香等方面有特殊价值的树木。

图8-4-2　黄山迎客松

丛植中树木配置的构图要注重主体与客体的协调，在统一中有变化，对比中有均衡。这样配置的树丛才会高低相宜，错落有致，画面悦目，景观优美。我国画理中有"两株一丛的要一俯一仰；三株一丛的要分主宾；四株一丛的则株距要有差异"的论述，正符合丛植配置中的构图原则。在丛植的配置中，有两株、三株、四株、五株到十几株等配置形式。

① 两株配置　两株树木搭配，在构图上须符合多样统一的原理。首先必须有其通相，才能使二者统一起来，同时又必须有其殊相，才能使二者有变化和对比。在平面上要一前一后，立面上要一高一低，或一俯一仰，这样才能在对比中求均衡，使画面生动（图8-4-3）。切忌两株平头并列，或树种差异过大。两株树丛的栽植距离不能过远，其间距应小于两树冠的半径之和，这样才能成为一体，如果两株距离大于大树的树冠时，就变成二株独立树了，没有树丛的感觉。不同种的树木，如果外观上十分类似，可考虑在一起。如桂花和女贞为同科不同属的树木，外观相似，又同为常绿阔叶乔木，配植在一起时很谐调。由于桂花的观赏价值较高，故在配植上要将桂花放在重要位置，女贞作为陪衬。又如红皮云杉与鱼鳞云杉相配，也可取得调和的效果。同时，即便是同一树种，如果外观差异过大，也不适合配植在一起，如龙爪柳与馒头柳同为旱柳变种，配在一起就不调和。

② 三株配置　三株树木搭配，三株树丛的配合最好采用在姿态、大小有差异的同一树种（图8-4-4）。如果有两个不同树种，也应同为常绿树或同为落叶树、同为乔木或同为灌木。三株树的组合最多用两个不同树种，而且占两株数量的树种应该是树丛的主体，占一株的树种则为陪衬，忌用三个不同树种。在平面布置上要使三株树形成不等边、不等角的任意三角形，立面上以一树为主，其余两树为辅，构成主从相宜的画面。树种选择可全为乔木，也可乔灌结合，但主体树木应为乔木，也可乔灌结合。

③ 四株配置　完全为一个树种，或最多只能应用两种不同树种，而且必须同为乔木或同为灌木，如果应用三种以上的树种，或大小悬殊的乔灌木合用，就不容易调和；如果是外观极相似的树木，则可超过两种以上，原则上四株的组合不要乔灌木合用。

图8-4-3　两株配植平面和实景图

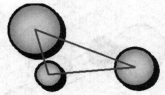

图8-4-4　三株配植平面图

树种上完全相同时，在形体上、姿态上、大小上、距离上、高矮上求不同。

四株搭配，应为一株与三株相结合。平面上，四株分布在不等边四边形的四个角顶上，立面上，主体树则在四株树的组合中形成一对三的关系，这样的配置才能均衡（图8-4-5）。

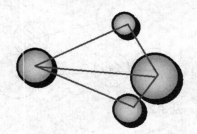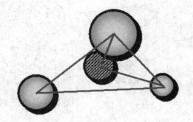

图8-4-5　四株配植平面图

④ 五株配置　五株在平面上可分为1∶4或2∶3的搭配，形成不等边的五边形或四边形的形式。立面上，株数多的组合为主体，其他为陪衬。主体的树木应在树形、色彩上耀眼夺目，这样才能主从分明，统一中有变化，静观才活泼动人（图8-4-6，图8-4-7）。

其中一株的树木不能是最大的，也不能是最小的，最好是中等大的树木，这种组合方式的主次悬殊较大，所以二组距离不能过远，并且在动势上要有呼应。其中四株一组的树木配植基本与四株树丛的配植相同。另外单独一株成组的树木又可与四株一组中的两株或三株组成三株树丛与四株树丛相似的组合（图8-4-8）。

树木的配植，株数越多就越复杂，但分析起来，孤植树是基本，两株丛植也是基本。三株是由两株、一株组成，四株又由三株、一株组成，五株则由一株、四株或三株、两株组成。如果弄熟了五株的配植，则六、七、八、九株均无问题，《芥子园画谱》中说："五株既熟，则千株万株可以类推，交搭巧妙，在此转关"。

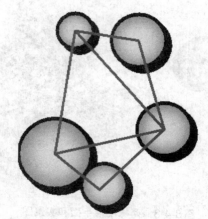

图8-4-6　同一树种五株配置的平面图

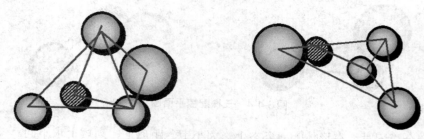

图8-4-7　不同树种五株配置的平面图

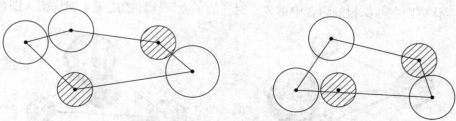

图8-4-8　三种树种五株一丛3:2组合

⑤ 六株以上的配置　六株至十几株的树木配置方法，也是按照丛植的构图要求来搭配的。六株配置可按两株对四株；七株配置可按三株对四株或两株对五株；八株的配置可按三株对五株；九株配置可按四株对五株或三株对六株；十株配置可按四株对六株或三株对七株；十一株配置可按四株对七株或三株对八株等。多株配置要有主体和配体，之间要均衡协调。切忌对比过于强烈，避免株数上过于悬殊，同时也要自然有序，避免杂乱无章。十五株以下的树丛，树种最好不要超过五种。如果外观很相近的树木，可以多用几种。山石也可作为树木之一来配置，树丛之下还可以配置宿根花卉。

树丛和孤植树一样，在树丛周围，尤其是主要方向，要留出足够的鉴赏距离，通常最小的视距也应是树高的四倍，视距内要空旷。如果树丛的主要观赏面的视距能达到树高的十倍，视野便较开阔了。树丛可做主景，也可与其他景观形成对景；在道路交叉口和道路的拐弯处可作为屏障，结合道路组合空间；公园大门两侧也可结合不对称的大门建筑配植树丛。树丛又是园林建筑、园林雕塑等小品设施的很好背景，在色彩、形态方面都可起到衬托作用。

树丛基本上还是暴露的，受外界环境影响较大。因此不耐干旱，和阴性的植物不宜选用。在丛植中还有一种整形树木自然配置的形式，即选择耐修剪的常绿或落叶乔灌木，按丛植的配置形式进行组合栽植，再以主从关系修剪成圆形、卵形等，在绿地上或作为主景，或配置在坡地上，或与建筑相陪衬，其景观效果生动别致，别有一番情趣。

丛植的配置是最基本的配置方法，也是园林植物造景常用的配置形式。多用于园林中开阔的草坪上、河湖水体的边缘和绿地的显要位置上，是园林绿地的主要景观。

丛植的树种可以选择常绿、落叶乔木和灌木，将它们按配置的原则进行有机搭配，使之成为生态合理、构图完整、千姿百态的树木景观。

（3）群植

以1～2种乔木为主，组成树群的单株树木数量一般在20～30株以上。加上其他种类的乔灌木，共同组合成大片的树木群体的配植形式。群植这一配植形式多用于公园绿地中的围合、隔离、遮蔽，以形成不同的园林空间。树群应该布置在有足够距离的开朗场地上，例如靠近林缘的大草坪上、宽阔的林中空地、水中的小岛屿、有宽广水面的水滨、小山山坡上和土丘上。

群植在平面布置上，应突出主景树丛，配景树丛或环绕，或衬托。树木的搭配要按照自然式树丛的配置原则进行栽植，以形成主从分明、高低错落的园林景观（图8-4-9）。

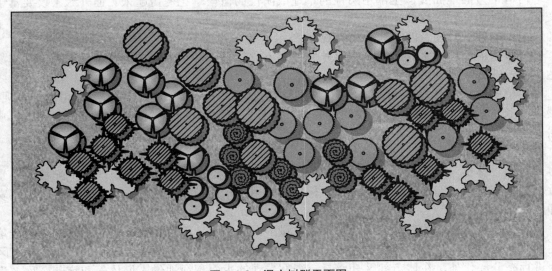

图8-4-9　混交树群平面图

树群是由许多树木组合而成的，规模远远比孤立树和树丛大，因此在树木的组合上，就应考虑群体生理、生态等多方面的要求，树群的规模不宜太大，因其与密林不同，仍是一个暴露的群体，受外界环境的直接影响很大。树群在构图上的要求是四面空旷，树群组成内的每株树木在群体的外貌上都要起到一定作用。也就是每株树木都要能被鉴赏者看到，如果规模太大，将不利于构图和土地利用，因为树群不允许游人进入，所以其规模一般是长度和宽度都在50m以下（特别巨大的乔木组成的树群可以更大些）。树群的组合方式最好采用郁闭式和成层的结合。

树群组合的基本原则：从高度来讲，乔木层应该分布在中央，亚乔木层在外缘，大灌木、小灌木在更外缘，这样可以不互相遮掩，但是其任何方向的断面，不能像金字塔那样机械，应该像桂林的山峰那样起伏有致，同时在树群的某些外缘可以配植一两个树丛及几株孤立树木。

树群内植物的栽植距离也要各不相等，要有疏密变化。任何三株树不要在一条直线上，要构成不等边三角形，切忌成行、成排、成带的栽植，常绿、落叶、观叶、观花的树木，其混交的组合不可用带状混交，又因面积不大，也不可用片状、块状混交。应该应用复层混交及小块状混交与点状混交相结合的方式。小块状是指2～5株的结合，点状是指单株。有些城市的公园中，一个树群，半边是常绿的，半边是落叶的，应该改进。

树群中树木栽植的距离不能根据成年树木树冠的大小来计算，要考虑水平郁闭和垂直郁闭，各层树木要相互庇覆交叉，形成郁闭的林冠。同一层的树木郁闭度在0.3～0.6较好。疏密应该有变化，由于树群的组合，四周空旷，又有起伏断续，因此边缘部分的树冠，仍然能够正常扩展，但是中央部分及密集部分就可郁闭，不同层次树木之间的栽植距离，可以比树冠小，阴性树木可以在阳性树冠之下，树冠就可以互相重叠庇覆。

树群内，树木的组合必须很好地结合生态条件。在某些城市中看到，在玉兰的乔木树群之下，用了阳性的月季花作为下木，但是强阴性的东瀛珊瑚（Aucuba japonica）却暴露在阳光之下。作为第一层的乔木应该是阳性树，第二层亚乔木可以是半阴性的，分布在东、南、西三面外缘的灌木，可以是阳性或强阳性的，分布在乔木庇荫下及北面的灌木可以是半阴性的，喜暖的植物应该配植在南和东南方。

树群下方的地面应该全部用阴性的草地或阴性的宿根草花覆盖起来。但外缘不仅要富于变化，而且切忌外缘连续不断。

树群的外貌要注意四季的季相美观。

一般树群应用树木种类（草本除外）最多不宜超过十种，否则构图就杂乱无章，不容易达到统一的效果。

群植的树种选择以乔木为主。为保持群植树丛的形态稳定，主景乔木多选用树形美观、慢生寿长的树种，如银杏、紫椴、黄菠萝、枫杨、樟树、国槐、木棉、榕树、油松、白皮松、南洋杉、云杉、冷杉、侧柏等。

（4）林植

所谓"林植"，就是指园林树木按照较大的郁闭度要求，在较大面积地域中配植成风景片林的栽植方式，即指风景林的栽植。林植的作用是构成植物景区、作为园林背景、提供安静的休息环境等。

森林是大量树木的总体名称，它不仅数量多，面积大，而且具有一定的密度和自然群落的外貌；对周围环境及地区性的气候有着明显的影响。为了保护环境、美化城市，除在市区内进行充分绿化外，在城市郊区开辟具有森林景观的大面积绿地供人们休养和疗养，称之为森林公园。这些林地从数量上、面积上及环境效益上都不能与天然森林相比，但不同于园林中的孤立树、树丛、树群等零星分散的林木，这种较大面积的林地又必以一定的艺术布局供人们享用。这种形式多用于面积较大的公园、风景林、疗养区、生态林和休闲林等。

根据风景林内部树木的郁闭度（密度），可将风景林分为密林与树林两类。

① 密林　林地郁闭度在0.7～1.0的单纯或混交树林都称为密林。密林的特点是阳光很少透入林内，林地湿度大，土壤含水量高，不耐践踏。为方便人们进入林内可修筑高于地面的园路，最好是修建高于地面的栈桥，这样不但能保护地面植被，也不破坏周围环境，是保护生态环境的好办法。

密林的树木配置在平面上为不规则布置，林缘线富于变化。立面上要有高低变化使林冠线有起伏，这样的森林景观才会有深远壮阔之美。密林分为同种类的单纯密林和不同种类混栽的混交密林。

a. 单纯密林　单纯密林是由一个树种组成的郁闭密林，单纯密林没有垂直郁闭的景观美，单纯林的郁闭是属于水平郁闭的，为了补救这一缺点，单纯林的种植株行距要有自然疏密的变化，不宜成行成排，三株树木不能连成一条直线。要随着地形的起伏，造成林冠线的变化，在高地上应该栽植最高的树苗，低地栽植较低矮的树苗，其次单纯林的林缘线应该更富于断续和变化，外缘应该配以同一树种的树群、树丛和孤立树。其中最大、树姿最美好的树苗应该选为孤立树。

由于单纯林的垂直景观不丰富，就须以林下与林缘的地被植物弥补。因此，单纯林的水平郁闭度最好在0.7～0.8，不宜太高，应留有一定的光线透过，这样既可增加林中的光线明度，便于对草本植被进行鉴赏，又利于其生长发育。

纯林的树种选择很重要。为克服纯林季相变化不丰富的缺点，应该采用具有观赏特征，生长健壮的地方树种，使其具有明显的地方特色。如杭州风景区一般选用马尾松、桂花、枫香、紫楠、金钱松、鸡爪槭等；北京选用油松、白皮松、桧柏、平基槭、山荆子、河北杨、青杨、毛白杨、国槐、白蜡等；哈尔滨则可选用樟子松、红皮云杉、小青杨、小叶杨、柞树、白桦、山杨等。除多岩石的山坡和为防止水土流失的地区可以栽植大片灌木林，防止水土流失，形成高山灌丛景观外，一般园林中不宜选用灌木营造大面积的纯密林。

b. 混交密林　混交密林是水平方向与垂直方向都可达到郁闭的植物群落，作用占主要地位。混交密林具有成层结构，三层的即乔木层、亚乔木层与草本层，或乔木层、灌木层、草本层；五层的即大乔木层、小乔木层、大灌木层、小灌木层、草本层，也可以是六层的即大乔木层、小乔木层、大灌木层、小灌木层、高草层、低草层，其组合的情况与树群相似，但是规模比树群要大得多，组合方式也不如树群那样精致。

组合的时候，不仅要考虑地上部分的层次组合效果，还要考虑地下根系深浅的各层之间的关系。树群内部植物之间的生物学均衡尚需多加人工养护和控制；而密林内部的生物学均衡主要以自然均衡为主而人工为辅。

供游人欣赏的林缘部分，其垂直成层构图要十分突出，但也不能全部塞满，应有实有虚，有远有近，使人感到林中有幽邃深远之美。为使游人深入林地，在密林中可以设自然式园路通过，沿路两侧的树木，水平郁闭度可大些，以便游人庇荫；而垂直的郁闭度要小，使游人在围合的空间中能有较大的视距。不论水平郁闭，还是垂直郁闭，都应时大时小，有开有合，有收有放，使林中空间层层叠叠，变化无穷，不能形成狭长不变的胡同。

混交密林不同于单纯密林之处是单纯密林整齐、简洁、壮阔。混交密林华丽、多彩、丰富。从生物学特性和景观效果来看，混交密林比单纯密林要好，但二者不能偏废，结合起来使用效果更佳，只是单纯密林不宜过多。

密林的种植设计不能像树丛和树群那样精细。全部密林只要做出几块小面积的、不同类型的标准地定型设计，分别编号写出说明书即可。这种定型设计说明书要写出种苗名称、规格、种苗量、施工技术要求和程序、远近期演替计划、收益估算及投资估算等。所取标准地面积：500～1000m^2，图纸比例（1:100）～（1:250）。密林的施工最好能分年进行，尤其是混交密林，其中的上层快长乔木，须第一年施工，在成活后形成一定的庇荫条件，再进行林下的阴性下木及阴性草本植物的施工，这样一方面可避免施工时的混乱；一方面有利于植物的成活和管理。第一年林下的隙地可以利用栽植短期农作物以增加收入。

② 疏林　林地郁闭度在0.4～0.6，常与草地结合，又称疏林草地。林内可由乔木组成的纯林，又可由乔木、灌木、草地、花丛相结合组成疏密有致的风景林。

草地疏林是风景区中应用最多的一种形式，也是最吸引人游戏、休息的地方。草地疏林是以自然式布局来表现的，主要为单纯的乔木林，没有灌木。乔木稀疏地分布在草地上，株行距在10～20m，树木不成行的错落分布，最小株距不得小于成年树的树冠大小，有时可留出小块林中空地。

自然式草地疏林可分为两种类型：第一类是供游憩活动和观赏的庇荫草地疏林，第二类是供纯观赏或生产的草地疏林（图8-4-10、图8-4-11）。

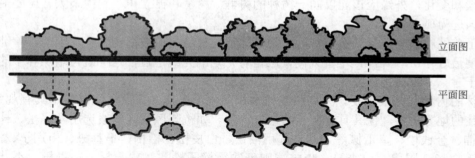

图8-4-10　林缘线与林冠线的曲折与起伏变化

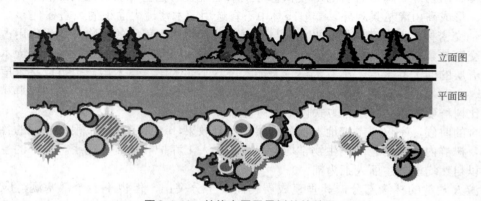

图8-4-11　林缘布置风景树丛的效果

a. 供游憩活动与观赏的庇荫草地疏林　这种草地疏林在风和日暖、鸟语花香的春秋佳日是最吸引游人的；游人可以在疏林中、草地上野餐、欣赏音乐、午睡、阅读、讨论、朗诵、游戏、打纸牌、练武和进行日光浴等活动。人们想乘凉可在树下，想日晒可在空旷草地中，这里阳光明媚，视域通透开敞。草地疏林的树种应该以具有开展伞形的树冠、树荫疏朗的落叶乔木为主，在观赏特点上，花和叶的色彩要美，枝叶的外形要富于变化，树干色泽要好，要有芳香性，不宜选用有毒和有碍卫生的树木。如杨树、柳树的雌株。

各地适宜的树种主要有：

华南地区：凤凰木、木棉、腊肠树、白兰、黄兰、大叶合欢、黄豆树、南洋楹、海红豆。

华中地区：合欢、鹅掌楸、鸡爪槭、朴树、珊瑚朴、樱花、玉兰、七叶树。

华北地区：平基槭、朴、白桦类、油松、白皮松、白蜡类、毛白杨、河北杨、棠、山荆子、胡桃、君迁子、椴树类、槐、柿子。

东北地区：樟子松、落叶松、黄菠萝、紫椴、糠椴、柞树、山槐、山丁子、赤杨、白桦类、榆树类、糖槭等。

以游憩为主的草地疏林，游人主要在草地上活动，林中一般不专设园路。但是在目前园林中游人过盛的情况下，虽然选用耐践踏的阳性禾本科植物作草地，可经受大量游人的反复践踏，但给草地带来的伤害也很严重。所以，对这种草地的使用还需因地制宜地加以控制和管理。另外，游人在草地上活动，会使树木四周土壤的通气性变差，所以选择的树种必须适应性强，生长高大，管理又十分粗放。

b. 以观赏或生产为主的草地疏林　针对第一类的管理问题，可设专供观赏、不准游人入内游憩活动的疏林草地。

观赏的草地疏林，除选用的树种为花木外，林下的草本覆地植物，主要为花地的形式，所以游人不能入内游憩，因而林下需要布置自然式园路，园路密度为10% ～ 15%，以便游人浏览。选用观赏乔木，树荫也要疏朗，以利林下多年生花卉的生长发育。林下的花地可为单纯的花地，也可为混交的花地，应用的花卉，因面积很大，最好能结合生产，由于树木密了对结实开花均不利，要种子、果实和花得到丰收，树木的株行距必须加大，株行距不能小于成年树树冠的直径大小，树木的树冠不能互相遮盖，这样，密林的方式就很不合适。草地疏林中树木的株行距一般大于成年树的树冠直径，阳光照射充足，因而树木的果实、种子、花与叶均可以得到最高的产量。

但是这种生产性的草地疏林是布置在公共园林中的，还要给游人活动和观赏，因而株行距又不能像果园与经济植物园那样规则和经济，有时为了自然错落，株行距会比最经济生产的距离大得多。树木的栽植比较自然错落，为了便于游人活动，林下要布置自然式园路：园路的密度可为10% ～ 15%，沿路要布置休息用的座椅，适当地点要布置花架与休息亭榭，在道路的交叉处及曲折处，要适当布置开花华丽的花丛、灌木丛，与常绿树作为风景的焦点以诱导游人，林下的土壤不能暴露，除了树干基部周围留出一定中耕松土范围以外，最好用美观而又有收益的多年生草本植物覆盖起来，道路还可以布置成具有一定收益的花径。

树种选择可以比较多些，除游憩为主的草地疏林应用的树种以外，在华南如荔枝、龙眼、芒果，华中如梨、杨梅、枇杷，华北如梨、苹果等也都可以应用。

草地疏林施工的种苗，最好为五年生以上大苗，为了使树冠能水平开展发育，一般均按远景距离定植，近期不用同一树种密植的办法利用土地，在空地上可以间作既能观赏，又有收益的草本植物以经济利用土地。

生产性树木栽植的最小株行距，可按专门生产的株行距计算。

除上述两类林地外，还有一种稀树草地，其特征完全与草地疏林相似，只是单株乔木间的距离可达20 ～ 30m，即比草地疏林上的乔木更加稀少，郁闭度更低，稀树草地允许游人在草地上活动。

疏林的树木种类可选择以树冠高大，树形优美的常绿、落叶乔木为主，按照自然式配置，有疏有密，有聚有散，组成不同的树群，再适当配置灌木。地表草坪最好选用耐践踏的草种，林地边缘还可以栽植宿根花卉，形成层次分明、色彩丰富的森林景观。林中也可适当点缀建筑及园林小品，但要保持森林的自然野趣，切忌人工雕琢，失去自然。

2. 规则式配置

把树木按直线或曲线的几何图形进行栽植的配置形式。规则式配置给人以雄伟气魄之感，体现一种严整大气的人工雕琢的艺术美。规则式配置有对植、片植和列植。

（1）对植

用同种或不同种的树木在轴线两侧对应栽植的配置形式。对植形式强调对应的树木在体量、色彩、姿态的一致性，只有这样，才能体现出庄严、肃穆的整齐美。

① 对称对植　在轴线两侧对应地栽植同种类、同规格、同姿态树木的配置形式。这种形式多用于宫殿、寺庙和纪念性建筑前，体现一种肃穆的气氛。也可在公园、游园、单位门

前对称栽植，以表现标志性（图8-4-12）。这种形式在平面上要严格对称，立面上高矮、大小、形状一致，这样才能充分体现出对称的一致性。

树种选择因地而异，在宫殿、寺庙和纪念性建筑前多栽植常绿针叶树，如雪松、龙柏、油松、云杉等，在公园、游园等地多选用枝叶茂密、树冠整齐的落叶乔木，如银杏、杨树、龙爪槐、樟树、刺槐、国槐、紫椴、落叶松、水杉、大王椰子、棕榈、针葵等。一些形态好、体型大的灌木，如黄刺玫、木槿、冬青、紫杉、大叶黄杨等也可用于对植。

② 拟对称对植　布置在轴线两侧的树木，只要体量均衡，并不要求树种、树形完全一致的配置形式（图8-4-13）。这种形式多用于建筑物前、园门两侧，给人一种既严整，又活泼的感觉。在平面和立面布置上，只求得色彩、大小、高低、体量上的均衡协调，所以在树种选择上不十分严格。

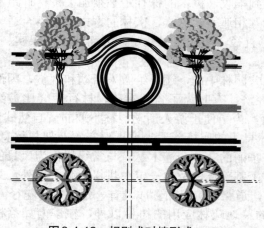

图8-4-12　规则式对植形式

图8-4-13　拟对称对植形式

（2）片植

用同种或多种乔灌木，按一定株行距成片栽植的配置形式。片植多用于林带和林地，如河道两岸的林带、公路两侧的林带、带状绿地和广场块状绿地等，形成树木规整的群体景观。片植的平面与立面设计要规则等距、高低一致，特别是林下广场的栽植设计，要求树种、规格大体一致，这样给人以整齐和有气势之感。树木栽植形式可以是纯林，也可以是混交林。树种可选择树干通直、树冠规整的银杏、国槐、刺槐、小叶朴、栾树、臭椿、白桦、毛白杨、白玉兰、广玉兰、乌桕、假槟榔、棕榈、散尾葵、油松、华山松、水杉等。在大面积的片林栽植中，可以按四季景色配植成春花、夏荫、秋色、冬青等画意浓厚的风景观赏林。

（3）列植

把树木沿直线或曲线按一定株距成单行或多行栽植的配植形式。这种形式适合于路边、河边、墙边的行列式栽植，多用于行道树、广场、工矿区、居住区、大型建筑周围的配植，在公园里，主要在园路两侧、建筑周围和规则广场的树木配植。这种配植给人以整齐一致、气势恢宏的感觉。

列植在平面上要求株行距相等，立面上树木的冠形、胸径、高矮、种类则要大体一致。在整齐划一的前提下，列植中也可以把不同种类的乔木与灌木相间栽植，但总体上要有节奏变化，不能参差不齐。

列植方式有单行列植、环状列植、顺行列植、错行列植等（图8-4-14）。

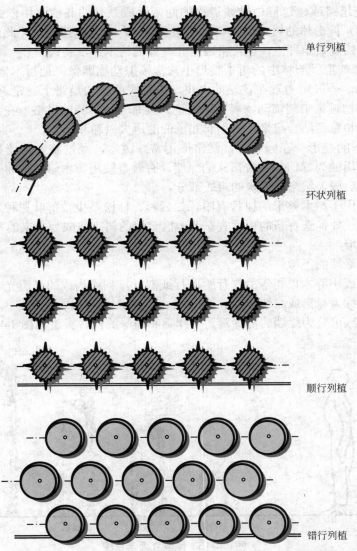

单行列植

环状列植

顺行列植

错行列植

图8-4-14　单行列植、环状列植、顺行列植、错行列植示意图

三、乔灌木的整形与绿篱类型

在规则式的园林中，为了使有生命的自然生长的植物与没有生命的、完全人工的建筑形态取得过渡和统一，对乔木和灌木进行人工修剪整形，是规则式园林的特点之一，在欧洲一些国家整形的树木配植是很受欢迎的。

1. 树木整形

为了使没有生命的建筑物与周围的树木花草取得过渡与调和，使具有强几何体形的建筑物与周围不规则的自然风景及色彩上取得过渡与统一，在必要的场合，运用一定的整形树木，还是十分必要的。

规则式园林中的整形树木，有时是建筑的组成部分，可以分为以下几种类型。

① 几何体形整形　有时起到代替雕刻的作用，可把树木修剪成球体、圆柱体、锥体、立方体以及其他复杂的几何形体。这些几何形体的树木，通常应用于花坛的中央，在连续花

坛群中央或在花坛路或建筑群中轴线道路的两侧组成系列的栽植，用以强调轴线及主要道路。有时用一对几何形体的树木以强调建筑物、园林入口或模拟门柱。此外，在规则式的铺装广场、规则式的观赏草坪上，也常常应用几何体的树木加以装饰。

② 动物体形整形　园林中的树木整形也常常模拟动物雕像，把树木修剪成孔雀、狮子、恐龙等动物形象。一般可布置在花坛的中央、中轴线两侧的道路上、建筑物或园路的进口。在动物园，用动物雕像来装饰动物展览馆的进口具有一种独特的风格。在儿童公园，如果树木的动物整形能和童话结合起来，将引起儿童们的巨大兴趣和幻想。

③ 建筑体形的整形　在园林中，常常应用常绿树木，经过整形，使其成为建筑物的组成部分，最常应用的为绿门、各种形式的绿墙，有时直接用树木修剪成为亭子的形式，有时则用树木经整形后成为纪念性建筑的组成部分。

东北地区可用于树木整形的树种有限，如云杉、杜松及少数落叶树种，这对于园林工作者是个新的挑战，如何选育新的更适宜东北地区栽植的树木将成为未来的发展方向。

2. 绿篱及绿墙

（1）绿篱及绿墙的类型

凡是由灌木或小乔木以相等的株行距单行或双行排列所构成的不透光、不透风结构的规则式小型林带，称为绿篱或绿墙。

绿篱根据高矮可分为绿墙、高绿篱、中绿篱和矮绿篱四种类型（图8-4-15）。

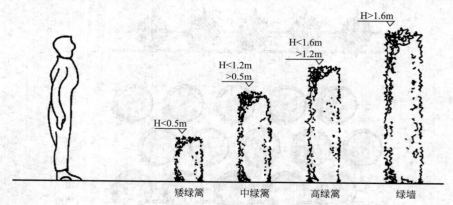

图8-4-15　绿篱立面示意图

① 绿墙　通常是在160cm高以上，主要用于遮挡视线、分隔空间和作背景用。

② 高绿篱　高度在120～160cm以下，一般人的胸高在120cm以上，人们视线可通过，但一般人不能跳跃而过，主要用作界线和作为建筑的基础栽植。

③ 中绿篱　高度在120cm以下，50cm以上，人若越过要费很大劲才行，称为中绿篱。是公园中最常用的类型，用作场地界线和装饰。

④ 矮绿篱　高度在50cm以下，人们可以毫不费事地跨过绿篱，称为矮绿篱，主要做花坛图案的边线。

绿篱这种栽植形式，由于修剪整齐、线条明晰，多用于绿地的边线、空间的分隔和园林小品的背景等，特别是规则式园林的区划，都用高绿篱、中绿篱、矮绿篱作为边线围合成几何图案，形成别具特点的空间。

绿篱根据整形修剪的不同分类。

① 整形绿篱　把绿篱修剪为具有几何形体的绿篱，称为整形绿篱（图8-4-16）。

图8-4-16　整形绿篱

② 不整形绿篱　如果仅作一般修剪，使绿篱保持一定高度，下部枝叶不加修剪，使绿篱半自然生长，并不塑造成一定的几何形体，则称为不整形绿篱。

根据功能要求与观赏要求不同分类。

① 常绿篱　由常绿针叶树或常绿阔叶树组成，为园林中常用的绿篱类型，主要树种如下。

华南地区：茶树、常春藤、观音竹、凤尾竹、蚊母树等。

华中地区：桧柏、侧柏、红豆杉、罗汉松、大叶黄杨、水蜡、冬青、雀舌黄杨、锦熟黄杨、珊瑚树、茶树等。

华北地区：桧柏、侧柏、锦熟黄杨、朝鲜黄杨等。

东北地区：杜松、红皮云杉、侧柏、桧柏。

② 花篱　由观花的乔灌木组成，为园林中比较精美的绿篱和绿墙，一般在重点地区应用，主要树种如下。

华南地区：桂花、栀子花、九里香、米仔兰、假连翘、三角花、朱槿、凌霄、迎春等。

华中地区：麻叶绣球、郁李、木槿、溲疏、锦带花、桂花、栀子花等。

华北地区：小溲疏、溲疏、锦带花、木槿、毛樱桃、欧李、三叉绣球、日本绣线菊等。

东北地区：锦带花、黄刺玫、丁香、金老梅、银老梅、日本绣线菊等。

花篱中很多是芳香花木，在芳香园中作绿篱尤具特色。

③ 彩叶篱　为了丰富园林的色彩，绿篱有时用彩叶或斑叶的观赏树木组成，可以使园林在没有植物开花的季节，也能有华丽的色彩，主要树种如下。

华南地区：红桑、金边桑、红色五彩变叶木、紫叶冬树、紫叶小檗、紫叶刺檗、金边珊瑚、黄斑叶珊瑚等。

华中地区：斑叶黄杨、斑叶大黄杨、金叶侧柏、金叶桧、金边女贞、黄脉金银花等。

华北地区：银边胡颓子、彩叶锦带花、黄斑叶溲疏、白斑叶溲疏等。

东北地区：茶条槭。

④ 观果篱　以观果为主要目的，如小檗等。观果篱以不加严重的规则整形修剪为宜，如果修剪过重，则结实率减少，影响观赏效果。

⑤ 刺篱　为防范外界侵入而用带刺植物组成刺篱，常用树种为黄刺玫、玫瑰、小檗等。不适宜于儿童区和老年活动区的应用。

⑥ 落叶篱　在我国淮河流域以南地区，除了观花篱、观果篱及彩叶篱外，一般不用落

叶树作为绿篱，因为落叶篱在冬季很不美观。我国东北地区、西北地区及华北地区，因气候和植物品种所限，常绿的绿篱树种不多，而且生长缓慢，故也采用落叶树作绿篱，主要树种有：榆树、水蜡、茶条槭、丁香、绣线菊等。

⑦ 蔓篱　在园林中或一般机关和住宅，为了能够迅速达到防范或区别空间的作用，又由于一时得不到高大的绿篱树苗，则常常先建立格子竹筒、木栅围墙或是铅丝网篱，同时栽植藤本植物，攀缘于篱栅之上，另有一种特色。

如网球场外围，为了防止网球飞越过远，增加捡球距离，因而常用铅丝网墙阻挡，这种网墙上也需要用攀缘植物加以美化。

⑧ 编篱　为了加强绿篱的防范作用，避免游人或动物的穿行，有时把绿篱植物的枝条编结起来，成为网状或格栅的形式，如杞柳等。

（2）选用绿篱绿墙树种，主要有以下几个要求。

① 萌蘖性、再生力强，容易发生不定芽，分枝，耐修剪。

② 叶片小而密，花小而密，果小而多，移植容易，能大量繁殖。

③ 生长速度不宜过快。

（3）绿篱及绿墙的园林用途

① 防范和维护作用　人类最初应用绿篱，主要是为了防范，随着历史的演变，才逐渐出现了其他用途。防范性的绿篱可以作为机关、学校、公园、果园的外围境界标志，多采用高绿篱或绿墙的形式，比砖围墙和木栅栏造价低，外观富于生趣。为切实起到防范作用，栽植初期还要借助刺铁丝先围合保护，待绿篱长大后，再撤除。如果是治安保卫性要求高的单位，不宜用树墙防范。防范性绿篱一般不用整形绿篱，采用不整形即可。

机关单位、街坊或公共园林内部的某些局部，除按一定路线通行以外，不希望行人任意穿行时，则可用绿篱围护。

例如园林中的观赏草地、基础栽植、果树区，游人不能入内的规则观赏种植区等等，常常用绿篱加以围护，不让行人任意穿行。这类绿篱围护要求较高时，可用中绿篱；如果观赏要求较高时，则可用矮绿篱加以围护。围护性绿篱一般多用整形式，观赏要求不高的地区可用不整形式。

此外绿篱还可以组织游人的路线，不能通行的地区用绿篱加以围护，能通行的部分则留出路线。

② 分隔园林空间的作用　在规则式园林中，常用树墙屏障视线和组合不同功能的空间，用树墙代替建筑的照壁、屏风墙和围墙；可以用树墙分隔开自然式空间与规则式空间，使两种不同格局的景观差异得以隐蔽。由于树墙与高绿篱属于紧密性的树带结构，是很好的防尘、隔离噪声的材料，所以常用树墙分隔儿童游戏场或文娱活动区与安静休息区的界限，也可作为公园与外界交通要道的分隔带。

③ 作为规则式园林的区划线和装饰图案的线条　许多规则式园林以中绿篱作为分区界线；以矮绿篱作花境的镶边、花坛和观赏草坪的图案花纹。作为装饰模纹用的矮绿篱，一般用黄杨、波缘冬青、九里香、大叶黄杨、桧柏、日本花柏等为材料，其中以雀舌黄杨和欧洲紫杉最为理想。因为黄杨生长缓慢，纹样不易走样，比较持久。比较粗放的纹样也可以用常春藤组成。

④ 作为花境、喷泉、雕像的背景　西方古典园林中，常用欧洲紫杉（*Taxus baccata*）及月桂树（*Laurus nobilis*）等常绿树，修剪成为各种形式的绿墙作为喷泉和雕像的背景，其高度一般要与喷泉和雕像的高度相称，色彩以没有反光的暗绿色树种为宜。作为花境背景的绿篱一般均为常绿的高绿篱及中绿篱。

⑤ 美化挡土墙　在规则式园林中，在不同高程的两块台地之间的挡土墙，为避免在立面上的单调枯燥，常在挡土墙的前方栽植绿篱，把挡土墙的立面美化起来。

第五节　水体植物种植设计

凡生长在水中或湿土壤中的植物通称为水生植物，包括草本植物和木本植物。在园林中，对水生植物的分类按其生活习性、生态环境，可分为浮叶植物（浮叶花卉）、挺水植物（挺水花卉）、沉水植物（观赏水草）、海生植物（红树林）以及沿岸耐湿的乔灌木等滨水植物。在水景设计中应用较多的有浮叶植物如睡莲（*Nymphaea tetragona*）、芡实（*Eunvale ferox*）、萍蓬（*Nuphar pumilum*）、荇菜（*Nymphoides peltatum*）、菱（*Trapa bispinosa*）等；挺水植物如荷花（*Nelumbo nucifra*）、菖蒲（*Acorus calamus*）、小香蒲（*Typha minima*）、水葱（*Scirpus validus*）、千屈菜（*Lythrum salicaria*）、芦苇（*Phragmites communis*）、燕子花（*Iris laevigata*）等；滨水乔灌木如落羽杉（*Taxodium distichum*）、水杉（*Metasequoia glyptostroboides*）、水竹类（*Bambusoideae*）、木芙蓉（*Hibiscus mutabilis*）、水松（*Glyptostrobus pensilis*）等。至于水生植物造景，就是以适生的、具观赏价值的水生植物为材料，科学合理地配置水体并营造景观，充分发挥水生植物的姿韵、线条、色彩等自然美，力求模拟并再现自然水景，最终达到自身的景观稳定。适宜的植物配植可以丰富园林的水景，增强水体的艺术感染力。

一、水边的植物配植

1. 水边植物配植的艺术构图

（1）色彩构图

淡绿透明的水色是调和各种园林景物色彩的底色，如水边碧草、绿叶，水中蓝天、白云。对绚丽的开花乔灌木及草本花卉或秋色具衬托的作用。如英国某苗圃办公室临近水面，办公室建筑为白色墙面，与近旁湖面间铺以碧草，水边配植一棵樱花、一株杜鹃，水中映着蓝天、白云、白房、粉红的樱花、鲜红的杜鹃。色彩运用非常简练，倒影清晰，景观活泼又醒目。南京白雾洲公园水池旁种植的落羽松和蔷薇，春季落羽松嫩绿色的枝叶像一片绿色屏障衬托出粉红色的十姐妹，绿水与其倒影的色彩非常调和；秋季棕褐色的秋色叶丰富了水中色彩。上海动物园天鹅湖畔及杭州植物园山水园湖边的香樟春色叶色彩丰富，有的呈红棕色，也有嫩绿、黄绿等不同的绿色，丰富了水中春季色彩，并可以维持数周效果。如再植以乌桕、苦楝等耐水湿树种，则秋季水中倒影又可增添红、黄、紫等色彩。

（2）线条构图

平直的水面通过配植具有各种树形及线条的植物，可丰富线条构图。英国勃兰哈姆公园湖边配植钻天杨、杂种柳、欧洲七叶树及北非雪松。高耸的钻天杨和低垂水面的柳条与平直的水面形成强烈的对比，而水中浑圆的欧洲七叶树树冠倒影及北非雪松圆锥形树冠轮廓线的对比也非常鲜明。我国园林中自古水边也主张植以垂柳，造成柔条拂水、湖上新春的景色。此外，在水边种植落羽、池杉、水杉及具有下垂气根的小叶榕均能起到线条构图的作用。另外，水边植物栽植的方式，探向水面的枝条，或平伸、或斜展、或拱曲，在水面上都可变成优美的线条。

（3）透景与借景

水边植物配植切忌等距种植及整形式修剪，以免失去画意。栽植片林时，留出透景线，利用树干、树冠框以对岸景点。如颐和园昆明湖边利用侧柏林的透景线框万寿山佛香阁这组景观。英国谢菲尔德公园第一个湖面，也利用湖边片林中留出的透景线及倾向湖边的地形，引导游客很自然地步向水边欣赏对岸的红枫、卫矛及北美紫树的秋叶。

一些姿态优美的树种，其倾向水面的枝、干可用作框架，以远处的景色为画，构成一幅自然的画面。如南宁南湖公园水边植有很多枝、干斜向水面、弯曲有致的台湾相思，通过其枝、干，正好框住远处的多孔桥，画面优美而自然。探向水面的枝、干，尤其似倒未倒的水边大乔木，在构图上可起到增加水面层次的作用，并且富有野趣，如三潭印月倒向水面的大叶柳。

园内外互为借景也常通过植物配植来完成。颐和园借西山峰峦和玉泉塔为景，是通过在昆明湖西堤种植柳树和丛生的芦苇，形成一堵封闭的绿墙，遮挡了西部的园墙，使园内外界线无形中消失了。西堤上六座亭桥起到空间的通透作用，使园林空间有扩大感。当游人站在东岸，越过西堤，从柳树组成的树冠线望去，玉泉塔在西山群峰背景下，似为园内的景点。

2. 驳岸的植物配植

岸边植物配植很重要，既能使山和水融为一体，又对水面空间的景观起着主导的作用。驳岸有土岸、石岸、混凝土岸等。自然式的土驳岸常在岸边打入树桩加固，我国园林中采用石驳岸及混凝土驳岸居多。

（1）土岸

自然式土岸边的植物配植最忌等距离，用同一树种、同样大小，甚至整形式修剪，绕岸栽植一周。应结合地形、道路、岸线配植，有远有近，有疏有密，有断有续，曲曲弯弯，自然成趣。如英国园林中自然式土岸边的植物配植，多半以草坪为底色，为引导游人到水边赏花，常种植大批宿根、球根花卉，如落新妇、围裙水仙、雪钟花、绵枣儿、报春属以及蓼科、天南星科、鸢尾属、毛茛属植物。红、白、兰、黄等色彩缤纷，犹如我国青海湖边、新疆哈纳斯湖边的五花草甸。为引导游人临水观倒影，可在岸边植以大量花灌木、树丛及姿态优美的孤立树，尤其是变色叶树种，一年四季具有色彩。土岸常少许高出最高水面，站在岸边伸手可及水面，便于游人亲水、嬉水。我国上海龙柏饭店内的花园设计属英国风格，起伏的草坪延伸到自然式的土岸、水边。岸边自然式配植了鲜红的杜鹃花和红枫，衬出嫩绿的垂柳，以雪松、龙柏为背景，水中倒影清晰。杭州植物园山水园的土岸边，一组树丛配植具有四个层次，高低错落。延伸到水面上的合欢枝条以及水中倒影颇具自然之趣。早春有红色的山茶、红枫，黄色的南迎春、黄菖蒲，白色的毛白杜鹃及芳香的含笑；夏有合欢；秋有桂花、枫香、鸡爪槭；冬有马尾松、杜英。四季常青，色香兼备。

（2）石岸

规则式的石岸线条生硬、枯燥。柔软多变的植物枝条可补其拙。自然式的石岸线条丰富，优美的植物线条及色彩可增添景色与趣味。苏州拙政园规则式的石岸边种植垂柳和南迎春，细长柔和的柳枝下垂至水面，圆拱形的南迎春枝条沿着笔直的石岸壁下垂至水面，遮挡了石岸的丑陋。一些大水面规则式石岸很难被全部遮挡，只能用些花灌木和藤本植物，如夹竹桃、南迎春、地锦、薜荔等来局部遮挡，稍加改善，增加些活泼气氛。

自然式石岸的岸石，有美、有丑。植物配植时要露美、遮丑。苏州网师园的湖石岸用南迎春遮得太满，北京北海公园静心斋旁的石岸、石矶也被地锦几乎全覆盖，不分美、丑，失去了岸石的魅力。

3. 水边绿化树种选择

水边绿化树种首先要具备一定耐水湿的能力，另外还要符合设计意图中美观的要求。我国从南到北常见应用的树种有水松、蒲桃、小叶榕、高山榕、水石梓、紫花羊蹄甲、水麻黄、椰子、蒲葵、落羽松、池杉、水杉、大叶柳、垂柳、旱柳、水冬瓜、乌桕、苦楝、悬铃木、枫香、枫杨、三角枫、重阳木、柿、桑、柘、梨属、白蜡属、柽柳、海棠、香樟、棕榈、无患子、蔷薇、紫藤、南迎春、连翘、棣棠、夹竹桃、桧柏、丝棉木等。

二、水生植物配植

1. 水生观赏植物配植要点

① 不要把池面种满，最多60% ～ 70%的水面浮满叶子或花就足够了。

② 注意一株水生植物种植后能占用的面积有多大。如一株睡莲种下去，占地1 ～ 2m²，但发出的枝叶却足够100m²池塘的享用，也就是用1% ～ 2%的地方种植物，像睡莲、萍蓬草、荇菜之类，将是满池浮叶停不住的发展。

③ 直立的一类，如香蒲、灯心草、菖蒲、芦苇等，丛生而挺拔，又都喜欢浅水，用它们的屏障作用充为背景效果很好，但遮挡视线比较严重，可安排一株在池角，与浮水的睡莲可形成很有趣味的对比。秋季蒲棒褐黄，芦花风荡颇有秋意。大池可以成片种植由它蔓延，小池只能点缀角隅。

④ 荷花、热带睡莲、燕子花、黄菖蒲、金棒、凤眼莲、花蔺等可成丛地种在池中，但要排好花期和高矮，以达到最佳观赏效果。另外，水生植物生长较快，要注意控制它们的生长。

⑤ 两栖类植物和许多沼泽湿生的植物，是点缀动态水景最重要的材料，它们不受流动水的干扰，种类多而且色彩丰富，种在溪流两侧、喷水池边，瀑布的悬崖上都很适宜，是许多陆生或喜阳花卉无法代替的。如落新妇属、水芋、马蹄莲、许多蕨类、驴蹄草、慈姑、千屈菜、泽泻、细辛、大黄、勿忘草、沟酸浆、蓼属、龙胆、玉簪、樱草、虎耳草、秋海棠、岩白菜、合叶子、贝母、富贵草等。在阳光不足，地下水位高的地方，它们花叶俱美，可以有很宽的选择余地。

⑥ 自然形成的或人工建造的水池，大都中间深，四周浅，种植之前既要清楚植物生长需要的水深，又要明了池内深浅的位置，才能万无一失。但水生植物中喜深水的种类很少，喜浅水的占多数。因此，种植的结果常显出四周拥挤，中间空空，视线受到阻碍，而且植物生长不良，为此可采取如下方法解决：a. 视线来源的一方，如临窗一面或接近道路的一面，尽量少种或不种，植物要隔水相望才有倒影，所以要种在离视线来源稍远的一方而且要高矮有序；b. 视线如果来自四面八方，有小路环池一周时，植物在岸边的种植要断断续续留出大小不同的缺口，免得封闭；c. 水陆结合的方法，即岸边少种或不种的地方，岸上种些陆生花卉。在池边小路两旁，临池一边专为观赏水景不种植物，但水边无水生植物的地方，路边种些酢浆草、矮雪轮、美女樱之类花期长而又矮小的植物，可以相互补充。

⑦ 池中种植的基本格调要依四周景物而定，并与使用目的相结合。

⑧ 室外水生植物造景，以有自然水体或与附近的自然水体（湖、河）相沟通为好。流动的水体能使水质更新，减少藻类繁衍，"流水不腐"就是这个道理。按植物的生态习性设置深水、中水及浅水栽植区。通常深水区在中央，渐至岸边分别做中水、浅水和沼生、湿生植物区。无自然水体沟通的情况，可挖湖或造池，还可结合叠水、小溪、步石等丰富景观效果。考虑到一些水生植物不能露地越冬，多做盆栽处理。这种方便的栽植方法不但可保持水质的干净，有利于对植物的控制，还便于替换植株，更新设计。各种水生植物原产地的生态环境不同，对水位要求也有很大差异，多数水生高等植物分布在100 ～ 150cm的水中，挺水及浮水植物常以30 ～ 100cm为适，而沼生、湿生植物种类只需20 ～ 30cm的浅水即可。所以可按水生植物对水深的不同要求，在水中安置高度不等的水泥墩，再将栽植盆放在墩上。

⑨ 在种植设计上，除按水生植物的生态习性选择适宜的深度栽植外，专类园的竖向设

计也可有一定起伏，在配置上应高低错落、疏密有致。从平面上看，应留出1/2～1/3水面，水生植物不宜过密，否则会影响水中倒影及景观透视线。为此，山下、桥下、临水亭榭附近一般均不宜种植水生植物，即使种植，也常在水体中设池或设置金属网，以控制水生植物的生长范围。对一些受到严重污染和富营养化的水体，宜配植石菖蒲、水葱、凤眼莲等可以吸污净化水质的植物。上海就提出对淀山湖已受到严重污染和富营养化的水质，要依靠科技加速治理，提倡采用既节约又可美化的生物措施，种植具吸污和净化水质功能的浮萍、水葱、德国鸢尾（Iris germanica）等植物。

2. 水景园的管理

（1）水的清洁管理

不仅保持水的清澈，还要维持水中的生物健全生长。具体措施如下。

① 经常用细孔网捞出水中的枯叶、落叶、死叶、花瓣、落果等，免得腐烂，使水混浊。

② 水中投放少量金鱼，可防止绿色藻类的生长。

③ 冬季要彻底清洗一次池底。

（2）水池的冬季管理

冬季水面结冰的地区，首先要了解冰冻的厚度和冻结时间长短，解冻时因物理现象会使岸边开裂，而且冰层与冰下水面之间会发生氧气不足的现象，这时应在池边打开一条裂口，水中要将冻层打开几个洞口通气，可免于冻坏岸边。最好将水放光，清洗后不再放水，动植物全部取出冬藏。

（3）池底及池岸的维修检查

无论何种铺装材料，均可能发生裂隙和漏水，之后或第二年放水之前，要仔细检查防漏，并将裂缝补修，否则浪费水源。

（4）植物冬季管理

北方多用容器种植，冬季贮藏即可。

（5）控制植物过分蔓延

水生植物大多有地下茎，自行伸延的能力很强，如荷花、睡莲，浮水的凤眼莲、浮萍更甚。北京紫竹院公园用废旧玻璃纤维及塑料膜编织的口袋，装满土壤作起一道围坎，先将池底深挖一条60cm沟，土袋排入沟内，高达泥土表面以上20cm，放水后水面看不见坝，但莲藕不再穿越向外发展，此法试验多年十分成功。另外，用容器栽植水生植物也可起到控制其生长的作用。

第六节　攀缘植物种植设计

所谓攀缘植物，通俗地说，就是能抓着东西爬的植物。在植物分类学中，并没有攀缘植物这一门类，这个称谓是人们对具有类似爬山虎这样生长形态的植物的形象叫法。把藤本植物依附在各种攀附物或地面上的配置形式称为攀缘式配置。攀缘式配置的植物材料是藤本植物。它在公园的植物造景中能起到其他园林植物起不到的特殊景观的垂直绿化作用。所以，把藤本植物作为一种特殊的绿化材料进行配置。

一、攀缘植物选择的依据

1. 功能要求

用于降低建筑墙面及室内温度，应选择枝叶茂密的攀缘植物，如爬山虎、五叶地锦、常春藤等。用于防尘的尽量选用叶片粗糙且密度大的攀缘植物，如中华猕猴桃等。

2. 生态要求

不同攀缘植物对环境条件要求不同，因此要注意立地条件。墙面绿化要考虑方向问题，西向墙面应选择喜光、耐旱的攀缘植物；北向墙面应选择耐阴的攀缘植物，如中国地锦是极耐阴植物，用于北墙垂直绿化较用于西墙垂直绿化，生长速度快，生长势强，开花结果繁茂。

3. 观赏要求

注意与攀附建筑设施的色彩、风韵、高低相配合，如红砖墙面不宜选用秋叶变红的攀缘植物，而灰色、白色墙面，则可选用秋叶红艳的攀缘植物。

二、攀缘植物的配置

藤本植物分草本和木本，有缠绕类、卷须类、吸附类、攀附类等多种，共同的特性是依靠攀附物进行高生长，以致达到全面覆盖，造成"叶染空间绿"的奇特效果。藤本植物在建筑、花架、墙垣、栅栏、山石、陡壁、石岩、枯树上攀附覆盖之后，这些被附物简直就变成了优美多姿的绿色雕塑。

攀缘植物是我国造园中常用的植物材料，无论是富丽堂皇的皇家园林，还是玲珑雅致的私家园林，都不乏攀缘植物的应用。当前，由于城市园林绿化的用地面积越来越少，充分利用攀缘植物进行垂直绿化是拓展绿化空间、增加城市绿量、提高整体绿化水平、改善生态环境的重要途径。

攀缘植物的类别可分为缠绕类、吸附类、卷须类和蔓生类。缠绕类依靠自身缠绕支持物而向上延伸生长，攀缘能力强。常见栽培的有紫藤、木通、金银花、油麻藤、莺萝、牵牛、何首乌等。卷须类依靠特殊的变态器官——卷须（茎卷须、叶卷须等）而攀缘，攀缘能力也很强，例如在农业观光园和度假村中常应用的葡萄、观赏南瓜、葫芦、丝瓜、西番莲、炮仗花、香豌豆等。吸附类有气生根或吸盘，依靠吸附作用而攀缘，如具有吸盘的爬山虎、五叶地锦，具有气生根的常春藤、凌霄、扶芳藤、络石、薜荔等。蔓生类没有特殊的攀缘器官，仅靠细柔而蔓生的枝条，攀缘能力最弱，但垂吊效果好，常见的有蔷薇、木香、叶子花、藤本月季等。

1. 攀缘植物的配植方法

① 附壁式　常用攀缘植物有爬山虎、五叶地锦、常春藤、凌霄等。

② 凉廊式　以攀缘植物覆盖廊顶，形成绿廊和花廊。常用植物有紫藤、凌霄、葡萄、木香、藤本月季等。

③ 棚架式　居住区多见，常用植物有葡萄、丝瓜、葫芦、瓜蒌等。

④ 篱垣式　包围篱架、矮墙、铁丝网的垂直绿化。常用攀缘植物有金银花、牵牛花、莺萝、五叶地锦等。

⑤ 凭栏蔓靠式　常见靠近棚栏、角隅栽植带钩刺攀缘植物，如蔓性蔷薇等。

⑥ 立柱式　攀缘植物靠吸盘或卷须沿牵拉于立柱之上的铁丝生长，常用攀缘植物有金银花、凌霄、五叶地锦等。

⑦ 垂挂式　如以凌霄、五叶地锦等垂挂于入口遮雨板处。

2. 攀援植物的垂直绿化方式

（1）墙面垂直绿化

包括楼房、平房与围墙墙面的绿化。要求根据建筑的高度及艺术风格选择攀缘植物。一般选用具有吸盘或吸附根，无须其他装置便可攀附墙面的植物，如爬山虎、常春藤等（图8-6-1）。在南墙或西墙下设花台，种以攀缘植物如爬山虎，让植物爬满整个墙面，形成大面积的绿色帘幕。由于植物的枝叶吸收墙面上的反射阳光，能降低室内温度4～5℃，因此能起到较好的绿化防护效果。

图8-6-1　墙面的垂直绿化

建筑物正面垂直绿化需要注意与门窗的距离，一般在两窗或两门的中心栽植，墙上可铰入横条形铁丝，选用藤本蔷薇、木香、金银花等作植物材料。

不高的围墙除选用爬山虎、五叶地锦外，还可应用矮生多年生藤本植物，如金银花等。

墙面垂直绿化种植间距一般1～1.5m，若用小苗定植，可适当缩小距离，或一穴植二株，长大后抽稀。

（2）庭园垂直绿化

一般于棚架、网架、廊、山石旁栽植清香典雅或有经济效益的木香、紫藤、金银花、葡萄、猕猴桃等植物，创造幽静的小环境。

（3）住宅垂直绿化

除墙面绿化外，还有天井、晒台、阳台绿化。阳台光线充足，宜选用喜光、耐旱的攀缘植物。天井光照条件差，宜选耐阴的落叶攀缘植物。栽植地点一般沿边或角隅处，以免影响居民生活活动。天井、晒台、阳台垂直绿化要设支架，或让攀缘植物沿阳台棚栏、透空围杆生长。

（4）土坡、假山垂直绿化

根系庞大、牢固的攀缘植物用于土坡可稳定土壤，美化土坡。斜坡较陡时，可设计水平阶，栽植攀缘植物。

外形奇特的假山石可特置欣赏其体型，也可种植一些适宜的攀缘植物点缀其上，以增强自然生气，但不要影响山石的主要观赏面以防喧宾夺主。外形不美观的山石可以用攀缘植物覆盖。

第七节　园林植物布局

前几节已详细讲述了园林植物的种植设计，但在总体的综合布局中，众多的个体表现还应有统一的联系，不能杂乱无章，不分主次。

一、要有主调、基调与配调

在园林风景整体构图的序列演变中，园林植物是形态与色彩的主要表现角色，几乎遍及所有的景区、景点。因此，园林植物的总体布局关系到园林景观的整体构图效果。

首先依据园林所处的地理条件、园林性质、规模等条件和要求，确定主调、基调与配调的植物品种，明确在一年四季的季相变化中，这些植物品种所能担负的构景效果。如在寒冷的北方，冬季白雪覆地，只有常绿的针叶树留有完善的形态和绿色，此时针叶树是主调；落叶树的灰色枝条，漫天的白雪是配调和基调；当春季大地复苏时，绿荫铺地，花灌木始开，针叶树则退居配调的地位。所谓主调、基调和配调，虽因季相变化而具有形态与色彩的不同，形成主次的转变，但在具体的配植中还要依"图与地"的关系来决定。

二、植物的群体美与个体美表现

园林植物在景观表现中有群体美与个体美两种主要形式。植物的群体形态和色彩具有壮观、明快、开朗的大效果，是远视景观不可少的；植物的个体美又具有形体多姿、色彩秀美的气质，是近距离静态观赏的佳品。因此，在总体布局中，要考虑开敞空间应有群体美的植物景观可观，当然不排除近距离的个体美观赏。同样，在闭锁空间中，视线受阻，则应以个体欣赏为主。但是，这只是一般规律，个别情况不在少数。如黄山的迎客松，远视近赏均佳；五色草花坛面积不大，却以群体美的表现为主，也适于近看。群体美与个体美并非绝然分家，两者也可兼顾，如树丛与树群的配置。只是在不同的情况下有所侧重。

三、园林植物配植规范

1. 配植

按植物生态习性和园林布局要求，合理配植园林中各种植物（乔木、灌木、花卉、草皮和地被植物等），以发挥它们的园林功能和观赏特性。园林植物配置是园林规划设计的重要环节。园林植物的配植包括两个方面：一方面是各种植物相互之间的配植，考虑植物种类的选择，树丛的组合，平面和立面的构图、色彩、季相以及园林意境；另一方面是园林植物与其他园林要素如山石、水体、建筑、园路等相互之间的配植。

2. 季相

季相是植物在不同季节表现的外貌。植物在一年四季的生长过程中，叶、花、果的形状和色彩随季节而变化。开花、结果或叶色转变时，具有较高的观赏价值。因此，园林植物配植要充分利用植物季相特色。在不同的气候带，植物季相表现的时间不同。北京的春色季相比杭州来得迟，而秋色季相比杭州出现得早。即使在同一地区，气候的正常与否，也常影响季相出现的时间和色彩。低温和干旱会推迟草木萌芽和开花；红叶一般需日夜温差大时才能变红，如果霜期出现过早，则叶未变红而先落，不能产生美丽的秋色。土壤、养护管理等因素也影响季相的变化，因此季相变化可以人工控制。为了展览的需要，甚至可以对盆栽植物采用特殊处理来催延花期或使不同花期的植物同时开花。园林植物配植利用有较高观赏价值和鲜明特色的植物的季相，能给人以时令的启示，增强季节感，表现出园林景观中植物特有的艺术效果。如春季山花烂漫，夏季荷花映日，秋季硕果满园，冬季腊梅飘香等。要求园林具有四季景色是就一个地区或一个公园总的景观来说；在局部景区往往突出一季或两季特色，以采用单一种类或几种植物成片群植的方式为多。如杭州苏堤的桃、柳是春景，曲院风荷是夏景，满觉陇桂花是秋景，孤山踏雪赏梅是冬景。为了避免季相不明显时期的偏枯现象，可以用不同花期的树木混合配植、增加常绿树和草本花卉等方法来延长观赏期。如无锡梅园在梅花丛中混栽桂花，春季观梅，秋季赏桂，冬天还可看到桂叶常青。杭州花港观鱼中的牡丹园以牡丹为主，配植红枫、黄杨、紫薇、松树等，牡丹花谢后仍保持良好的景观效果。

3. 设计

首先必须从周围的整体环境来考虑所要表现的园景主题、位置、形式、色彩组合等因素。具体设计时可用方格纸，按（1:20）～（1:100）的比例，将图案、配植的花卉种类或品种、株数、高度、栽植距离等详细绘出，并附实施的说明书。设计者必须对园林艺术理论以及植物材料的生长开花习性、生态习性、观赏特性等有充分的了解。好的设计必须考虑到由春到秋开花不断，作出在不同季节中花卉种类的换植计划以及图案的变化。花坛用草花宜选择株形整齐、具有多花性、开花齐整而花期长、花色鲜明、能耐干燥、抗病虫害和矮生性的品种。常用的有金鱼草、雏菊、金盏菊、翠菊、鸡冠花、石竹、矮牵牛、一串红、万寿菊、三色堇、百日草等（见园林植物）。花坛主要用在规则式园林的建筑物前、入口、广场、道路旁或自然式园林的草坪上。中国传统的观赏花卉形式是花台，多从地面抬高数10cm，以砖或石砌边框，中间填土种植花草。有时在花坛边上围以矮栏，如牡丹台、芍药栏等。

四、园林植物与其他要素的布局关系

园林植物与其他要素的布局关系主要是指园林植物与园路的关系，园林植物与园林建筑的关系，园林植物与山水景观的关系等。上述问题在本书相关章节中有详细讨论，可参看。

第九章

园林建筑布局艺术

园林建筑是园林组成要素之一，它在为游人提供必要的休息、游览、文化、娱乐、宣传等活动设施，组织风景画面及游览路线方面起着重要作用，在园林规划设计中应给予重视。但切忌在园林中大搞建筑，特别是古典园林中，更应避免大兴土木。古典园林中建筑比例大，是处于当时园主游赏及生活起居之需，而现代园林是要为稠密的人口创造自然环境，是要解决与人类生存密切相关的生态平衡问题。因此，园林必须以植物造景为主。公共园林所在地附近服务设施齐全的，园内就可以不规划茶室、餐馆、小卖部等建筑；休息建筑也只用画龙点睛式的点缀风景和提供某些必要的休息条件，亭、廊、楼、榭数量不宜多。一般公园中的休息建筑控制在总面积的1%以内为宜。

第一节　园林建筑在园林中的作用

园林建筑同园林其他构成要素一样是园林绿地的重要组成部分，在园林中往往起到画龙点睛的作用，是园林中不可缺少的重要内容。建筑在园林中的作用主要体现在以下两个方面。

一、满足使用功能的要求

任何建筑都是为了一定的使用功能而建的，园林建筑也不例外。虽然园林建筑种类繁多，但是其建造的目的都是为人们提供休息、文化、娱乐活动的场所。因此，园林建筑最主要的功能是满足人们休息、文化、娱乐、宣传……活动的要求。

不同的建筑类型满足不同的使用功能，总的来说可以分为四方面的使用功能：一是满足休憩的功能，如亭、台、楼、阁等；二是满足为游人服务的功能，如餐厅、茶室、小吃部、小卖部、摄影部、厕所等；三是科普教育性的，如动物展览馆、植物展览温室、阅览室、陈列室、纪念馆等；四是管理与构筑类，如管理办公室、仓库、变电站、车库、水塔等。随着园林活动内容的日益多样，园林类型的不断丰富，园林建筑的功能也不断增加。

为了满足游人的多种活动需要，园林建筑不仅需要具有单一的功能，还应该具有多种功能，以便提高它们的利用率，更好地为游人服务。例如中国古典园林建筑，其风格可能和现代的建筑差异很大，但是它们本身作为很好的展品，供人们游览观赏就是它们最大的功能，但作为设计者还应该根据实际需要，安排和它们内容上相关联、相协调的一些活动，诸如文物、工艺品展览或事迹展览等，而不应只是让他们成为绿地中的展品，失去了原有的使用功能。另外，对于中国传统的古典园林建筑，我们在继承的同时，还应根据现代的具体需要做一些必要的改进，形成一种独特风格的集古典与现代优点的新型园林建筑。

二、景观作用

1. 点景

点景即点缀风景，园林建筑是园林构成要素之一，在园林中除了满足使用功能外，也作为观赏的对象，成为游人游览的目的之一。苏州园林中的小桥、流水、人家使许多游客慕名而游；北京故宫皇家园林中的宫殿，也是故宫之所以闻名于世的原因；深山藏古寺——古寺的神秘吸引了游人。在人们视线所能达到的地方，园林建筑往往以它所处的有利位置和它具有的独特造型，为人们展现出一幅幅或动或静的自然风景画面。在这些风景画面中，建筑起着点缀装饰的作用。如颐和园万寿山的佛香阁，以金碧辉煌的高大体量凌驾于所有建筑风光之上，雄姿昂然，统率全园；造型优美的园林建筑给人不同于植物、山水的另一种美感。同时，园林建筑可以与山水、植物相结合，构成美丽的风景画面。因此，园林建筑常成为园林中的构图中心或主题，以其优美的外形为园林景观增色添辉。

利用建筑物可以构成障景，运用建筑的门、窗、廊、柱以及建筑墙垣上的景框和漏窗形成各种巧妙的框景、漏景，使空间通透，使内外空间结合，接收远近风景。如扬州瘦西湖"吹台"这座亭子，和苏州拙政园中的"梧竹幽居"一样，是四面都为月洞门的亭子。"吹台"的月洞门恰好将瘦西湖中的五亭桥、白塔等收入月洞门内，形成框景。北京颐和园"画中游"二层，四方柱子和挂落构成近似宽影幕的横长画面，东收佛香阁，西取玉泉山与玉泉塔，南含昆明湖西堤，北容汉白玉牌坊与山石蹬道，构成山景、湖景、建筑、山石等四幅景象迥然的风景画面。

2. 赏景

园林建筑即可作为游人停留场所，除了满足休息的功能外，还具有作为观赏点的功能，游人在停留的过程中，要观赏周围的景物，因此，园林建筑还具有观景的观赏点的功能。建筑设置的位置、朝向都要考虑到赏景的需要。另外，考虑人流的多少、设计建筑的大小以满足赏景的需要。在大多数情况下，园林建筑既是风景的观赏点，又是被人们观赏的景点。

3. 组织园林空间

建筑具有分割空间的作用，在园林中利用建筑围合成各种形状的庭院、游廊、花墙、园洞等，或者以建筑为主、辅以山石花木来组织、划分园林空间。如留园的"古木交柯"庭院、拙政园的"海棠春坞"庭院。此外，利用高层园林建筑，如楼、台、阁等可登高远眺，还能扩大园林空间。

4. 引导游览路线

建筑常作为视线的主要目标，以道路结合建筑创造一种具有导向性的游动观赏效果。在游览过程中，游人常被某一建筑吸引而确定或改变游览的路线，因此，在设计中我们可以在主要的景点设置醒目的园林建筑，以达到吸引游人视线、引导游览路线的作用。在以自然风景为主的外部空间中，园林建筑以它本身的功能关系、主次关系和渐进关系，配合园内的风景布局，形成游览路线的起承转合。

第二节　园林建筑的类型

园林建筑形式多样，内容丰富，其分类有不同的标准，就使用功能可以分为游憩型建筑和服务性建筑；按传统形式的不同风格可以分为亭、廊、榭、舫、厅、堂、塔、楼、阁、斋、殿、馆、轩等；根据建筑用到的材料又可分为很多。现代园林建筑功能复杂，采用新结构新材料，再加上施工技术的进步，从内容到形式，变化无穷。

一、园林建筑的分类
1. 按传统形式分
亭、廊、榭、舫、厅、堂、塔、楼、阁、斋、殿、馆、轩等十余种类型。

2. 按使用功能分

① 游憩性建筑　在游览的过程中，给游人提供休息、游览、赏景的场所，其本身也是景点或成为景观的构图中心。包括科普展览建筑、文化娱乐建筑、游览观光建筑，如亭、廊、榭、舫、游泳池、露天剧场、音乐厅等。

② 服务性建筑　为游人在游览过程中提供服务的建筑，如餐厅、小吃部、小卖部、茶室、摄影部、小型旅馆等。

③ 管理与构筑类建筑　主要指公园、风景区等的管理用建筑和管理设施，如公园大门、办公室、食堂、仓库、变电室等。

二、园林建筑的基本形式

我国园林建筑的形式是在几千年与世隔离的环境中形成的，具有浓厚的中华民族特征。无论在总体布局、空间组合，还是立体造型、色彩运用等方面，均与别国截然不同。这种独具一格的建筑形式深为世界所瞩目和喜爱。我们要创造性地予以继承，使其随着新科学、新技术的发展而发展。

1. 亭

《园冶》中提到"亭者，停也，人所停集也"。亭是人们停留聚集的地方。因此，亭有停止的意思，可满足游人休息、游览、观景、纳凉、避雨、极目眺望之需（图9-2-1）。

亭能够满足游人在游赏活动过程中作短暂的驻足休息。它具有丰富变化的屋顶形象，轻巧、空运的柱身，以及随机布置的基座。因而亭子在园林中也是点景和造景的重要手段。山期水际、花间竹林若置一小亭，往往

图9-2-1　扬州瘦西湖某亭

平添无限诗意，同时，可防日晒，避雨淋，消暑纳凉，畅览园林景致，是园林中游思览胜的好地方。

（1）亭的造型

亭的造型多种多样，不论单体亭或是组合亭，其平面构图都很完整，屋顶形式也很丰富，从而构成绚丽多彩的体态。精美的装饰和细部处理，使亭的造型尽善尽美。在设计时要各具特色，不能千篇一律，要因地制宜，并从经济和施工角度考虑其结构，要根据民族的风俗、爱好及周围的环境来确定其色彩。亭的设计要考虑以下几方面的问题。

① 从亭的平面形状上，大致可分为单体式、组合式、与廊墙结合的形式三类（图9-2-2）。最常见的有以下几种。

a. 正多边形亭　如正三角形亭、正方形亭、正五角形亭、正六角形亭、正八角形亭、正十字形亭等。

b. 圆亭、蘑菇亭、伞亭等。

c. 长方形亭、圭角形亭、扁八角形亭、扇面形亭等。

d. 组合式亭　如双三角亭、双方形亭、双圆形亭、双六角亭，以及其他各种形体亭的相互组合。

e. 平顶式亭。

f. 与墙、廊、屋、石壁等结合起来的亭式。如半亭等。

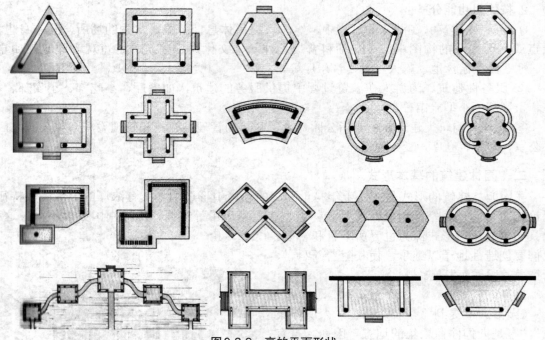

图9-2-2　亭的平面形状

② 亭的立体造型，从层数上看有单层和两层。中国古代的亭本为单层，两层以上应算楼阁。但后来人们把一些二层或三层类似亭的阁也称之为亭，并创作了一些新的二层亭式。

亭的立面有单檐和重檐之分，也有三重檐的，如北京景山上正中的万春亭。屋顶的形式则多采用攒尖顶，也有用歇山顶、硬山顶、环顶、卷棚顶的，建国后用钢筋混凝土做平顶式亭较多，也做了不少仿攒尖顶、歇山顶等形式的。

③ 从建筑材料的选用上，中国传统的亭子——木构瓦顶的居多，也有木构草顶及全部是石构的，用竹做亭不耐久。建国后各地用水泥、钢木等多种材料，制成仿竹、仿松木的亭，有些名胜地用当地随手可得的树干、树皮、条石构亭，亲切自然，与环境融为一体，更具地方特色，造型丰富，风格多样，是值得推广的。

（2）亭的位置选择

亭在园中的位置，常见规划于以下几种环境中。

① 山地建亭（图9-2-3）　小山建亭宜建于山顶，与山体相协调；中度山建亭宜在山顶、山腰或构成组亭，体量与山相称；大山建亭宜建于山巅，以山为背景，构图优美，有利于组织导游。

② 水域建亭（图9-2-4）　水亭可建于水中、湖畔、桥中或岛上。亭的大小与体量必须与水面大小相协调。

③ 平地建亭　常见于道路终点及交叉口、路畔树荫下、花坛群中与草坪上。

（3）亭的体量及比例尺度

亭的体量随意，但一般较小，要与周围环境相协调。体量的大小要因地制宜，根据造景的需要而定。如北京颐和园十七孔桥东端的廊如亭，为八角重檐攒尖亭，面积约130m²，高约20m，与十七孔桥及龙王庙相协调。它不仅是颐和园40多座亭子中最大的一座，也是我国现存亭建筑中最大的一座。由内外三层24根圆柱和16根方栓支撑，亭体舒展稳重，气势雄浑，颇为壮观（图9-2-5）；而太原市某小游园中的亭面积仅约1.5m²，其体态小巧，造型精美，可供周围的居民纳凉、休息、下棋、打牌等，并且点缀了整个小游园的环境。

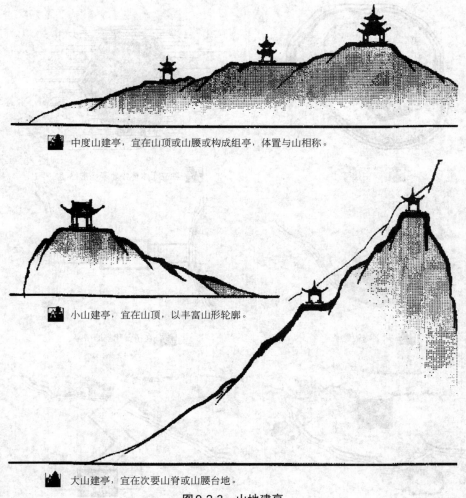

中度山建亭，宜在山顶或山腰或构成组亭，体置与山相称。

小山建亭，宜在山顶，以丰富山形轮廓。

大山建亭，宜在次要山脊或山腰台地。

图9-2-3　山地建亭

亭的平面尺度一般为3m×3m～6m×6m，亭的高与平面宽之比，方亭为0.8∶1，六或八角亭为1.5∶1，亭柱直径（或宽）与柱高比为1∶10。亭的设计中，可根据构图需要稍有变化，但不可比例失调。

2. 廊

《园冶》中提到"廊者，庑出一步也，宜曲且长则胜"。意思是廊（图9-2-6）是从庑前走一步的建筑物，要建得弯曲而且长。"或蟠山腰，或穷水际，通花渡壑，蜿蜒无尽。"——或绕山腰，或沿水边，通过花丛，渡过溪壑，随意曲折，仿佛没有尽头。廊主要用作园林中联系的手段，有很强的"连接能力"。

廊通常建于两个建筑物或两个风景点之间，成为空间联系和空间分割的一种手段。它不仅具有遮风、避雨、遮阳、停留休息、交通联系的功能，而且对园林风景的开展起着一定的组织作用。廊通过漏景、框景、隔景以增加景深，达到引人入胜的效果。

（1）廊的类型

廊按群体造型分有直廊、曲廊、抄手廊、回廊、爬山廊、叠落廊、桥廊、水廊（图9-2-7）。按横剖面形式分有双面空廊、单面空廊、暖廊、复廊、单支柱廊、双层廊（图9-2-8）。

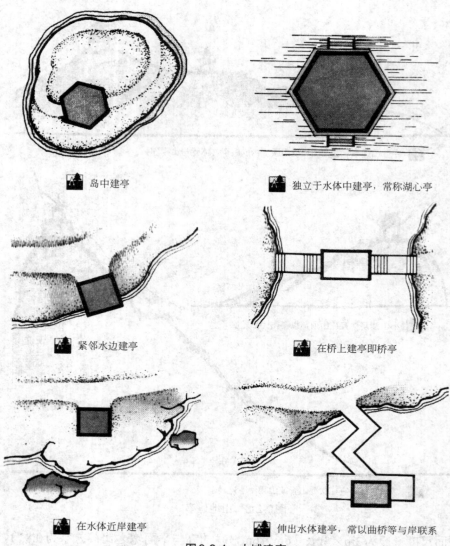

岛中建亭

独立于水体中建亭，常称湖心亭

紧邻水边建亭

在桥上建亭即桥亭

在水体近岸建亭

伸出水体建亭，常以曲桥等与岸联系

图 9-2-4　水域建亭

图 9-2-5　北京颐和园廓如亭

图 9-2-6　留园曲廊

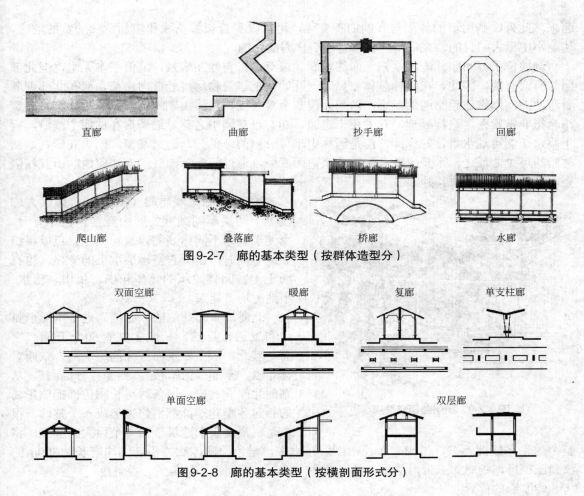

图9-2-7　廊的基本类型（按群体造型分）

直廊　　曲廊　　抄手廊　　回廊

爬山廊　　叠落廊　　桥廊　　水廊

双面空廊　　暖廊　　复廊　　单支柱廊

单面空廊　　双层廊

图9-2-8　廊的基本类型（按横剖面形式分）

下面对双面空廊、单面空廊、复廊、双层廊作一些介绍。

① 双面空廊　是最基本的、运用最多的廊的形式。

在建筑物之间按一定的设计意图联系起来的直廊、折廊、回廊、抄手廊等多采用双面空廊的形式。不论在风景层次深远的大空间中，还是在曲折灵巧的小空间中均可运用。廊两边景色的主题可相应不同，顺着廊这条导游路线行进时，必须有景可观。北京颐和园的长廊是双面廊的一个突出的案例。在长廊上漫步，一边是整片松柏的山景和掩映在绿丛中的一组组建筑群，另一边是开阔坦荡的湖面，通过长廊伸向湖边的水榭和伸向山脚的"湖光山色共一楼"等建筑，可在不同角度和高度上变换着欣赏自然景色，为避免单调，在长廊中间还建有四座八角重檐顶亭，丰富了总体形象。

② 单面空廊　一边为空廊面向主要景色，另一边沿墙或附属于其他建筑物，形成半封闭的效果。其相邻空间有时需要完全隔离，则做实墙处理；有时宜添次要景色，则需隔中有透，似隔非隔，做成空窗、漏窗、什锦灯窗、隔扇、空花格及各式门洞等。例如自北京颐和园乐寿堂临湖一侧的走廊上的什锦灯窗向南眺望，透过这组形状各异的窗洞，昆明湖上的景色经过裁减各自成画。

③ 复廊　复廊是在双面空廊的中间隔一道墙，形成两侧单面空廊的形式。中间墙上多开有各种各样的漏窗，从廊子的这一边可以透过空窗看到空廊那一边的景色。这种复廊一般在廊的两边安排有景物，而景物的特征往往各不相同，通过复廊把两个不同景致的空间联系

起来。此外，利用墙的分隔与廊的曲折变化，可以收到延长游览线和增加游廊观赏的趣味，达到小中见大的目的，在江南园林中有不少优秀的实例。

例如位于苏州园林沧浪亭东北面的复廊就很有名。它妙在借景，沧浪亭本无水，但北部园外有河有池，因此，在园林总体布局时一开始就把建筑物尽可能移向南部，而在北部则顺着弯曲的河岸修建起空透的复廊，西起园门东至观鱼处，以假山砌筑河岸，使山、水、建筑结合得非常紧密。这样处理，有人还未进园、却有已在园中之感。进园后在曲廊中漫游，行于临水一侧可观水景，好像河、池是园林中不可分割的一部分，透过漏窗，园内苍翠古木丛林隐约可见。反之，水景也可从漏窗透至南面廊中。通过复廊，园外的水和园内的山互相借姿，连成一气，手法甚妙。

图9-2-9 扬州公园双层廊

④ 双层廊 双层廊（图9-2-9）可供人们在上下两层不同高度的廊中观赏景色。有时，也便于联系不同标高的建筑物或风景点以组织人流；同时，由于它富于层次上的变化，也有助于丰富园林建筑的体型轮廓，依山、傍水、平地上均可建造。

北海琼华岛北端的"延楼"是呈半圆形弧状布置的双层廊，长度上共有60个开间。它面对着北岸的主要水面，怀抱琼华岛，东西对称布置，东起"倚晴楼"，西至"分凉阁"。从湖的北岸看过来，这条两层长廊仿佛把琼华岛的北麓各组建筑群都抱起来形成一个整体，很像是白塔及山上建筑群的一个巨大的基座，将整个琼华岛簇拥起来，游廊、塔、山倒影在水中，景色绮丽，廊外沿着湖岸有长约300m的汉白玉栏杆，蜿蜒如玉带，从廊上望五龙亭一带，水天空阔，又是另一番景色。

（2）廊的位置

在园林的平地、水边、山坡等各种不同的地段上建廊，由于不同的地形和环境，其作用与要求也各不相同。

① 平地建廊 在园林的小空间和小园林中建廊，采用"占边"的形式，沿界墙及建筑物布局，有效地利用空间，使园林中部形成较大空间便于组景。

稍大一些的园林，如苏州的留园、拙政园等，沿着园林的外墙布置环路式的游廊也是常见的手法。这种回廊除了起到导游路线与避免日晒雨淋的作用外，还在形象上打破了高而实的外墙墙面的单调感，增加了风景的层次和空间的纵深。

北方的大型皇家园林中，由于空间范围较大，廊常作为划分景区的手段。

② 水边或水上建廊 一般称之为水廊，供欣赏水景及联系水上建筑之用，形成以水景为主的空间。水廊有位于岸边和完全凌驾水上两种形式。位于岸边的水廊，廊基一般紧接水面，廊的平面也大体贴近岸边，尽量与水接近，如南京瞻园沿界墙的一段水廊。在水岸曲折自然的情况下，廊大多沿着水变成自由格式，顺自然地势与环境融合一体，廊基也不用砌成整齐的驳岸。再如苏州拙政园西部的波形廊，驾凌水面之上的水廊，以露出水面的石台或石礅为基，廊基一般宜低不宜高，最好使廊的底板尽可能贴近水面，并使水经过廊下而互相贯通，人们漫步水廊之上，左右环顾，宛若置身于水面上，别有风趣。

③ 山地建廊 供游人登山观景和联系山坡上下不同高程的建筑物之用，也可借以丰富山地建筑的空间构图。爬山廊有位于山之斜坡和依山势蜿蜒而上两种形式。廊子的屋顶和

基座有斜坡式和跌落式，山地建廊有时出于上层远眺、下层赏景的要求，还可建成双层廊形式。

（3）廊的尺度

廊的体量与造型以小巧玲珑为佳。传统形式廊子，多做成卷棚顶或单、双坡斜顶，廊的净宽1.2～1.5m，柱距1.5m。近代廊多做成平顶式，廊的净宽2.5～3m，柱高3m，柱距3～4m。

3. 榭和舫

《园冶》中提到"榭者，藉也。藉景而成者也。或水边，或花畔，制亦随态。"榭字含有凭借、依靠的意思，是凭借风景而形成的，或在水边，或在花旁，形式灵活多变。舫是按照船的造型在湖中修建的建筑物。在园林建筑中，榭、舫和亭、轩等属于性质上比较接近的一种建筑类型，功能作用基本相同，它们所不同的是：榭和舫多属于临水建筑，在选址、平面及体形的设计上，都要特别注意与水面和池岸的协调关系。

图9-2-10　苏州拙政园芙蓉榭

（1）水榭

传统园林中的水榭（图9-2-10），形同古建筑，多一半在岸，一半在水中，临水立面开敞，周边设栏杆或鹅颈椅，以便于依水观景。现代园林中的水榭多为扁平造型，有平台挑出水面，并在平台上设座凳或鹅颈椅，较大的水榭平台上可安排茶座，或用作节日水上舞台、游船码头等。

水榭设计要求其体量、风格与水面大小及周围整体空间相协调，水榭在可能范围内突出池岸，成三面或四面临水的形势。如果建筑物不宜突出池岸，也应以深入水面上的平台作为建筑与水面的过渡，以便为人们提供身临水面之上的宽广视野。水榭地平标高要求接近水面标高，若水岸过高，水榭平台与水榭建筑应设计成高低错落两部分。但当水位涨落变化较大时，应以稍高于最高水位的标高，作为水榭设计地面标高为宜，在造型上，榭与水面、池岸的结合，一般强调水平线条。

（2）舫

舫是仿照船的造型在园林湖泊中建造起来的一种船形建筑物，供人们在内游玩饮寝，观赏水景，身临其中，颇有乘船荡漾于水中之感，舫的前半部多三面临水，船首一侧常有平桥与岸相连，仿跳板之意。通常下部船体用石建，上部船舱多木构，由于像船但不能动，所以又名"不系舟"。苏州的拙政园的"香洲"（图9-2-11）、怡园的"画舫斋"是比较典型的、设计较好的实例。

4. 厅堂

《园冶》中提到"堂者当也，谓当正向阳之屋，以取堂堂高显之义。"厅也相似，故厅堂常常一并称谓。厅堂是古代会客、治事、礼祭的建筑。坐北朝南，是园林中体量较大的主体建筑，造型典雅端正，室内空间宽敞，一般3～5间，前后开门设窗，以利观景。古代厅堂不用高屋脊，屋顶常采用歇山、硬山的形式。用方料建造者为厅，用圆料建造者为堂。堂是居住建筑中对正房的称呼，为一家之长居住或用作庆典的场所，多位于建筑群中轴线上。室内常用隔扇、落地罩、博古架分割空间。在现代园林中常用来做餐厅、茶室、书画展览厅等。并与廊、亭、楼、阁结合，构成以厅堂为主的一组建筑庭院，如杭州的蒋庄、刘庄以及汪庄。

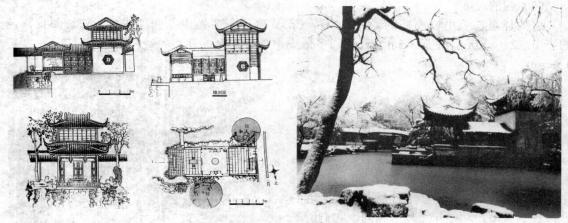

图9-2-11　苏州拙政园"香洲"

5. 楼阁

"重屋曰楼"，结构形式与堂相似，只是比堂高出一层。四周都开窗，造型较轻巧，观景方向更多。但有时两侧山墙开窗受限。楼阁是园林中登高望远、游憩赏景的建筑。如颐和园中的佛香阁、长江边的黄鹤楼、洞庭湖的岳阳楼、扬州瘦西湖的烟雨楼。楼阁在现代园林中较多用作餐厅、茶室、接待室等。在园林中最重要的作用是赏景和控制风景视线。

6. 轩

《园冶》中提到"轩式类车，取轩轩欲举之意，宜置高敞，以助胜则称。"——古代马车前部驾车者所坐的位置较高，称为轩。轩在建筑上一般指地势高，有利于欣赏景物的地方。轩要求周围有较开阔的视野，北方园林中常在山上设轩，如颐和园的雾清轩、避暑山庄的山近轩等。江南园林中轩常在水际，但不探出水面，较为稳重含蓄，如网师园的竹外一枝轩。

7. 斋

"斋较堂，惟气藏而致敛，有使人肃然起敬之意。盖藏修密处之地，故工不宜敞显。"斋和堂相比，聚气而敛神，使人能肃然起敬。为此常设在与外界较为隔绝的地方，所以不要太高以免过于突出。苏州网师园有"集虚斋"，北海有"静心斋"。

8. 台

台常建于水边、湖畔、桥上、山腰之处。平出而高敞，古代多用土筑，以远眺为目的，往往和堂之前的平台结合，以便观景，供游人观赏琴棋、休息、纳凉。外围有栏杆，点缀风景。

9. 园林游船码头

中国园林布局以山水为主干，水体常以不同的形式出现在园林之中，水上游览也成为园林中常见的内容。游船码头专为组织水面活动及水上交通而设，园林码头具有点景、赏景（图9-2-12）及为游人提供休息空间的作用。游船码头在建筑空间上要做到水陆交融充分体现亲水建筑的特色。在建筑造型上，要轻盈、舒展、高低错落、轮廓丰富，尤其水面倒影使虚实相生，构成一脉临水建筑景观。游船码头一般位置突出，视野开阔，既是水边各方向视线交点，又是游人赏景佳地。当公园水面较小时，码头宜布置于湖岸突出处，便于游船出入；当公园水面积较大时，游船码头宜布置在湖岸凹入处，可避免大水面风浪的袭击。

图9-2-12　北京颐和园龙王岛码头

10. 园林茶室

园林茶室作为园林中重要的建筑之一，在景观上更具有点景与赏景的作用。园林中茶室的基本功能是饮茶、休息、交友访谈、赏景及进行文化活动等。其基址选择应具特色、因地制宜。要考虑视线上的通畅无阻，便于游人赏景，同时也便于吸引视线，成为被赏的景物。故借山顶空地、山体巨石或悬崖旁，借湖滨、水岛、长河之端，以及开阔草坪、密林边缘以建茶室，成为可赏、可游、可憩的景点。园林茶室可设置在小广场、主干道附近、公园出入口，也可设置在安静的地方。交通方便是园林茶室选址的重要原则之一，既方便游人到达，又满足物品运输、排污等要求。

园林茶室建筑的基本组成有营业厅、备茶及加工间、洗涤间、烧水间、储藏间、办公与管理室、厕所、小卖部、杂物院及游人洗手处等。目前，茶室的种类颇多，有文化茶园、曲艺茶园、音乐茶室等，可按不同类型茶室增减其组成部分。

11. 园林小卖部

小卖部是园林中最为普遍的商业服务设施，主要功能是满足游人在游园时临时的购物、餐饮等方面的需求，是园林中不可缺少的服务设施。小卖部的经营内容丰富，可以为糖果、糕点、冷热饮料、土特产品、旅游工艺纪念品、摄影、书刊、音像制品等。

园林小卖部除了提供商业用途外，还要满足游人赏景及休息的功能。一般园林小卖部宜独立设置，交通方便、运输顺畅是小卖部在进货、排污等方面的要求，故小卖部常设立于主干道和游览路线之侧。为服务方便并结合园林特点，园林小卖部宜疏密有致地分布在全园各处。尤其在游人必经之处及游人量较大的地方，更应设置，不但可以满足游人需要，还具有一定的经济效益。

小卖部也常与其他较大型的园林建筑相结合，如公园大门、影剧场、展览性建筑、公共体育运动设施等，以提供方便的服务。

一般园林小卖部的规模不大，内容较简单，有小型的售货车、单间的小卖亭、多间的小卖部，在某些大型园林中也常有较大型的综合服务设施。其组成主要有营业厅、售货柜台、储藏柜、管理室及简单的加工间。此外，游人洗手处、果皮杂物箱等都是不可缺少的设施。在小卖部附近最好要有公厕以方便使用。

第三节　园林建筑艺术

一、园林建筑的布局形式

虚实相生，虚实结合，这是中国人很重要的空间观念和艺术观念，我国园林建筑也很注重空间的处理。空间的大小、空间的对比、空间的序列一般都是沿着一连串的庭院，由室内空间与室外空间交替运用而产生的。虚实、明暗、黑白灰共同组成了富有艺术感染力的空间节奏，形成了中国园林建筑空间独特的艺术气氛。

中国园林建筑中还经常采用"以虚破实"、化"实"为"虚"的手法。空间的闭塞主要是由实体阻隔所引起的，只有"虚"才能引导视觉空间的渗透，因此，常以"虚"的游廊、敞轩等来处理高大的围墙和建筑的墙角这样一些"实"的边界部位。

"命意在空不在实"，建筑物实体的存在，是顺应人的活动，为了围合与创造人们所需要的空间环境，尽力去满足人们心理上和生理上合理的要求，并且创造变幻的建筑空间及园林意境。

"时空连续"，动中有静，静中有动，人们对园林建筑空间内景物的感受随着时间的推移和视点、视角的不断变换而变化。

1. 园林建筑空间的基本类型

园林建筑空间与园林空间一样，都源于自然，是在自然空间形态基础上加以抽象化、理念化的产物，唐代柳宗元概括为"旷如也，奥如也，如斯而已"。他一下子提纲挈领地抓住了要害，我们所能感受到的空间，无论如何千变万化，也离不开这两种基本的类型：旷与奥、开与合、敞与闭，如斯而已。

中国园林建筑空间在两大基本类型基础上，根据各自功能不同、总体规划布局要求、具体环境特点、建筑空间的审美特征等，转化演变出许多不同的空间形态类型。

（1）聚合性的内向空间

以建筑、走廊、围墙相环绕，庭院内以山水、植物等自然题材进行点缀，形成一种内向、静谧的空间环境。建筑空间的组织、变化、层次、序列多以室内与室外相互结合的方式展开。其中，以四合院的形式来组织建筑空间是一种典型的方式。如苏州留园的还读我书斋小院、拙政园玉兰堂庭院、颐和园的仁寿殿等。

中国私家园林与住宅相连，皇家园林与宫殿相连，它们在布局上均以园林建筑等素材围合成功能特征不同的庭园，聚合性的内向空间处理手法相同，通常以"井""庭""院""园"等基本形式表现。

（2）开敞性的外向空间

这类建筑常随环境的不同而采取不同的形式，但都是一些向外开敞、空透的建筑形象。例如，临湖地段由于面向大片的水面，常布置亭、榭、舫、桥亭等比较轻盈活泼的建筑形式，基址三面或四面伸入水中，与水面更紧密地结合，既便于观景，又成为水面景观的重要点缀。例如，北京北海的五龙亭、颐和园西堤上的桥亭、扬州瘦西湖上的"吹台"、杭州西湖"平湖秋月"的亭榭、苏州拙政园中的"香洲"、承德避暑山庄的烟雨楼等（图9-3-1），都是临水的开敞性外向空间的实例。

位于山顶、山脊等地势高敞地段上的建筑物，由于空间开阔，视野展开面大，因此常建亭、楼、阁等建筑，并辅以高台、游廊组成开敞性的建筑空间，以便登高远望，四面环眺，收纳周围景色。如北京景山上的万春亭。

围绕水面、草坪、大树、休息场地布置的敞廊、敞轩等建筑物，也常以开敞性的布局形式，以取得与外部空间的紧密联系。

（3）自由布局的内外空间

中国园林建筑运用最多的是内外空间。它或围或透，内外相宜，具有比较安静、以近观近赏为主的小空间环境，又可通过一定的建筑部位观赏到外界环境的景色。造型上因为有闭有敞而虚实相间，形成富有特色的建筑群体。如颐和园画中游园林建筑群，既有观赏昆明湖的外向空间，又有观赏内庭院假山之景的内向空间。

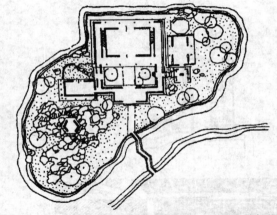

图9-3-1　开敞性的外向空间——承德避暑山庄的烟雨楼

（4）画卷式的连续空间

在中国园林建筑的空间组合方式中，还有一种把建筑物按照一定的观赏路线有秩序地排列起来，形成一种类似中国画长卷式的连续空间。如颐和园中的苏州街。

从园林建筑的空间形式来说，主要是以上谈到的四种基本类型，但由这四种空间形式的组合、搭配，结合具体环境特点灵活应变，则可以组成难以计数的园林建筑组群。遍布于我国各地极其丰富多彩的园林建筑空间，就是这四种空间形式组合变化的结果。

2. 园林建筑空间处理手法

中国园林建筑艺术特征不仅在于建筑的外部造型，更重要的是其空间艺术特征。对虚与实、明与暗、内与外、静与动、开与合、旷与奥等关系的处理，形成了中国园林独具魅力的空间艺术。

（1）空间对比，以小衬大

对比法则是一切艺术普遍遵循的基本法则之一，也是园林建筑空间处理艺术手法的重要方面，包括景区内不同建筑群之间的空间对比，建筑群内单体建筑之间的空间对比，庭院之间的空间对比及空间大小的对比，空间虚实的对比，次要空间与主要空间的对比，幽深空间与开阔空间的对比，空间形体上的对比，建筑空间与自然空间的对比等。具是园林空间处理中为突出主要空间而经常运用的一种手法。如苏州留园入口空间狭长曲折，闭锁性极强，加上光线较暗，甚感压抑。忽然柳暗花明，豁然开朗，有山有水，亭、廊、榭点缀其间，视线通透，景致丰富，展现了中部主景区大空间，具有极强的空间艺术感染力。

园林建筑空间在大小、开合、虚实、形体上的对比手法，经常互相结合，交叉运用，使空间有变化、有层次、有深度，使建筑空间与自然空间有很好的结合与过渡，以符合园林实用功能与造景两方面的需要。

（2）有"围"、有"透"，互相流通

建筑空间的存在来自一定实体的围合或区分。没有"围"，空间就没有明确的界限，就不能形成有一定形状的建筑空间。但是只有"围"而没有"透"，建筑空间就会变成一个个孤立的个体，也形成不了统一而完整的园林空间。建筑物内外空间的"围"、"透"处理，主要表现在各种"实"与"虚"的建筑构件的运用上，具体处理手法却是非常灵活而机动的。如作"围"的处理时，主要以卡在立柱间的实墙来分割，而实墙可以是整片的墙，也可以是不到顶的、但却阻挡了视线的半截墙，也可以在实墙上开着各种形式的门、窗洞口，"围"中有"透"，这种洞口有时作为面向次要景物的"景框"。"透"是中国园林建筑处理上的重点，也是建筑物最富于表现力的地方（图9-3-2，图9-3-3）。

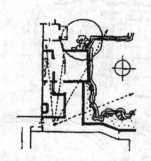

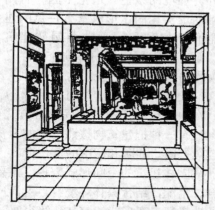
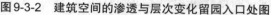

图9-3-2　建筑空间的渗透与层次变化留园入口处图　　图9-3-3　建筑空间的渗透与层次变化留园石林小院

　　建筑外围的整片墙面都可以布置成连续的玻璃长窗，或干脆做成空的柱廊，这样就很有利于进行室内外空间的渗透与交流。各种空间在大小、形状、性质上分隔、渗透、曲折、变化，空间的围透手段多种多样，空间的塑造与园林的意境相结合，空间的层次与组合适应着人们的观赏过程与心理上的需要。从建筑物内部的这个空间到那个空间，从建筑物的内部空间到外部空间，从建筑外部的这个庭院到那个庭院，都互相联系着、配合着，组成一个连绵不断的、有动有静的、有机的空间整体。

　　将一系列不同形状与不同性质的空间按一定的观赏路线有秩序地贯通、穿插、组合起来，就形成了空间上的序列。序列中的一连串空间，在大小、纵横、起伏、深浅、明暗、开合等方面都不断地变化着，它们之间既是对比的，又是连续的。人们观赏的园林景物，随时间的推移、视点位置的不断变换而不断变化。观赏路线引导着人们依次从一个空间转入另一个空间。中国的园林建筑是穿插、点缀在自然环境之中的，建筑的内部空间与外部空间总是彼此渗透、相互交融的。因此，中国园林建筑的空间序列，是一连串室内空间与室外空间的交错，包含着整座园林的范围，层次多、序列长、曲折变化、幽深丰富。

　　园林建筑空间序列的组织有两种方式。一种是对称、规整的形式，它是以一根主要的轴线贯穿着，层层院落依次相套地向纵深发展。我国古代的宫殿、庙宇、住宅一般都采取这种空间组合形式，建在园林内的这类性质的建筑物其空间序列大体仍是如此。如皇家园林中的宫廷区、私家园林中的住宅部分、风景名胜区中的寺庙等。其典型的实例如北京颐和园万寿山前山中轴部分排云殿、佛香阁一组建筑群，从临湖的"云辉玉宇"牌楼起，经排云门、二宫门、排云殿、德辉殿至佛香阁，穿过层层院落，地平随山势逐层升高，至佛香阁大平台提高约40余米，平台上建起八面三层四重檐、巍峨挺秀的高阁，成为这组建筑群空间序列的高潮，也成为全园前山前湖景区的构图中心。而其后部的"众香界"与"智慧海"则是高潮后的必要延续。

　　另一种空间序列取不对称、不规则形式，以布局上的曲折、迂回见长，其轴线的构成具有周而复始、循回不断的特点。这种形式在我国园林建筑空间中大量存在，是最常见的一种空间组合形式，但它们的表现又是千变万化的。典型的实例如苏州的留园，它从园门入口到园林内的主要空间之间，由于相邻建筑基址的挤压而形成了一条狭长的引道，由门厅、甬道分段连续而组成长约50m的建筑空间，组成大小、曲直、虚实、明暗等不同空间效果的对比，使人通过"放—收—放""明—暗—明""正—折—变"的空间体验，到达"绿荫"敞轩后更感到山池立体空间的开阔、明朗。

二、园林建筑的布局艺术

1. 园林建筑的布局原则

园林建筑设计总的要求还是城市建设"适用、经济、在可能条件下美观"的原则。但是不同类型的园林绿地，要根据其性质、用途、投资，在制定总体规划时妥善安排各项建筑项目。

（1）满足功能要求

园林建筑的布局首先要满足功能要求，包括使用、交通、用地及景观要求等，必须因地制宜、综合考虑。

人流较集中的主要园林建筑，如露天剧场、展览馆等，应靠近园内主要道路，出入方便，并应适当布置广场。露天剧场布置时应结合地形，展览馆应考虑展览场地的位置。

体育建筑吸引大量观众，若布置在大型公园内应自成一区并应单独设置出入口，通向城市干道，以免与其他游览区混杂。

阅览室、陈列室宜布置在风景优美、环境幽静的地方，另居一隅，以路相通。

亭、廊、舫、榭等点景游憩建筑，需选择环境优美，有景可赏，并能控制和装点风景的地方。

餐厅、茶室、照相等服务建筑一般希望设置在交通方便、易于发现之处，但又不能占据园中的主要景观位置。餐厅应有杂务院，并应考虑单独出入口，以方便运输。照相室布置在有景可借处或附设于主要风景建筑中。茶室可为室内，也可兼设露天或半露天茶座。小卖部一般附于茶室或餐厅中，规模较大时也可单独设置。

厕所应均匀分布，既要隐蔽又要方便使用。

园林管理建筑不为游人直接使用，一般布置在园内僻静处，设有单独出入口，不与游览路线相混杂，同时考虑管理方便，但应与展览温室、动物展览建筑等有方便的联系。

温室常与苗圃结合布置，应选择地势高、通风良好、水源充足的地段。

（2）满足造景需要

在造景与使用功能之间，不同类型的园林建筑有着不同的处理原则。对于有明显的游览观赏要求的，如亭、廊、舫、榭等建筑，它们的功能应从属于游览观赏。对于有明显的使用功能要求，如园务管理、厕所等建筑，游览观赏应从属于实用功能。而对于既有使用功能要求，又要有游赏要求的，如餐厅、茶室、展览室等，则要在满足功能要求的前提下，尽可能创造优美的游览观赏环境。如餐厅、展览馆的设计，采取庭园式布置手法，在满足用餐、展览功能的基础上，来加长和丰富建筑内部的活动路线，加强庭园和建筑外部的游览观赏性，以满足造景的需要。

在造景与基址利用之间，要巧于构思，利用基址的什么特点造景、有否大树、山岩、泉水、古碑、文物等可以利用，都要反复推敲，以满足人们不同的观赏要求。高架在山顶，可供凌空眺望，有豪放平远之感；布置在水边，有"近水楼台"，漂浮水面的趣味；隐藏在山间，有峰回路转，豁然开朗的意境。布置在曲折起伏的山路上可形成忽隐忽现的景观；布置在道路转折处，可形成对景，吸引和引导游人游览。即使在同一基址上建同样园林建筑，不同的构思方案，对基址特点利用不同，造景效果也不大相同。

（3）与自然环境协调

把园林建筑与山水、植物等自然因素很好协调起来，是取得园林景观整体美学效果的关键之一，是园林建筑布局的主要原则。常采用使室内外相互渗透，与自然环境有机结合的处理手法。

园林建筑的室内外互相渗透、与自然环境有机结合，不但可使空间富于变化，活泼自然，而且可就地取材，减少土石方，节约投资。例如，采用四面厅、敞厅、敞阁、敞轩、水厅、空廊、半廊、亭以及底层作支柱层等通透开敞的园林建筑形式，并适当地运用漏花窗、什锦窗、大玻璃窗、落地长窗、通花隔断、花罩、博古架、回纹撑角、挂落等园林装修形式，使建筑空间与自然空间取得有机联系。

将室外水面引入室内，在室内设自然式水池，模拟山泉、山池，还可在水中立柱、将楼廊支越于水面。

将园林植物自室外延伸到室内，保留有价值的树木，并在建筑内部组成景致。

将自然材料（包括模拟的）用于室内，可起到联想和点缀作用。如虎皮石墙、石柱、山石散置、花树栽植、山石和盆景等。

在以上做法中还应注意对地形地貌的利用。如利用原有基址上的岩石，把山岩穿插在建筑底层，使建筑内外石景相连，浑然一体。

园林建筑与自然环境的协调还表现在"山水为主，建筑是从""化大为小，融于自然"等处理手法以及突出表现在建筑自身的形象轮廓、线条、色彩与自然风貌的统一上。

现代园林中大体量的建筑力求与环境的巧妙配合，力求建筑掩隐于绿色植物之中，如古人云："以人为之美入天然，故能奇；以清幽之趣药浓丽，故能雅"（朱启钤《重刊园冶序》）。

2. 园林建筑布局手法

园林建筑的布局是从属于整个园林的艺术构思的，是园林整体布局中一个重要的组成部分。中国园林布局的原则、特点、手法等，也是园林建筑必须遵循的。同时还应结合园林建筑自身的特征，现归纳总结如下。

（1）师法自然、寓意在先

中国的园林是文人、画家、造园匠师们饱含着对自然山水美的渴望和追求，在一定的空间范围内创造出来的。他们经过长期的观察和实践，在大自然中发现了美，发现了山水美的形象特征和内在精神，掌握了构成山水美的组合规律。他们把这种对自然山水美的认识，带到了园林艺术的创作之中，把对自然山水美的感受引导到现实生活的境域里来。这种融汇了客观的景与主观的情、自然的山水与现实的生活的艺术境界，为了追求这样的艺术境界，园林建筑布局应坚持"山水为主，建筑是从""化大为小，融于自然""造型处理结合环境"等原则，即做到园林建筑体量上点缀环境、造型上协调于环境、空间上不割裂环境，并做到与山石、水体、植物等自然要素的有机结合。

中国园林建筑与山体布局，讲究随形就势，或立于山巅，或鞍于山脊，或伏于山腰，或卧于峡谷。即使私家园林的人工山体上，也进行巧妙地布局，如扬州个园黄石秋山上的拂云亭。建筑与山体环境紧密结合，或悬挑，或吊脚，或平整，或跌落，在不同环境条件下灵活处理。

园林建筑与水体布局，讲究建筑与水体相互依存，以满足人的亲水性心理需求。可布置在水体之中或孤岛之上，如湖心亭；可建于水边依岸而作，面向水域，如水榭；或横跨水面之上，有长虹卧波之势，如桥亭、桥廊、水阁等。

园林建筑与植物布局讲求情景交融，呈现四时之景，展示时序景观与空间变化，如拙政园的"荷风四面亭"，狮子林的"向梅阁"，留园中的"荷花厅"。

"意在笔先"是古人从书法、绘画艺术创作中总结出来的一句名言，它对园林建筑布局也是完全适用的。寓情于景、触景生情、情景交融是我国园林艺术特色，"轩楹高爽，窗户虚邻，纳千顷之汪洋，收四时之烂漫"，诗情画意可以在许多园林建筑艺术意境的创造上反映出来。如颐和园、北海这样的帝王园林，前者以佛香阁建筑群为全园的构图中心，后者以白塔为控制全园的制高点，这种具有强烈中轴线的对称空间艺术布局、构成了极其宏伟壮丽的艺术形象。体现了皇家园林的风格。人们对园林建筑的体量、形象、色彩、气氛的观赏感受产生意境。"幽雅""素雅""雅致"就是对园林建筑感受的表达。清代李渔在《闲情偶寄》中说过，建筑的体量、色彩与造型"贵精不贵丽，贵新奇大雅，不贵纤巧烂漫"。清代郑板桥画室的对联："室雅何需大，花香不在多"。中国园林建筑贵在体量与环境的合"宜"，灵"巧"，色彩的幽"雅"，总体布局到细部装饰纹样的"精"美。

（2）巧于因借，精在体宜

"巧于因借"，"因"是因地制宜，从实际出发。即"随基势之高下，体形之端正，碍木删桠，泉流石柱，互相借资；宜亭斯亭，宜榭斯榭，不妨偏径，顿置婉转，斯谓'精而合宜'者也"这就告诉我们园林建筑布局只有先"因"，然后才能"宜"，从"因"出发，达到"宜"的艺术效果。

因地制宜就是园林建筑布局要结合园林的自然环境，做到"相地得宜"，既要注意地形、地貌等自然条件，也要注意花草树木、山石、水体及人文景观等因素。

皇家园林规模宏大，园林建筑数量多，类型复杂，规模与尺度较大，风格端庄持重，色彩较为富丽、浓艳。因总体布局一般分为宫与苑两个部分，园林建筑布局也有两种形式。宫廷区又有"外朝"与"后寝"之分。"外朝"部分的建筑布局是正殿居中，配殿分列两旁，中轴线贯穿几进院落的布置方式，形成了一个严整的空间序列。"后寝"部分大多是由较封闭的四合院组合而成，宫廷区均布置在园林的入口处，宫门也就成了园林的正门。苑区占地广，空间范围大，具有各种山水地貌，为满足游赏的需要，园林建筑常以大分散、小集中成组成团进行布局。如颐和园和圆明园大体都是这种布局。

私家园林用地范围有限，庭院空间较小，其建筑布局以厅堂类建筑面对假山主峰，周围环以游廊及附属小院，中间以水面作为过渡。如苏州的拙政园、留园，无锡的寄畅园等。一个好的园林建筑布局，还必须突破自身在空间上的局限，充分利用周围环境上的美好景色，因地借景，选择好合宜的观赏位置与观赏角度，延伸与扩大视野的深度和广度，使园内园外的景色融汇一体，"巧于因借"的"借"字就是这个意思。

借景在园林建筑布局中占有特殊重要的地位。借景的目的是把各种在形、声、色、香上能增添艺术情趣、丰富画面构图的外界因素，引入到本景空间中，使景色更具特色和变化。借景是为创造艺术意境服务的，对扩大空间、丰富景观效果、提高园林艺术质量的作用很大。"园虽别内外，得景则无拘远近"。

① 借形组景　园林建筑中主要采用对景、框景、渗透等构图手法，把有一定景效价值的远、近建筑物、建筑小品，以至山、石、花木等自然景物纳入画面。

② 借声组景　自然界声音多种多样，园林建筑所需要的是能激发感情、怡情养性的声音。在我国古典园林中，远借寺庙的暮鼓晨钟、近借溪谷泉声、林中鸟语，秋夜借雨打芭蕉，春日借柳岸莺啼，凡此均可为园林建筑空间增添几分诗情画意。

③ 借色组景　夜景中对月色的因借在园林建筑中受到十分重视。杭州西湖的"三潭印

月""平湖秋月",避暑山庄的"月色江声""梨花伴月"等都以借月色组景而闻名。

④ 借香组景　在造园中如何利用植物散发出来的幽香以增添游园的兴致是园林设计中一项不可忽视的因素,拙政园中"荷风四面亭"是借荷香组景的佳例。

(3)化大为小,有主有从

我国传统的园林建筑是一种木构架的结构体系。这种结构体系本身就决定了建筑物在一般情况下体量较小、较矮,个体建筑物的形状比较简单,大小、形状不同的建筑物可以有不同的功能。布局时,可把它们独立设置,也可用廊、墙等把它们组合成为院落式的群体,这种化大为小、化集中的大体量为分散的小体量的处理手法,能使园林建筑与自然环境协调统一,非常适合于中国式园林布局与园林景观上的需要。

化大为小的不同园林建筑布局时,同样应该遵循有主有从这一艺术创作的规律。主从分明才能有重点、有中心。主次之间彼此呼应、连贯、相得益彰而组成园林艺术的整体。在小范围内造园,为丰富景观效果,也要使景区有主有次,建筑物有主有从,以形成有特色的重点。

中国园林,特别是规模较小的园林,布局的基本方式是:山—水—建筑。建筑面对山水,既突出了山水景观,又获得了良好的观赏条件。建筑集中布置,既使自然空间开放、明朗,又使建筑空间封闭、曲折,有疏有密,形成对比,兼顾到实用功能与艺术观赏两方面的需要。

如苏州艺圃是座小型园林,全园面积约五亩,建筑物集中布置于北部,以博雅堂为中心组成密集的院落群,中部为水池,南部为山林,建筑以游廊与亭榭沿池的东西两侧向南部延伸,山林中以散置小亭作为点缀,形成建筑与山水之间的强烈对比,布局手法简练、开朗。

北京的颐和园是座大型皇家园林,布局以自然山水为主体,在前山前湖开阔的自然环境中,湖面占了绝大部分,因此,把十几组大小建筑群与小园林集中布置于万寿山的前山阳坡地带,形成以排云殿—佛香阁为中心的建筑布局。其他较小的景点分别点缀在沿湖的堤岸及湖中的小岛上,形成一山一水,一实一虚,宏丽的建筑与疏朗的水景的强烈对比,主从分明,重点突出,景观特点十分鲜明。

风景名胜园林与风景区的寺观园林,由于地域范围较大,景观变化多样,自然界的天然韵律要求建筑采取分散布局方式。建筑依据环境不同特色,灵活布置,形成有个性的景点。景点有大有小,以大带小,有节奏有变化地控制全局。

北京的圆明园是一座以水景为主的皇家园林,占地范围广阔。它平地挖湖堆山创造园林景观,以西山和万寿山作为主要借景方向。因此,建筑布局主要采取大分散小集中的集锦方式,组成各具特色的景点分布于全园各处。为了达到分散而不零乱的效果,也必须有主有从。这主要通过两个方面来实现:一方面是围绕一个主要的水面,沿湖、沿河布置小园林集群,以形成共同的园林空间;另一方面,在一个景区的中心或重点部位,布置1～2组重点建筑物成为重点,这个重点能照顾到较大的空间范围并与分散于周围的次要景点在视觉与游览路线上取得联系,这样就形成了有主从、有节奏的园林空间体系。承德避暑山庄的自然景观特点是山、水、草原的结合。山峰不高,湖面不大,岛屿纵横交错,变幻多姿。因此,建筑物为适应环境,采取灵活分散布局形式,以突出"山庄"特色。但在分散、低矮、隐现于山林绿荫中的建筑组群中,也需要有主有从,有高有低,有隐有显,并按照一定的构图规律把它们有节奏、有韵律、彼此呼应地组成为一个统一的整体,这样在空间构图上才不零乱、散漫。

(4)分而不隔、相互贯通

用墙将园林建筑空间进行围合分隔,可构成多种多样的空间领域。在园林建筑布局中,为了避免单调并获得空间的变化，除采用对比手法外，另一重要方法就是组织空间的渗透与层次，使园林建筑空间分而不隔，相互贯通。

① 园林建筑内部空间的分隔与渗透　为了满足建筑内部功能上的需要，为了使空间有变化有层次，常使用屏风、落地罩将一个宽敞的大空间分隔成若干个有大有小的活动范围，空间上互相流通、渗透，比较灵活。如颐和园中的乐寿堂内部纵、横方向用各种形式的屏风、隔断、格门、落地罩、博古架、帷幔等灵活地进行分隔，雕刻精致、玲珑透巧的硬木装修与室内陈设相结合，创造了精美、幽雅的内部空间气氛。

② 建筑内外空间的分隔与渗透　根据园林建筑的使用性质、周围景观的特点和建筑物的朝向，组织建筑内外空间的分隔与渗透。如私家园林中的一些书房、皇家园林中的寝宫都是一些私密性较强的空间，以围合分隔为主，建筑物的两面或三面以实体墙围合，正对一个封闭、幽静的小院。作为主要观赏点的厅堂、轩榭则是公共性较强的使用空间，以渗透贯通为主。

空间的渗透贯通主要是利用门、窗、洞口、空廊作为联系媒介，使空间彼此渗透，增添空间层次，常运用对景、框景、漏景、利用空廊互相渗透和利用曲折、错落变化增添空间层次。苏州留园入口及石林小院空间互相渗透和层次变化异常丰富，使人有深邃曲折和不可穷尽之感。

（5）疏密有致，曲折变化

我国的皇家园林、私家园林、寺庙园林一般建筑占的比重较大，虽然采取化大为小，分散布置，但不是平均布局，而是注意处理好平面上的疏密关系，以获得密中求疏，小中求大的艺术效果。

我国书画家讲的"宽处可容走马，密处难以藏针"是指艺术上的一种对比效果，在园林艺术上也是同理。疏与密都是相对的，又是互相映衬的，"疏中有密，密中有疏，驰张启阖，两相得宜"。要疏而不荒，密而不促，关键还在于"得宜"，这个"宜"，就是人们活动的空间尺度。空间尺度感的掌握在园林建筑布局中是最难、也是最要紧的。

苏州的网师园即是一个很好的实例（图9-3-4）。园林在住宅西侧，面积约0.3 hm²，是中小型园林，但却布置了八座厅、堂、轩、馆，三座亭子，游廊穿插，尺度合宜，布局疏密恰当，曲折变化有致。分析起来，在建筑布局上有以下特点，较高大的建筑都退隐至临近北部和南部的界墙附近布置，以便让出中部园林空间安排水面。如北部的五峰书屋、集虚斋、看松读画轩等主要厅堂轩馆都紧贴北端，组成以书房为主的庭院区；南部的小山丛桂轩、蹈和馆、琴室所组成的生活宴聚性的小庭园也退离池面布置。这样就形成了外侧高、中间低、两侧密、中间疏的局面。临水建筑都取低矮、小巧、空透的建筑形式，如游廊、亭榭、水阁等，与水面贴近，并以山石与绿化把它们加以间隔，它们既成为主要建筑延伸至水边的一些景点，其形象又能与中部小景相配合，成为高与低、疏与密之间的一种过渡。在建筑布局上，把池面西北与东南角两个部位让出，布置山石、绿化，使建筑都退隐于树丛、假山之后，而水面在这两个角位还就势伸出水湾，跨以平折桥及小拱桥，使水面有源头不尽之意；这样，使中部空间进一步扩大，使视线进一步延伸。同时，池东北、西南两角的建筑处理以"实"为主，池西北、东南两角以"虚"为主，交错布局，形成对比。

园林建筑布局的曲折变化是指园林建筑在平面布局上迂回曲折，竖向有错落变化。

为了在有限的园林空间中获得深远不尽的空间意境，园林建筑就要讲究迂回曲折的布局方式，曲桥、曲径、曲廊在园林中起着组织游览路线的作用，当其结合着环境和两侧风景的特点，相应地曲折变化一下，使游人左顾右盼而得景，信步其间使距离延长而能意趣横生。有时"山回路转，曲径通幽"，自然地把人由一个空间引向另一个空间，给人一种意料之外的感受。要做到这一点，必须因地制宜，因景而宜，曲折之妙，全在随机应变，而不在主观做作。苏州拙政园中部东南角上由枇杷园、听雨轩、海棠春坞三个主要庭院所组成的一组小院集群，以曲折的游廊相贯通，以起伏的云墙、花墙、山石与外部园林适当分割，建筑灵活布局，造型各不相同，人们在其中游赏，感到空间变化丰富，处理灵活，各个庭院空间各有特色。

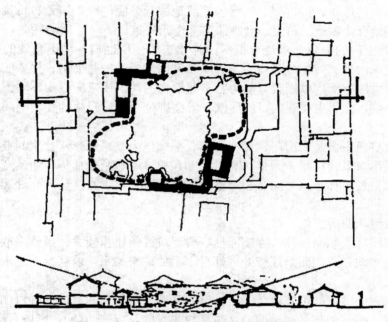

图9-3-4　苏州网师园建筑布局的疏密曲折变化

利用曲折、错落变化增添空间层次。在园林建筑空间组合中常常采用高低起伏的曲廊、折墙、曲桥、弯曲的池岸等手法来化大为小分隔空间，增添空间渗透与层次。同样，在整体空间布局上也常把各种建筑物和园林环境加以曲折错落布置，以求获得丰富的空间层次和变化。特别一些由各种厅、堂、亭、榭、楼、馆单体建筑围合的庭院空间处理上，如果缺少曲折错落则无论空间多大，都势必造成单调乏味的弊病。错落处理可分远近、高低、前后、左右四类，但又可互相结合，视组景的需要而定。在处理曲折、错落变化时不可为曲折而曲折，为错落而错落，必须以在功能上合理、在视觉景观上能获得优美画面和高雅情趣为前提。如颐和园的画中游、谐趣园、佛香阁建筑群，北海公园的静心斋等。

（6）时空结合，有静有动

人们在园林内的生活节奏总是有静有动的，人对景物的观赏也常是"动"与"静"相结合的过程，因此，就产生了静观与动观的区别。静就是息，动就是游，静是"点"，动是"线"。由于人们在园林中的观赏经常是在建筑中进行的，所以，园林建筑的布局也必须考虑到这种静与动的要求，既选择好静观的"点"，又组织好游赏的"线"，作到动与静、点与线的结合。需从总体上推敲空间环境的程序组织，静观的点一般就是厅堂、亭榭、楼阁、平台等建筑物；动观的线，或是游廊，或是园路，或是水道，变化较大。要依据园林景观的特点、地势的高低变化，或登山远眺，或临水平视，或开阔明朗，或幽深曲折，以形成多样变化的景观。

园林建筑空间序列的组织归根到底是观赏点和游览路线的组织，游览路线随园林的规模与性质的不同而有差异，但要考虑到观赏距离与观赏角度，还必须考虑到景色逐层展开的连续效果。

　　小型庭院的空间范围很小，以静态的观赏为主，主要视点常位于厅堂轩馆之内，庭院内的山石、花木的布列关系主要考虑从室内所获得的观赏效果，如以石峰作主景，配合花木。中小型的园林，空间范围也不大，一般以假山、水池作为主景，配合以绿化及小型建筑物，为了变幻观赏的角度，观赏点的位置也有高有低，忽登山鸟瞰，忽濒水仰视；或处境开朗，或处境聚敛，变化多端，各具特点。而环绕山池的游廊或登山越水的山径、洞壁、桥梁等组成了动观的游赏路线，人们沿线前进，景色不断变幻，或上或下，或明或暗，或开或阖，或室内或室外，随着路线的推移，连续不断地映入眼帘，北海公园的白塔山东北侧有一组建筑群，空间序列及游览路线的组织先由山脚攀登至琼岛春阴，次抵圆形见春亭，穿洞穴上楼为敞厅、六角小亭与院墙围合的院落空间，再穿敞厅旁曲折洞穴至看画廊，可眺望北海西北隅的五龙亭、小西天、天王庙和远处钟鼓楼的秀丽景色，沿弧形陡峭的爬山廊再往上攀登，达交翠亭，空间序列至此结束。这也是一组沿山地高低布置的建筑群体空间，在艺术处理手法上，同样随地势高低采用了形状、方向、隐显、明暗、收放等多种对比手法来获得丰富的空间和画面。主题思想是赏景寻幽，功能是登山的交通道，因此无须有特别集中的艺术高潮，主要是靠别具匠心的各种空间安排和它们之间有机和谐的联系而获得美的感受。

第十章

园林广场道路与小品布局艺术

第一节　园林道路艺术

一、园林道路的作用

园路是园林构图中的重要组成部分，是联系各景区、景点的纽带，是构成园林景色的重要因素。

园路具有组织交通、引导游览的作用。同时担负着与城市道路的联系，集散人流、车流的功能，并满足不同游人的需要，组织不同内容的游览，对园林景观的展开和观赏程序起着组织作用。园路还需满足园林建筑、养护管理、安全防火和职工生活对交通运输的需要。

园路具有组织空间、构成景色的作用。园路能分隔园林空间，它的线型和铺装与园林植物、山石、水体、亭、廊、花架等构成各种富于变化的美景，起到展示景观和点缀风景的作用，园路布局合适与否，直接影响到园林的布局，因此得把道路的功能作用和艺术性结合起来精心构图，因景设路、因路得景，做到步移景异。

二、园林道路的分类

园路按规划形式分为规则式园路和自然式园路，按路面材料不同分为整体路面、块料路面、碎料路面、简易路面、嵌草路面、草路面、汀步路面等，按其性质和功能分为主要园路（主路）、次要园路（次路）和游憩小路（小路）。

1. 主要园路

是园林道路系统的骨干。从园林入口通向全园各景区中心、各主要广场、主要建筑、主要景点及管理区。它是园林内大量游人所要行进的路线，必要时可通行少量管理用车，道路两旁应充分绿化。宽度为 4 ～ 6m，一般均超过 6m，以便形成两边树木交冠的庇荫效果。

2. 次要园路

是主要园路的辅助道路。分散在各区范围内，连接各景区内的景点，通向各主要建筑。路面宽度常为 2 ～ 4m，要求能通行小型服务用车辆。

3. 游憩小路

主要供散步休息、引导游人更深入地到达园林各个角落，如山上、水边、疏林中，多曲折自由布置。考虑二人行走，一般宽 1.2 ～ 2m，最小宽度为 0.9m。

游憩小路是引导游人深入景点、寻胜探幽的道路。一般设在山岳、峡谷、水涯、小岛、丛林、水边、花间和草地上。

三、园林道路设计要求

1. 园路的风格决定于园林的规划形式

若为规则式的园林，园路大多为直线和有轨迹可循的曲线路；若为自然式园林，则园路大多为无轨迹可循的自由线和宽窄不定的变形路。园路路面铺装也影响到园路的风格。我国古典园林中的园路，常采用青砖、黑瓦以及卵石等材料嵌镶成各种精美图案和纹样，具有朴实典雅的风彩，素有花街之美称，具有民族特色，有较高的艺术性。

2. 园路的交通功能应从属于游览要求

园路不同于一般纯交通性的道路，应以满足游人的游览观赏为主导。一般道路要求"莫便于捷"求其平、直为主；而园林中的道路讲究"莫妙于迂"，以曲折迂回为主，以满足人们游览观赏的要求，使游人"绝处犹开，低方忽上"或"峰回路转，别开新境"，视线的左右、上下不断出现动人的画面，形成园林景观的不断变化，才能步移景异。

3. 园路布局必须主次分明，方向明确

园林道路系统必须主次明确，方向性强，才不致使游人感到辨别困难，甚至迷失方向。园林的主要道路不仅要在宽度和路面铺装上有别于次要园路，而且要在风景的组织上给人们留下深刻的印象。当游人在主路上行进时，如果能从不同地点、不同方向欣赏到造型别致的建筑、水花四溅的喷泉、五彩缤纷的花坛、茂密苍郁的树木……必然会给人们留下深刻的印象，从而有助于人们对方向的识别。

4. 园路布局要因地制宜，顺势辟路

园林的地形地貌往往决定了园林道路系统的形式。狭长的基地，园内各主要活动设施和各景点必沿带状分布，和它们相联的主要园路必呈带状形式。有山有水的园林，园林的主要活动设施往往沿湖和环山布置，园内主干道必然是套环式。从游览的角度要求，路网的安排尽可能是环状，以避免出现"死胡同"或使游人走回头路。

"顺势辟路"指道路的布局应当与地形巧妙地结合。路折因遇岩壁，路转因交峰回，山势平缓则路线舒展，大曲率；山势变化急剧则路径"顿置宛转"；尤其在自然山体的山脊和山谷，有高有凹，有曲有深，所以山路讲究"路宜偏径"，要"临壕蜿蜒"，做到"曲折有情"。另外"顺势"，就要分析园景的序列空间构图的游览形势，"因势利导""构园得体"。要求平面上曲折和立面起伏，达到"曲折有致""起伏顺势"。应顺地形的变化而铺设，顺地形而起伏，顺地形而转折；也可以结合园路的势态而陡急，而延缓。园路与地形、地势相辅相成。

5. 自然式园路布局妙于迂回曲折

《园冶》中讲"开径逶迤"，是指园路在平面上曲折变化，竖向上随地形起伏变化。

园路的曲折迂回原因有二，一是地形的要求，如在前进的方向遇到山丘、水体、大树、建筑物等障碍物，或因较陡的山路需要盘旋而上，以减缓坡度；二是功能和艺术的要求，如为了增加游览程序，组织园林自然景色，使道路在平面上有适当的曲折，竖向上随地形有起有伏，游人视线随道路蜿蜒起伏向左、向右、或仰或俯，饱览不断变化的景色。或为了扩大风景空间，使空间层次丰富，时开时闭、或敞或聚、辗转多变、含蓄多趣（图10-1-1）。园林道路的曲折迂回必须防止矫揉造作，一忌"三步一弯，五步一转"曲折过多，形成蛇形路，反而失去了自然；二忌曲率半径相等，即相邻的两个曲折绝对不能半径相同，大小应有变化，并显出曲折的目的性，否则平地上无缘无故的曲折，游人定会抄近路而践踏路边的花草；三忌此路不通，曲路的终端必须接通其他道路或有景可赏，避免游人走回头路。

6. 依据景区的性质、地形、游人的多寡确定园路布局的疏密变化

园林道路的疏密和景区的性质、园内的地形、游人的多寡有关。一般安静休息区密度可小些，文娱活动区及各类展览区密度可大些，游人多的地方密度可稍大，地形复杂的地方密度则较小。总的说来园路不宜过密。园路过密不但增加了投资，还造成绿地分割过碎之弊。在城市公园中，道路的比重可大致控制在公园总面积的10%～20%。

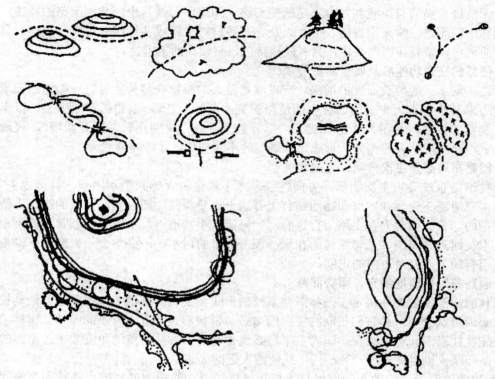

图 10-1-1　园路的曲折迂回

7. 园路布局必须处理好园路交叉口与分叉口

两条园路相交处称为交叉口，由一条园路分出另一园路称为分叉。分叉有两种情形，一种情形是园路遇到地面物或设置障景，分叉后其园路宽度不变，另一种情形是由主路分出次路或由次路分出小路，分叉后园路宽度不同。两条直线园路相交，园路中心线要交于一点，可以正交，也可以斜交，斜交必须对角相等，且锐角不宜小于60°。如果两条自然式园路相交一点，所形成的对角不宜相等，道路需转向时，离原交叉点要有一定长度作方向转变的过渡。

由主路分出次路，分叉位置宜在主路弯道的外侧。

园路布局，应避免交叉口过多，两条园路呈丁字形交接时，在交点处可设对景（图10-1-2）。

8. 园路随地形起伏变化，应有适宜的坡度

园路的坡度有横坡和纵坡两种，横坡是指由园路中心线向路两侧的坡度，是为了园路排水，将雨水排到两侧的井中，坡度为4%左右。纵坡与园路的类型、路面材料等相关。主路最大纵坡为7%～9%，次路为8%～10%，小路小于15%。山地园路因受地形限制宽度不宜大，当坡度超过10%时应顺等高线做盘山道，以减少坡度，若坡度超过15%时，须设踏步、筑台阶处理。

9. 园路和建筑的联系

自然式园路在通向建筑正面时，应与建筑渐趋垂直，在顺向建筑时，应与建筑趋于平行。

靠近道路的园林建筑一般面向道路，并不同程度地后退，远离道路。在一般情况下道路可采取适当加宽或分出支路的办法与建筑相连。游人量较大的园林主要建筑，后退道路较多，形成建筑前的集散广场，道路可通过广场与建筑相连（图10-1-3）。

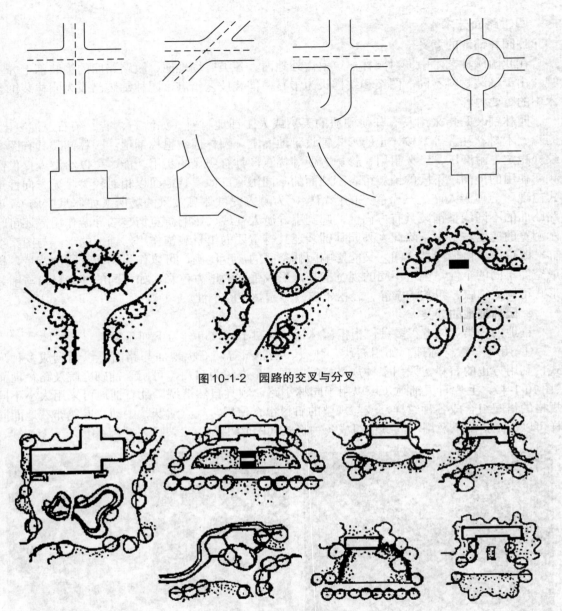

图 10-1-2　园路的交叉与分叉

图 10-1-3　园路和建筑的联系

　　对于可穿越的园林建筑，道路可以穿过建筑或从建筑的支柱层通过。靠山的园林建筑利用地形分层入口，游人可以竖向穿越建筑。临水建筑也可从陆地进入，穿过建筑涉水（桥、汀步）而出。

10. 园路与桥及水体的联系

　　桥是路的延伸，称之为"跨水之路"。在布局时，桥和路的方向要一致，或园路与桥头广场相连或加宽桥头的园路。

　　湖水岸边的园路，便于游人观赏水景和开展水上活动，同时使游人接近水面，感到亲切自然，一般都布局环湖园路，但不是紧靠岸边一周，而是距岸边若接若离，有的路段接近湖岸，部分路段远离岸边。

四、路面艺术

1.园林铺地的意义

在我国园林艺术中，对园林建筑室内外地面、各类广场地面、园路路面的铺装都十分重视。由于铺装材料不同，图案和纹样极为丰富，铺装技艺精湛，园林铺装已成为园林装饰艺术中的重要内容。

园林铺装是指采用具有任何硬质的天然或人工铺地材料（如沙石、砖、条石、混凝土、沥青、木材、瓦片等）按一定的形式铺设于地面上。园林铺装也称铺地。园林铺装具有图案纹样稳定、耐磨压、经久耐用、管护方便等优点，具有明显的实用功能，可以给游人提供高频率使用的地面，不同的铺装可表示地面的不同用途，如铺装地面以相对较大且无方向性形式出现，会使游人产生一个静态的停留感，为游人提供休息赏景的场所（如休息广场）。道路路面的不同线型铺装具有方向性，起到引导游人视线、影响游览情趣的导游作用，还可暗示游览的速度与节奏。除此之外园林铺装还具有重要的组景装饰作用，铺地的形式与图案纹样，既可统一协调园林空间，又能影响园林空间的尺度比例，可以作为其他景物的背景，构成空间不同的个性，创造不同的视觉趣味，形成强烈的地方色彩，如不同的铺装材料与铺装形式可构成细腻、粗犷、宁静、轻松、喧闹等园林空间个性。

2.园林铺地的分类

铺地的分类可以有很多种，根据园林铺地材料不同，可分为下列几类。

① 用单一石材铺地　如用石块、乱石、鹅卵石等，石板地面与路面可以铺砌成多种形式，利用方正的石料，采用多种规格搭配处理，形态较为自由，可用于铺砌庭院及路径地面（图10-1-4）。毛片石仄铺地，可以用于园林小路，颇具自然情调。乱石铺地可采用大小不同规格的搭配组合成各种纹样，或与规整的石料组合使用，气氛活跃、生动。嵌鹅卵石地面同样可以大小搭配以及用不同颜色组成各种形式（图10-1-5）。

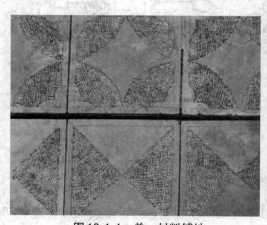

图10-1-4　单一材料铺地

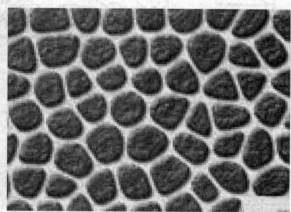

图10-1-5　鹅卵石路面

② 用砖块铺地　这种铺地是我国古典园林铺地中广泛采用的方式。方砖基本用于室内，在庭园中则采用条砖仄砌，构成席纹、间方、人字、斗纹等图案（图10-1-6）。这种铺地方法简单，材料易取，在现代园林铺地中仍可采用。

③ 综合使用砖、瓦、石铺地　它是园林铺地的一种普通的方式，在古典园林中用得较多，俗称"花街铺地"。根据材料的特点和大小不同规格进行的各种艺术组合，其形式不胜枚举，常见的有用砖和碎石组合的"长八方式"，砖和鹅卵石组合的"六方式"，瓦材和鹅卵石组合的"球门式""软锦式"以及用砖瓦、鹅卵石和碎石组合的"冰裂梅花式"等（图10-1-7）。

图 10-1-6　条砖仄砌铺地

图 10-1-7　冰裂梅花式

④ 水泥预制块铺地　它在现代园林中占主要地位。除一般建筑采用的水磨石、美术水磨石、水泥地面外，造型水泥铺地砖是富有造园艺术趣味的一种铺地材料，式样有表面拉出条纹，表面模制出竹节和表面处理成木纹（图 10-1-8）等。它们可以成片铺设，也可以散置在草坪中，组合水泥块地面具有多种多样，还可以预制成两种大小不同的规格与卵石组合成各种图案。这种水泥预制块易于满足现代园林建筑的大空间尺度的要求，是砖、瓦、卵石"花街铺地"的一种发展。

图 10-1-8　仿木纹的水泥板路面

园林铺地形式的选择，通常厅堂取其平整，以方砖、石板为宜，现代园林用美术水磨石夹铺碎大理石块形成的冰裂纹格调也雅致；中庭可用石板、乱石铺砌，也可用砖、瓦、卵石作花街铺地，山路一般以乱石、碎石铺地为多；平地小径则可采用片石仄砌、大小石料搭配或水泥预制板块砌，或随意散置于草坪中也饶有趣味；山路及人流活动频繁的中庭或路径一般不宜采用鹅卵石铺地。必须根据不同环境因地制宜地合理选择铺地的方式，以满足使用与观赏的要求。

3. 路面艺术的创造

铺地作为空间界面的一个方面而存在着，像室内设计时必然要把地板设计作为整个设计方案中的一部分统一考虑一样，园林铺地，由于它自始至终伴随着游览者，影响着风景效果，是整个空间画面不可缺少的一部分，因此，园路一直参与着景的创造。

本部分着重从路面的质感、色彩、纹样、尺度及光影效果在路面设计中的应用这些方面进行介绍，使读者了解如何创造美的地面景观。

（1）质感

铺装的美，在很大程度上要依靠材料质感的美，一般铺地材料以粗糙、坚固、浑厚者为佳。

① 质感的表现，必须尽量发挥素材所固有的美。中国人对于自然素材的质感，有着细致的感受，无论是粗犷的花岗岩，滑润的鹅卵石，还是美丽的青石板，都是那样地耐人寻味。而混凝土的仿木制品，则降低了美感。

② 质感与环境和距离有着密切的关系。铺装的好坏，不只是看材料的好坏，而是取决于它是否与环境相协调。在材料的选择上，要特别注意与建筑物的调和。如五大连池地质公园很多园路采用火山石铺装，与周围的火山地质景观非常协调。

③ 质感调和的方法，要考虑统一调和、相似调和与对比调和。

④ 铺地的拼缝，在质感上要粗糙、刚健，以产生一种强的力感。否则如果接缝过于细弱，则显得设计意图含糊不清。而砌缝明显则易产生漂亮整洁的质感，使人感到雅致而愉快。

⑤ 质感变化要与色彩变化均衡相称。如色彩变化多，则质感变化要少一些。如果色彩、纹样均十分丰富，则材料的质感要比较简单。

（2）色彩

① 园路色彩的作用与要求　色彩是主要的造型要素。色彩是心灵表现的一种手段，它能把"情绪"赋予风景，强烈地诉诸于感情，并作用于人的心理。因此，在园林中对色彩的运用，越来越引起人们的重视。园林的色彩设计包括植物、山水、建筑、铺地等。离开环境，无所谓色彩美。它们必须统一考虑，进行综合设计。

园路的色彩必须是稳重的。色彩的选择应能为大多数人所接受。它们应稳重而不沉闷，鲜明而不俗气。一般地讲，中间色相以茶色系较为理想。如成都人民公园，在一条林间小路上，周围色彩比较单一，采用了普通机制青砖与红砖拼成图案，丰富了林间的色彩。

色彩必须与环境统一，或宁静、清洁、安定，或热烈、活泼、舒服，或粗糙、野趣、自然。图案与线条的稳定程度受色彩变化的大小而定。另一方面，色彩又从属于纹样和材料。

② 色彩的情调　一般认为暖色调表现热烈、兴奋的情绪，冷色调表现幽雅、宁静、开朗、明快，给人以清新愉快感，灰色调表现忧郁、沉闷。

因此在园林铺地中，有意识地利用色彩的变化可以丰富和加强空间的气氛。

③ 色彩调和的方法　按同一色调配色。如公园的铺装，由混凝土铺装、块石铺装、碎石和卵石铺装等，各式各样的东西，如果同时存在，忽视色调的调和，将会大大地破坏园林的统一感。如在同一色调内，利用明度和色度的变化来达到调和，则容易得到沉静的个性和气氛。如果环境色调令人感觉单调乏味，则地面铺装可以变化。

④ 按对比色调配色　对比色调的配色是由互补色组成的。由于互补排斥或相互吸引都会产生强烈的紧张感，因此对比色调在设计时应谨慎运用。

⑤ 常用铺地的加色方法

a. 彩色水泥混凝土：彩色水泥混凝土是根据需要分别选用白水泥或普通水泥，按一定比例加入无机矿物质燃料，如红色（氧化铁）、绿色（氧化铬）等调制而成。一般制成有适当粗糙度的彩色混凝土花砖，拼成各种图案。

b. 彩色沥青混凝土：沥青路面具有耐压、抗磨耗、抗冲击、不透水等优点。近几年，我国引进彩色沥青路面的施工技术，主要是在沥青混凝土的配料中，加入替代石粉重量5%～7%的矿物质颜料，从而取得较好的彩色效果。

（3）纹样

在园林中，路面以其多种多样的形态、纹样来衬托、美化环境、增加园林的景色。纹样则起装饰路面的作用。在园林中，铺地纹常因场所的不同而各有变化。讲究路面的纹样、材料与景区的意境结合，起加深意境的作用，如苏州拙政园枇杷园的铺地采用枇杷纹。

（4）尺度

路面砌块的大小、拼缝的设计、色彩和质感等，都与场地的尺寸有着密切的关系。如大场地的质感可粗些，纹样不宜过细。而小场地则质感不宜过粗，纹样也可以细些。如杭州植物园山外山餐馆庭院，用几块小块料组合为一体，然后在周边做成宽缝，取得较大的尺度感，与建筑环境相协调。

4. 光影效果在路面设计中的应用

在我国古典园林中，早已利用不同色彩的石片、卵石等按不同方向排列，在阳光照射下，产生丰富变化的阴影，使纹样更加突出。

在现代园林中，多用混凝土砖铺地，为了增加路面的装饰性，将砖的表面做成不同方向的条纹，使原来单一的路面变得既朴素又丰富。这种方法在园林铺地中的应用，不需要增加材料，工艺过程简单，还能减少路面的反光强度，提高路面的抗滑性能，确能收到事半功倍的效果。

在做园路设计时，不要过分追求色彩、质感、纹样的变化。地纹不要凹凸不平，要给人以稳定、舒适、安全的感觉。

五、蹬道与踏步

园林中的蹬道与踏步，是为了解决园林地形高低差距而设置的实用与装饰功能为一体的小品性设施（图10-1-9）。

图10-1-9　蹬道与踏步

蹬道是在天然岩坡或石壁上，凿出踏脚的踏步与穴，或用条石、石块、混凝土预制条板、树桩以及其他形式，铺筑成上山的构筑设施。踏步也称台阶，与蹬道的作用基本一致，是为了解决构筑物的平台或基座与地面之间的高低差过渡。传统园林中，多把石级或蹬道与池岸和假山结合起来，形成随地势起伏的蹬道或爬山廊，此种处理，既解决了交通的联系，又丰富了组景的内容，在传统园林和现在造园中都经常采用。例如，留园明瑟楼云梯的景名为"一云梯"。云梯呈曲尺形，梯之中段上悬下收，做成山洞，形成虚实对比，使云梯有空灵之感。云梯下面的入口两侧与花台结合，花台中置一峰石，上镌刻"一云梯"三字。在作云梯时须注意，云梯宜藏不宜露，切忌暴露无遗，外观为一完整之假山，并有藤萝掩映，自然成景。

踏步造型十分丰富，基本上可分为规则式与自然式两类。同时按取材不同还可分为石阶、塑石阶、钢筋混凝土阶、竹阶、木阶、草皮阶等。用天然石块砌成的台阶富有自然风趣，用塑石做的踏步，特点为色彩丰富，应用方便。台阶可与假山、挡土墙、花台、池岸、树池、石壁等结合，以代替栏杆，能给游人带来安全感，又能装饰掩蔽露裸的台阶侧面，使台阶有整齐感和节奏感，使园林景观增色。有时可种灌木、藤本等护脚植物，作为点缀，并用以缓和踏步石级的刚硬气氛。

每级踏步的尺寸必须适合游人步履，过高、过低、过窄，上下行走均会感到不舒服。踏步的级数不宜连续过多，中间应设置平台，供游人歇步。园林蹬道与踏步的布局必须与园路、地形、广场、建筑等紧密结合，使踏步起伏曲折自如。

第二节　园林广场艺术

园林广场与园路不可分开，从某种意义讲，园林广场就是园路的扩大部分。园林广场的主要功能是集散游人，供游人休息、活动等使用，同时与植物、山石水体、建筑、园路等组合，以丰富园林艺术面貌。

一、园林广场的类型

1. 集散广场

主要解决人流、车流的交通集散，以集中、分散游人为主，不希望游人长久停留休息。可分布在园林出入口前后、大型建筑前、主园路交叉口处。

2. 休息广场

主要供游人休息散步、打拳做操、儿童游戏、集体活动、节日游园等用，可以是草坪、疏林或各种铺装地，也可配合花坛、水池、亭廊、雕塑等共同组成。这类活动广场在园林中分布较广。如市政府前的广场、行政办公建筑群中的广场等。这些广场平时可供游览及一般的活动之用，需要时可供集会游行之用。

3. 文化广场

文化广场一般存在于城市较大规模的文化、娱乐活动中心建筑群中，常围绕文化宫（馆）、博物馆、展览馆等大型文化性公共建筑布置，为人们提供一个文化氛围较浓的室外活动空间，人们在这种环境中主要从事与文化有关的某些娱乐、交往、学习等活动，以公共性、社交性、外向性彼此相互关联为特征，如文艺表演、自发的群体活动等。

4. 纪念性广场

纪念性广场是具有特殊纪念意义的广场，如解放纪念碑、抗洪抢险纪念碑或历史文物、烈士塑像等；此外，围绕艺术或历史价值较高的建筑、设施等形成的建筑广场也属于纪念性广场。

二、园林广场的布局

园林广场的规划布置随广场的性质功能、地形地貌、园林艺术要求的不同而不同。集散广场实际上是主要园路交叉口、出入口的放大，由点变为面，以供游人集散。例如园林的出入口广场是主要园路的起始点，首先要处理好停车、自行车存放、宣传牌、广告、售票、值班、入园、出园、等候、乘车等相互间关系，以便集散安全、迅速。在造型上应具有园林特色，富有艺术的吸引力。要精心设计大门建筑，巧于安排花坛、草坪、雕塑、山石、树木、园灯和地面铺装等造园要素，使之具有反映该园性质特点的独特风貌。园林入口广场处理一般有以下几种做法：一是先抑后扬，入口前多有障景；二是"开门见山"，不设障景，呈现在游人面前是一幅富有层次的开朗画面；三是"外场内院"，将出入口以大门分为外部交通广场和步行内院，游人由内院购票入园，减少城市道路和车流的干扰，也是继承了先抑后扬的传统手法；四是最通常的做法，进门后广场与主要园路相接，并设障景以引导。

主要园林建筑，如展览馆、茶室等的广场大小、形状，除考虑游人参观路线、休息停留外，还要考虑衬托建筑。广场大小和布置方式应和建筑体量风格相协调，并对广场中的景物（如雕塑、纪念碑、喷泉等）有较好的视觉条件。如欣赏细部则应保持景高一倍的距离；如欣赏全景，则应保持景高二倍的距离；如构成主景的感觉，则应保持三倍高度的距离。

休息广场多布置在风景优美、游人方便到达的僻静之处，或与休息建筑亭、廊、花架结合，或与山水地形结合，或与假山、水池结合，或与园林植物结合，或与园林小品景墙、花台、园椅、园灯、雕塑等结合，或与园路结合……（图10-2-1）。

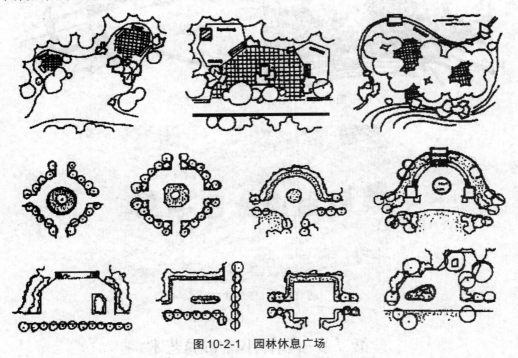

图10-2-1 园林休息广场

休息广场应根据不同内容、不同要求布置，做到美观、适用、各具特色。如打拳做操，应安排在离出入口不远，空气新鲜，地面平整并布置一定数量园椅的绿化广场里；集体活动，则要求布置在场地开阔、阳光充足、风景优美的草坪上；儿童游戏则多布置在疏林里……

园林广场高程低于四周地面高程，由数级台阶上下联系，为下沉式广场。该类广场便于开展群众性的集会、娱乐等活动，观众四周沿台阶而坐，观赏场内景物或节目，也可促膝谈心，读书阅报，形式多样活泼。平时，游人上、下数级台阶，别是一番景象，是现代园林中深受游人喜爱的休息活动广场（图10-2-2，图10-2-3）。

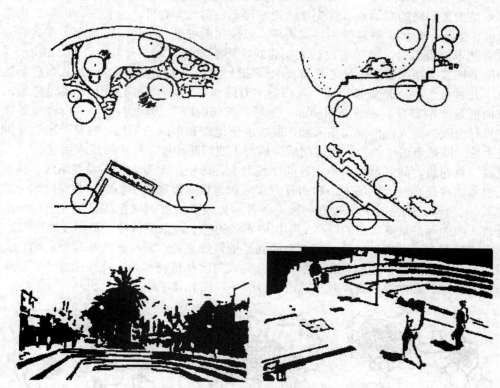

图 10-2-2　休息广场、下沉式广场

图 10-2-3　下沉式广场

第三节　园林小品布局艺术

一、园林小品的作用

园林小品是指在园林中供游人休息、观赏、方便游览活动，供游人使用，或为了园林管理而设置的小型园林设施。

园林小品种类繁多，它们的功能简明，体量小巧，富于神韵，立意有章，精巧多彩，有高度的传统艺术性，是讲究适得其所的精致小品。园林小品以其丰富多彩的内容和造型活跃在古典园林、现代园林、游乐场、街头绿地、居住小区游园、公园和花园之中。但在造园上它不起主导作用，仅是点缀与陪衬。

园林小品除有其本身的使用功能要求外，一方面作为被观赏的对象，另一方面又作为人们观赏景色的所在。因此，设计中常常使用建筑小品把外界的景色组织起来，使园林意境更为生动，画面更富诗情画意。

园林小品在造园艺术中的一个重要作用，就是从塑造空间的角度出发，巧妙地用于组景。园林小品的另一个作用，就是运用小品的装饰性来提高园林小品的鉴赏价值。同时，园林小品常常把那些功能作用较明显的桌凳、地坪、踏步、桥岸以及灯具和牌匾等予以艺术化、景致化。

园林小品具有精美、灵巧和多样化的特点，设计创作时可以做到"景到随机，不拘一格"，在有限空间得其天趣。

园林建筑小品的创作要求如下。

① 立其意趣　根据自然景观和人文风情，作出景点中小品的设计构思；
② 合其体宜　选择合理的位置和布局，作到巧而得体，精而合宜；
③ 取其特色　充分反映建筑小品的特色，把它巧妙地熔铸在园林造型之中；
④ 顺其自然　不破坏原有风貌，做到涉门成趣，得景随形；
⑤ 求其因借　通过对自然景物形象的取舍，使造型简练的小品获得景象丰满充实的效应；
⑥ 饰其空间　充分利用建筑小品的灵活性、多样性以丰富园林空间；
⑦ 巧其点缀　把需要突出表现的景物强化起来，把影响景物的角落巧妙地转化成为游赏的对象；
⑧ 寻其对比　把两种明显差异的素材巧妙地结合起来，相互烘托，显出双方的特点。

二、园林小品的分类

园林小品按功能分为五大类。

1. 供休息用的园林小品

包括各种造型的靠背园椅、凳、桌和遮阳的伞、罩等。常结合环境，用自然块石或用混凝土作成仿石、仿树墩的凳、桌；或利用花坛、花台边缘的矮墙和地下通气孔道来作椅、凳等；围绕大树基部设椅凳，既可休息，又能纳荫。

2. 展示性园林小品

如导游牌、指路牌、标志牌、园灯、公园出入口等。各种布告板、导游图板、指路标牌以及动物园、植物园和文物古建筑的说明牌、阅报栏、图片画廊等，都对游人有宣传、教育的作用。

3. 装饰性园林小品

各种固定的和可移动的花钵、饰瓶，可以经常更换花卉。装饰性的日晷、香炉、水缸、各种景墙（如九龙壁）、景窗、园林雕塑小品等，在园林中起点缀作用。

4. 服务类园林小品

如为游人服务的饮水泉、洗手池、公用电话亭、时钟塔等；为保护园林设施的栏杆、格子垣、花坛绿地的边缘装饰等；为保持环境卫生的废物箱等。

5. 儿童游乐设施

如滑梯、跷跷板、弹簧蹦台、小城堡等。

应该说明，园林小品的分类不是绝对的。例如花格栏杆常被用做绿地的护栏，而那种低矮的镶边栏杆则主要起装饰作用。

三、常见园林小品介绍

1. 花架

花架是园林绿地中以植物材料为顶的廊，它既具有廊的功能，又比廊更接近自然，融合于环境之中，其布局灵活多样，尽可能用所配置植物的特点来构思花架，形式有条形、圆形、转角形、多边形、弧形、复柱形等。

花架是与攀缘植物相结合使攀缘植物攀附上架，既有绿荫，又可赏花，是人们消夏乘凉之所，故又称荫棚或凉棚。花架与山石、水体、建筑、植物、园路、广场及其他小品相结合，形成一组内容丰富的小品建筑。花架同时也可分隔园林空间，丰富园林的内容。

花架按其建造材料分有竹花架、木花架、钢花架、石柱花架和钢筋混凝土花架。根据布局形式不同有单柱式、单排柱式、双排柱式和多排柱式。根据花架上部结构分为简支式、悬臂式、拱门钢架式和组合单体式。

花架在园林中可作点状、线状和面状布置（图10-3-1）。作点状布置时，称为亭架，像亭一样，形成观赏点；作线状布置时，称为廊架，就像游廊一样能发挥建筑空间的脉络的作用，形成导游路线，也可以用来划分空间增加风景的深度；作面状布置时，称为棚架，形成较大的半遮荫空间，可设置茶座、花卉、盆景，供游人休息品茗、读书谈心或观赏花卉盆景。另外，花架可以作为园门，称为门架。花架的空间更为通透，特别是由于绿色植物及花果自由地攀绕和悬挂，更添一番生气，花架是现代园林中常见的小品性设施。近年来花架与亭廊等园林建筑小品，立意创新，运用"加一加，联一联，改一改，扩一扩，变一变，反一反，减一减"的符号变化与现代建筑技术材料有机结合手法，再加上必要的组合构成与排列，设计出了一系列韵出新声、个性独特、功能各异的创新小品，从而也反映了各民族特色。

图 10-3-1 花架

花架在园林中的布局，可以附属于建筑物，也可以独立布局。附属建筑的一部分，是建筑的延续，在功能上除供植物攀缘或设桌凳供游人休息外，也可以只起装饰作用。可独立式布局在花丛中，在草坪边，有时也可傍山临池随势弯曲。花架如同廊道也可起到组织游览路线和组织观赏点的作用，布置花架时一方面要格调清晰，另一方面要注意与周围环境和绿化栽培在风格上统一。在我国传统园林中较少采用花架，因其与山水田园格调不尽相同。但在现代园林中融合了传统园林和西洋园林的诸多技法，因此花架这一小品形式在造园艺术中日益为人们所乐用。

2. 园桥与汀步

我国传统园林是以自然山水为蓝本，园中水占相当大的比重。而在组织水面风景中，桥是必不可少的组景要素。桥是人工美的建筑物，是水中的路，具有联系水面风景点、引导游览路线、点缀水面景色、增加风景层次等作用。

园林中的桥和路尽管有着相同的功能，但桥和路却有着不同的特点。路要"迂回曲折，开径逶迤"，而桥为了使其跨度尽可能小，常选择水面和溪谷较狭窄处。

园林中的桥大小不一。大的如颐和园和杭州西湖等在广阔水面上所采用的一些大型桥梁，尽管其体型较大，但在造型上也十分讲究。而小桥则小到一步即可跨越，如杭州西泠印社的锦带桥。

园林中，桥的形式多种多样，有曲桥、平桥、拱桥、亭桥、浮桥、吊桥、廊桥等（图10-3-2）。现以单跨平桥、拱桥为例，对园桥做简单介绍。

(a) 曲桥　　　　　　　(b) 平桥　　　　　　　(c) 拱桥

(d) 亭桥　　　　　　　(e) 浮桥　　　　　　　(f) 吊桥

(g) 廊桥

图10-3-2　桥的样式

单跨平桥，造型简单给人以轻快的感觉。有的平桥用天然石块稍加整理作为桥板架于溪上，不设栏杆，只在桥端两侧置天然景石隐喻桥头，简朴雅致。如苏州拙政园曲径小桥，广州荔湾公园单跨仿木平板桥，又具田园风趣。曲折平桥用于水面较宽处，水面较窄处桥面贴水而过，既便于观赏，又能使游人感到水面比实际的要宽。曲折桥有两折、三折、多折等。南京瞻园假山下四折曲桥，桥面较窄，桥板甚薄，并以微露水面的天然石为磴，桥低贴水面，桥上也不设栏杆，步于其上，对水面倍感亲切。

拱桥是用条石、砖或钢筋混凝土铸成圆形券洞，形成拱桥面。拱桥的数量依水面宽度而定，有单孔、双孔、三、五、七、九或数十孔不等，桥形有半圆形、双圆心形、弧形等，拱桥可形成较大跨度，坚固性强，桥洞可通船，拱桥与堤、岛、亭结为一体，可明显地划分水面空间层次，以完美的艺术形象渲染湖面景色。

用于庭园中的拱桥多以小巧取胜，网师园石拱桥以其较小的尺度、低矮的栏杆及朴素的造型与周围的山石树木配合得体见称。广州流花公园混凝土薄拱桥造型简洁大方，桥面略高于水面，在庭园中形成小的起伏，颇富新意。

桥的形式也常因民族传统、地方特色与时代精神而有所变化。如近年来普遍使用钢筋混凝土，并采用塑竹、塑木和仿木板等工艺形式，还将具有装饰性的雕刻、雕塑用于园桥上，创造出许多简洁大方、富有民族特色、时代气息、新颖别致的园桥。

桥在园林中的布局，与分隔水域构成水景密切相关，桥应布置在水面较狭之处，且宜偏于水面一侧，这样无异将水面分割为大、小二池，大池开朗，小池幽静，可收小中见大之效，似有不尽之意。另外桥的布局尤须服从园路布局的要求，所谓"逢山开道，遇水架桥"。

水景的布置除桥外在园林中也常用汀步（图10-3-3）。窄而浅的水面，如溪、涧、浅滩上架桥，多采用"汀步"的形式，解决游人交通与造景问题。汀步的形式可以是自由的，也可以是规则的，可以是天然石材，也可以用混凝土预制成各种形状。因为汀步比桥更接近水面，景色自然，游人小心地凌波而过，倍感亲切并别有一番情趣。桂林芦笛岩、成都锦水苑庭园的荷叶形汀步，也属一种大胆的创造。荷叶片片浮于水面，高低错落，造型变化有趣，游人跨越水面时，更富于水面的亲切感。

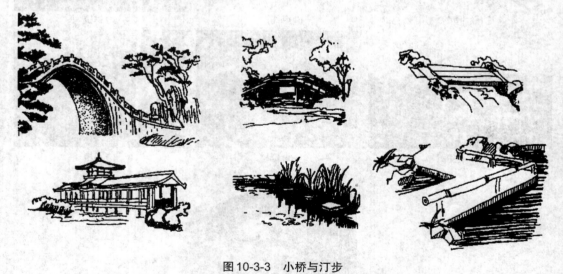

图10-3-3 小桥与汀步

汀步的基础一定要稳固，决不能有松动，一般需用水泥固定，务求安全。若汀步较长，还应考虑当两人相对而行，在水面中间有一个相互错开的地方。

3. 园椅与园凳

园椅、园凳是供人们坐息、赏景用的，是各种园林绿地及城市广场中必备的设施。它除具有功能作用外，还有组景的作用。有时在大范围组景中也可以运用园椅来分割空间。在园林中，设置形式优美的坐凳具有舒适诱人的效果，丛林中巧置一组树桩凳或一组景石凳可以使人顿觉林间生意盎然。在大树浓荫下，置石凳二三，长短随意，往往能变无组织的自然空间为有意境的庭园景色。

园椅与园凳的造型轻巧美观、形式活泼多样、构造简单朴实、制作方便以及坚固耐用。其色彩风格要与周围环境相协调，高度宜在30～45cm，过高或过矮均不相宜。制作园椅的材料有钢筋混凝土、石、陶瓷以及木铁等。其中最宜于四季应用的是铁铸架，木板面靠背长椅，石板条或钢筋混凝土制的，虽然坚固耐用，朴素大方，但冬天坐在上面，确有寒冷之感。至于园凳形式丰富而灵活，除常见的正规园凳外，还有仿树桩的园凳、园桌和石凳石桌，结合砌筑假山石蹬道和假山石驳岸，放几块平石块提供休息之用。为适应我国园林中众多的游人，在桥的两边或一边和花台的边缘，用砖砌成高、宽各为30cm的边，使它起到护栏的作用。

园椅、园凳常见的形式有直线形、曲线形、组合形和仿生模拟形（图10-3-4）。园椅、园凳根据不同的位置、性质及其所采用的形式，足以产生各种不同的情趣。组景时主要取其与环境的协调。如亭内一组陶凳，古色古香，临水平台上两只鹅形凳别有风味，大树浓荫下，一组组圈凳，粗犷古朴。公园绿地所选款式，宜典雅、亲切，在几何状草坪旁边的，宜精巧规整，森林公园则以就地取材富有自然气息的为宜。

园椅、园凳一般设置在安静、景色良好以及游人需要停留休息、有特色的地段，如池边、岸沿、岩旁、台前、洞口、林下、花间、草坪或道路转折处等。

4. 栏杆

栏杆在园林中，除本身具有一定的保护作用外也是园林组景中大量出现的一种重要小品构件和装饰，同时它还可用于分割不同活动内容的空间，划分活动范围以及组织人流（图10-3-5）。

栏杆之所以具有装饰性，原因在于以下几点。

① 栏杆的构件是重复出现的，具有横向连续的性质。横向重复必然产生韵律，有方向感和运动感；

② 栏杆受日照影响而具有光影明暗的变化；

③ 栏杆的纹样本身与其环境有虚实的对比；

④ 栏杆对主体来讲是一个统一因素，具有整体感。因此栏杆确能增添园林景观，给人以活泼愉快的感觉。

栏杆式样繁多，不胜枚举。形式虽多，但造型原则基本一致。即增加主体美观；甘当配角，绝不喧宾夺主；所选式样应与环境协调。若主体简单，栏杆式样可复杂些，反之，则力求简单。

制作栏杆的材料有天然石材、人工石材、金属、竹木材、砖等。栏杆的用材与主体的造型和风格有密切的关系，栏杆的造型、风格同样根据主体风格而定。如皇家园林中颐和园十七孔桥的栏杆和天坛周围的栏杆都与主体配套，选用汉白玉石雕刻而成，光洁如玉。柱头有狮子形、桃形、云头形、荷花形等，精巧至极，既高雅又华贵，充分显示出皇家的气派和传统艺术水平。私家园林中大多用花岗石栏杆，具有粗犷、质朴以及浑厚的美感。仿塑的岩石具有制作自由、造型比较活泼，形式丰富多样，色彩和质感可随构图要求而定，也可获得天然石材的效果。

图 10-3-4　园椅与园凳

图 10-3-5 栏杆

　　钢栏杆包括钢管、型钢和钢筋等做成的栏杆。此类栏杆造型简洁、通透，加工工艺方便，造型丰富多样，且可做成一定的纹样图案，便于表现时代感，耐久性好。用于室外时其表面须加以防锈蚀处理。

　　铸铁栏杆可按一定的造型浇铸，耐剥蚀、装饰性强，较石材栏杆通透，比钢材栏杆稳重，还能预制，但由于造价太昂贵，不能广泛采用。

　　木竹材料来源丰富，加工方便。属优良品种的木料其色泽、纹理、质感极富装饰性，但耐久性差，多用于室内。用于室外需加以防腐处理和防水保护措施，在现代园林建筑中很少用于室外。为了达到自然竹木材料的装饰效果，广州等地近年来在园林中大量采用塑性材料仿塑竹木栏杆，颇具竹、木材的自然风味，耐久性也强，是值得推广的好经验。

砖栏杆施工方便，能砌出不少花样，变化丰富，我国古代园林中曾大量采用，但由于其色彩和加工工艺的局限性，在现代园林中已很少采用。但陶质和琉璃砖栏杆是我国的宝贵遗产，富有东方色彩，应在降低成本的前提下加以改进。

栏杆的高度要因地制宜，要考虑功能的要求，但不能简单地以高度来适应管理上的要求。悬崖峭壁、洞口、陡坡、险滩等处防护栏杆的高度一般为1.1～1.2m，栏杆格栅的间距要小于12cm，其构造要粗壮、坚实。台阶、坡地的一般防护栏杆、扶手栏杆的高度常在90cm左右。设在花坛、小水池、草坪边以及道路绿化带边缘的装饰性镶边栏杆的高度为15～30cm，其造型应纤细、轻巧、简洁、大方。用于分割空间的栏杆要轻巧空透、装饰性强，其高度视不同环境的需要而定。与此同时，还应意识到栏杆的高矮可作为度量空间尺度的标准，起调节空间尺度的作用。苏州园林中游廊的槛墙都很矮，一方面方便游人坐息（即坐凳式护栏），另一方面用来控制廊高的空间尺度。由于槛墙矮小，才显得廊很高。有时为安全起见，栏杆必须有一定的高度，为了不致使这一尺度破坏整个庭园空间的比例，我国传统园林中都采用把栏杆与坐凳结合的美人靠，把栏杆从水平方向一分为二，从而使一大变成二小，也达到了控制尺度的作用。

栏杆与建筑的配合，要注意与建筑风格的协调，且能与建筑物其他部分形成统一的整体，宜虚则虚，宜实则实，还要注意主次分明。

栏杆的形式和虚实与其所在的环境和组景要求有密切的关系。临水宜多设空栏。避免视线受过多的阻碍，以便观赏波光倒影、游鱼禽鸟及水生植物等。水榭、临水平台、水面回廊、平水面的小桥等处所用的栏杆即属之。高台多构筑实栏，游人登临远眺时，实栏可给人以较大的安全感。由于栏杆作近距离观赏的机会少，可只作简洁的处理。若栏杆从属于建筑物的平台，虽位于高处，也须就其整体的构图需要加以考虑。

在以自然山水为主的风景点、盘山道若需设栏杆，一般也多设置空栏，有的甚至只有简单的几根扶手，连以链条或金属管，务求空透，不影响自然景色，不破坏山势山形及风景层次。如云南石林、安徽黄山、辽宁千山、陕西华山等风景地所采用的栏杆皆属此类。

5. 园灯

园灯既可用来照明，又可装饰、美化园林环境，是一种引人注目的小品（图10-3-6）。它有指示和引导游人的作用，还可丰富园林的夜景以及突出组景重点，并有层次地展开组景序列和勾画园林轮廓的作用。特别是临水园灯，衬托着涟漪波光，别具一番风味。园灯可分为以下三类。

第一类是纯属引导性的照明用灯，使人循灯光指引的方向进行游览。因而在设置此种照明灯时应注意灯与灯之间的连续性。园灯中使用的光源有汞灯、金属卤化物灯、高压钠灯、荧光灯、白炽灯、水下照明彩灯等。

第二类是组景用的，如在广场、建筑、花坛、水池、喷泉、瀑布以及雕塑等周围照明，特别用彩色灯光加以辅助，则使景观比白昼更加瑰丽。如使用一组小型投光器，并通过精确的调整，使之形成柔和、均匀的背景光线，可以勾勒出景物的外形轮廓，就形成了轮廓投光灯；低照明器主要用于园路两旁、墙垣之侧或假山岩洞等处，能渲染出特殊的灯光效果。

第三类是特色照明。此类园灯并不在乎有多大照明度，而在于创造某种特定气氛。如我国传统庭园和日本庭园中的石灯笼，尤其是日本庭园中的石灯笼，已成为日本庭园的重要标志。杭州西湖"三潭印月"，每当月明如洗，亮着的三个葫芦形石灯在湖面上便会出现灯月争辉的奇异景色。在北京颐和园内乐寿堂的什锦灯窗，给昆明湖的夜景平添几分意趣。在现代庭园中也有这类灯的应用，如广州矿泉别墅庭灯、海珠花园庭园石灯和中山纪念堂新接待室庭灯。

图 10-3-6　园灯

　　园灯的造型不拘一格，凡具有一定装饰趣味、符合园林风格及使用要求，均可采用。但其造型布局与所处的环境必须协调统一。如江南古典园林中常用传统的宫灯表现其环境的精细典雅，但在现代城市广场中，则应选择造型简洁质朴的灯，表现其开阔明朗的特征。同一庭园中除作重点点缀之庭灯外，各种灯的格调应大致协调。

　　根据不同环境、不同位置的审美要求，合理选择园灯的造型、亮度、高度、色彩以及制作材料，是园灯设计的基本要求。在室外作远距离欣赏，或观赏光的效果的灯，造型宜简洁质朴，灯杆的高度与所在空间的景物要配置恰当。位于室内装饰灯具有近观性质，因而要求造型精巧富丽。诸如我国传统的宫灯、花灯、诗画灯、彩灯和现代的壁灯和吊灯等。

在现代园林中还采用一种地灯，地灯很隐蔽，只能看到所照之景物。位于进出口、亭廊附近，还可与挡土墙、围墙花坛、花台相结合。

园灯灯具的选择与设计原则如下。

① 外观舒适并符合使用要求与设计意图。

② 艺术性要强　有助于丰富空间的层次和立体感，形成阴影的大小，明暗要有分寸。

③ 与环境和气氛相协调　用"光"与"影"来衬托自然的美，创造一定的场面气氛，分隔与变化空间。

④ 保证安全　灯具线路开关乃至灯杆设置都要采取安全措施。

⑤ 形美价廉　具有能充分发挥照明功效的构造。

园林照明标准如下。

① 照度　目前国内尚无统一标准，一般可采用 $0.3 \sim 1.5$ lx，作为照度保证。

② 光源悬挂高度　一般取 4.5m 高度。而花坛要求设置低照明度的园路，光源设置高度 $h \leqslant 1.0$m 为宜。

6. 宣传牌、宣传廊

我国的园林是广大人民群众休息娱乐的场所，也是进行文化宣传、开展科普教育的阵地。在各种公园、风景游览胜地设置展览馆、陈列室、纪念馆以及各种类型的宣传廊、宣传牌，开展各种形式的宣传教育活动，可以收到非常积极的成果。

宣传牌、宣传廊以及各种标志牌有接近群众、利用率高、占地少、变化多、造价低等特点。除其本身的功能外，还以优美的造型、灵活的布局装点美化着园林环境。

宣传廊根据环境具体情况作直线形、曲线形或弧形的布置，它的形式有单面、双面、立体和平面等。宣传牌宜立于人流必经之处的路线之外，牌前应留有一定空地，作为游人观赏的空间。如在人流较多的地方设置宣传廊，需适当后退，以免游人相互干扰，夏日需有浓荫树庇荫。板面高低应根据宣传展览内容而定，一般适合近看的，上、下边线在 $1.2 \sim 2.2$m。宣传廊、牌主要有支柱、板框、檐口和灯光设备，板框外一般加装玻璃，借以保护展品。宣传廊、牌设置宜少而精，造型要与周围环境协调（图10-3-7）。

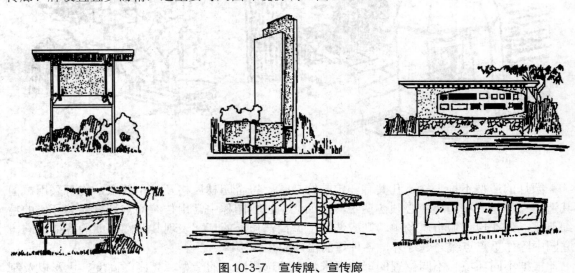

图 10-3-7　宣传牌、宣传廊

7. 园林墙垣

园林墙垣有围墙（图10-3-8）与景墙（图10-3-9）之分，园林围墙作为维护构筑，其主要功能是防卫作用，同时具有装饰环境的作用，而园林景墙的主要功能是造景，以其精巧的造型点缀园林之中，成为景物之一。

图10-3-8　围墙

图10-3-9　景墙

景墙的造景功能不仅以其优美的造型来表现，更重要的是以其在园林空间中的构成与组合体现出来。我国园林空间变化丰富，层次分明，各种园林墙垣穿插园中，既分隔空间，又围合空间；既通透，又遮障，形成变幻莫测的园林空间。有的开敞，有的封闭，各有风韵。园林墙垣可分隔大空间，化大为小，又可将小空间串通迂回，小中见大，层次深邃。

景墙也可独立成景，与周围的山石、花木、灯具、水体等构成一组独立的景物。

园林墙垣本身是界定空间范围的构筑物，但在园林中以其优美的造型与装饰，强烈地吸引游人视线使其成为引导游人的导游小筑，在出入口更是以其鲜明的形象，成为标志物。

园林墙垣的设置，应充分考虑其坚固与安全的要求。墙垣高度一般在2.2～2.5m，墙体虽不高，但若坍塌，也可伤人致残，故不可轻视。尤其是孤立单片的直墙，要适当增加其厚度、增设柱墩等，设置曲折连续的墙体，可增加其稳定性。应考虑风压、雨水等对墙体的破坏作用。

就地取材既能体现地方特色，又具有良好的经济效果，应给予充分考虑。各种石料、砖、木材、竹材、钢材、混凝土等均可选用，并可组合使用。

8. 公园入口设施

根据公园大小及活动内容多少的不同，设施也不同，较大公园设施多些，小公园少些。规模较大、设备齐全的可由如下各部分组成：管理房（包括值班、治安）、售票房、验票房、人流入口（包括人流集散广场）、车流入口（包括汽车及自行车停车场）、童车出租房、小卖部、电话间、宣传牌、广告牌、留言牌等。

9. 公园大门设计

① 大门是公园的序言，除了要求管理方便、入园合乎顺序外，还要形象明确，特点突出，便于人寻找，给人印象深刻。公园大门的设计应从功能需要出发，创造出反映使用特点的形象来。

入口广场也不应是烈日暴晒的铺装地面，而应像园林中的花砖庭院，数丛翠竹伸向园外，或是绿荫如盖，中间有立体花坛或以喷泉、雕塑美化。所以入口建筑不在高大，而在于精巧，富于园林特色，要使人身临其境，引人入胜。

② 规划大门的手法，封闭或开敞不可偏爱，入口如康庄大道，在游人量特大的公园尚可考虑；若公园本来不大，进门就一览无余，也就无法引人入胜。公园范围小，封闭式可在迂回曲折中以小见大，延长游览路线。但也不是绝对的，要根据具体情况具体分析。

③ 公园大门形式，可分为对称与不对称两种，从形势和习惯上考虑，对称的形式构图严谨，根据气候变化，可调节使用，过去的大门多用对称形式。不对称的形式活泼美观，易于形成特点，可避免因构图形式而产生的不利和浪费，中小公园和植物园常采用。

出现在园林中的建筑还有很多，如馆、塔等，这里仅列出上述几种。

10. 园门与园窗

园门是指园林景墙上开设的门洞，也称景门。园门有指示导游和点景装饰的作用，它能给游人以最初的印象。这个印象往往在一定程度上影响着人们对整个园林的感受，一个好的园门往往给人以"引人入胜""别有洞天"的感受。

园林窗洞简称园窗，或称景窗。园窗分为什锦窗和漏花窗，什锦窗是在墙上连续布置各种不同形状的窗框，用以组织园林框景。漏花窗类型很多，从材料上分有瓦、砖、玻璃、扁钢和钢筋混凝土等，其自身有景，窗花玲珑剔透，窗外景也隐约可见，具有含蓄的造园效果，在空间延伸方面，也能扩展封闭的空间。园门、园窗不仅能组织空间、导游、采光和通风，而且能为园林风景添加景色，是重要的装饰小品。

园门、园窗可归纳为对称型与不对称型（图10-3-10，图10-3-11）、几何形与仿生形两大类型，又有曲线型、直线型和混合型。由于园窗不受人流通过功能限制，其形式较园门更为灵活多变。

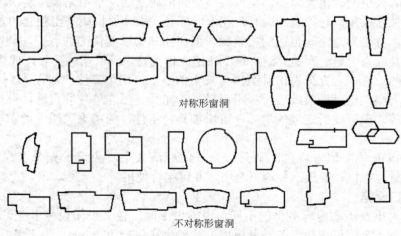

对称形窗洞

不对称形窗洞

图10-3-10　窗洞形式

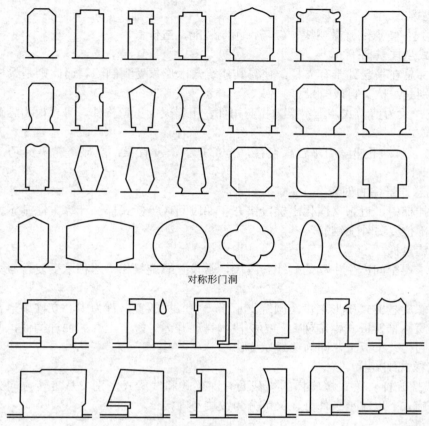

对称形门洞

不对称形门洞

图 10-3-11　门洞形式

　　园门、园窗形式的选择，要从园林的寓意出发，应考虑建筑的式样以及园林环境等因素，务求形式和谐一体。同时园林意境的空间构思与创造，往往又具有通过它们作为空间的分隔、穿插、渗透、陪衬来增加景深变化，扩大空间，使方寸之地能小中见大，并在园林艺术上又巧妙地作为取景的画框，随步移景，遮移视线从而成为情趣横溢的造园障景。

　　无锡锡惠公园的八角洞门，既作为登山路线的导游标志，又可作为仰视锡山塔影和俯视"锡麓书堂"时的景框。广州流花公园休息廊在仿树皮墙段上开设一景窗，衬以翠绿竹丛另有一番风味。一般置于围墙上的门洞为便于形成"别有洞天"的前景，宜选择较宽阔的形式。如寓意"曲径通幽"的门洞不妨狭长。广州流花公园在分割游览空间的矮墙上开设宽阔的八角形门洞，满足了大量人流通过的要求，并同现代大公园的风景容量相协调。东新会"盆景园"景窗形似花朵，与窗前绿丛相映，透过景窗所见的室内盆景挂壁，巧妙地点出了盆艺的素雅格调。门窗洞口在形式处理上，直线型的门窗洞口要防止生硬、单调；曲线型的要注意避免矫揉造作。北京紫竹院入口围墙上的绿竹琉璃漏花窗，窗前配置艳丽的花草，窗后现出碧绿的竹丛，点出了紫竹院的主题。

11. 园林花色景梯

　　园林规划中结合造景和功能之需，采用不同一般的花色景梯小品，有的依楼倚山，有的凌空展翅，或悬挑睡眠等造型，既满足交通功能之需，又以本身姿丽，丰富建筑空间的艺术景观效果。花色楼梯造型新颖多姿，与宾馆庭院环境相融相宜。

　　（1）锯齿形景梯

① 折板式

② 悬挑式　特点：开敞明快，轻巧，预制装配，造价低。

（2）剪式悬挂景梯

一般楼梯总在平台处带有支柱，使得其建筑艺术形象受到制约。而此则是景梯之下，常设有水池，别具一格又自成一景。

① 梁式　梁为剪刀式，上斜梁为拉弯构件，下斜梁为压弯构件，平台板为悬跳板，踏步为悬臂板。

② 板式　上、下梯段用平台板衔接，全部是板，没有梁，更显得精美灵巧，犹如飞燕凌空。

③ 板式悬挂景梯的创新

板式悬挂梯中，近来又演化出梯段错开和梯段回环等新式样。计算方法基本同上，仅构造上在转折部位要另外加钢筋。

（3）螺旋景梯

庭院为求得空间产生生动的旋律与腾飞，常设置螺旋景梯，这种承受复合应力的构件分为两种。

一为将螺旋悬臂式扇形踏步，围绕支承于一中心柱放置，称为中心立柱扇形预制板装配式螺旋梯，简称悬臂板式螺旋梯；一为梯段本身展开为一螺旋上升的曲杆构件，两端承接于上、下露面的构架梁板上，即为梁式螺旋梯。

① 悬臂板式螺旋梯

② 梁式螺旋梯　梁式螺旋梯的梁截面有深梁式和浅梁式之别；从旋转方向分，可分为左旋式和右旋式；以支承条件分，又可分为铰接与固接。

四、园林雕塑艺术

雕塑是三维空间造型艺术，是瞬间形象与神态的凝固。雕塑艺术是通过自身的"造型"处理，典型地再现生活，给人以一种直接的强烈的印象，从而引起人们的共鸣与联想。

在人类文明历史的长河中，雕塑这一艺术门类源远流长，那些大型室外雕塑几乎同建筑物一样，成百上千年地屹立在那里，反映着历史的足迹。雕刻于公元前2550年的埃及金字塔群的斯芬克斯狮身人面像的石雕，是古埃及的专制君主为宣扬自己为主宰自然与社会之神而建造的，堪称一部石头的史书，为我们揭示了4000多年以前尼罗河流域的社会特色与人们的精神生活。

我国古代雕塑基本上可以分为陵墓雕塑（如墓前石人、石兽及俑）、石窟及庙宇的宗教雕塑两大类。殷墟出土的陶俑以及洛阳出土的"战国铜人"，长沙出土的"战国木俑"等，较简单粗糙，是比较原始的艺术作品。陕西临潼发掘的秦兵马俑，不仅尺寸大，数量多，而且艺术上之成熟，实属罕见。汉代陵墓雕塑以石刻为多，如陕西茂陵霍去病墓前的《马踏匈奴》及其他石雕，巧妙地利用原有石料，进行大体大面的体积处理，运用圆雕、浮雕、线刻相结合的表现手法达到粗犷鲜明的艺术效果，具有吸引人的艺术魅力。这组石雕组群气势磅礴、质朴而含蓄，可以称得上西汉石雕艺术的典范（图10-3-12）。

唐朝墓前雕刻，举世闻名的有浮雕《昭陵六骏》，其手法简练，立体感极强，造型生动、雄健，属珍贵的艺术杰作（图10-3-13）。

石窟及庙宇的宗教雕塑，大体可以分为五种类型，即庄严慈祥的佛像、威武雄壮的天王力士、欣快欢乐的飞天、虔诚慕敬的供养人和丑陋可憎的鬼怪。较闻名的有大同云冈石窟、洛阳龙门石窟、巩县石窟、天水麦积山石窟、敦煌莫高石窟、河北响堂山石窟、四川大足石窟、乐山大佛等（图10-3-14）。

图10-3-12　汉代"马踏匈奴"石雕

图10-3-13　唐太宗"昭陵六骏"

随着人类社会的发展，雕塑已成为环境艺术构成要素的组成部分，也是物质文明和精神文明建设的重要组成部分。根据雕塑所处的环境可分为城市广场雕塑、园林雕塑、建筑雕塑、水上雕塑等。

1. 园林雕塑的功能作用

历来在造园艺术中，不论中外几乎都成功地融合了雕塑艺术的成就。在我国传统园林中作为独立的审美对象的雕塑作品则多是写意的、抽象的、"自然的雕塑"，这主要是指假山石峰。早在南北朝时，就有将自然中的奇石怪峰凿下来搬到园林中作为观赏对象的记载。宋徽宗赵佶营造寿山艮岳，为收罗奇峰怪石，特设"花石纲"。孤赏石峰在中国园林景观中占有重要地位。例如上海豫园的"玉玲珑"，相传是隋代遗物，清代王世贞评之为"秀润透漏，天趣宛然"。江苏常熟兴福寺里的"沁雪石"，相传为元代画家赵孟頫的爱物，石身起伏多变，如水浪相叠，又像雪压琼枝。苏州留园的"冠云峰"，亭亭玉立于"浣云沼"畔，

图10-3-14　四川乐山大佛

它的倒影入池，宛如一个美丽的仙女在梳妆打扮。如果没有这些雕塑，中国园林就不可能成为具有写意山水特点的艺术整体。

在中国古典园林中也有许多人工的雕塑，如北京北海琼岛的"仙人承露盘"雕塑，太液池北岸的"九龙壁"雕塑，颐和园门前的石狮，昆明湖边的铜牛，寺庙园林中的仙佛塑像，陵墓园林中的石人、石马、石龟，它们都是雕塑艺术的精品，有的在园林中起到了点明主题的作用，有的发人深思，产生丰富的联想。

中国园林中还有一部分装饰雕塑。常毫不含蓄地追求附属物的外在美，精雕细琢，细腻纤秀，这就从细部丰富了园林总体的审美内容。如木雕有梁柱、天花板、藻井、隔扇裙板等，石刻的有碑头、碑座、柱础、桥栏等，还有建筑屋脊上的吻兽雕塑，其中也不乏精品，苏州藕园水阁"山水间"内的岁寒三友落地罩，系名贵杞梓木所雕，刀法苍劲，柔和清丽。苏州网师园大厅门楼砖刻，人物造型优美，刻画生动，体积感和空间感都很强。

在国外的古典园林中几乎无一不有雕塑，且大多为人物雕塑，尽管配置得比较庄重、严谨，但其艺术情调都十分的浓郁。西方基督教的许多神话，是把人神化了，描写的神实际上

是人，这影响了西方园林，常把很多神像雕塑放置在园林中。我国古代神话中描写的神仙是居住在名山大川里，是把"神"山水化了，在园林中设置自然雕塑假山、峰石，当然一方面是园林造景功能的需要，另一方面是人们以此寄情于山，寄情于石。在现代园林中利用雕塑艺术手段以充实造园意境日益为人们所采用。雕塑的题材不拘一格，形体可大可小，刻画的形象可自然可抽象，表达的主题可严肃可浪漫，根据园林造景的性质、环境和条件而定。

雕塑是具有强烈感染力的一种造型艺术，园林雕塑有人物、动物形象、山石、植物以及抽象的几何体形象，它们来源于生活，往往却予人以比生活本身更完美的欣赏和玩味，它美化人们的心灵，陶冶人们的情操。园林景观由植物、山石、水体、建筑等组成，是布置雕塑的理想环境，具有艺术魅力的雕塑艺术品能为优美的环境注入人文因素，园林雕塑具有以下功能和作用。

① 表达园林主题　运用雕塑表现园林的主题，以增强园林艺术的感染力。如杭州花港观鱼公园用"莲莲有鱼"雕塑，突出观鱼，借以表达园林主题（图10-3-15）。

② 组织园林景观　运用雕塑可以作为园林局部的主景。如广州文化公园的"荔枝女"雕塑，用汉白玉雕成，亭亭玉立于水池旁，富有南国的地方风情，颇能吸引游人欣赏（图10-3-16）。

图10-3-15　杭州花港观鱼公园"莲莲有鱼"雕塑

图10-3-16　广州文化公园"荔枝女"雕塑

图10-3-17　桂林七星岩公园"小八路"雕塑

③ 点级、装饰、丰富游赏内容　如桂林七星岩公园儿童游乐园的"小八路"雕像是少年儿童学习的好榜样，雕塑的生动形象为乐园增添了活力（图10-3-17）。杭州孤山上的"放羊娃"，它不仅使人们想起了"鸡毛信"的故事，而且还改善了环境的观赏质量。广州流花公园的"鹿群"表现了慈爱、幸福的主题，为庭院增加了几分宁静的色彩。

2. 充当实用的小型设施

用雕塑作为手段令其具有美的造型，但首要的是雕塑的实用目的。如公园的大型儿童玩具、园林环境的果皮箱等。

以上归纳园林雕塑四点功能和作用有一个共性，就是表现为雕塑的艺术功能，即在园林空间中的艺术价值，主要是园林雕塑能满足人们多方面的审美需要。园林雕塑的艺术价值也是由审美、功能和环境的互容关系而决定的。不同范畴的园林雕塑，其艺术价值也不尽相同。纪念性公园中的雕塑围绕着特定的内容，以不朽的主题感染观赏者，其艺术价值是超越时空的，贵在将瞬间凝成永恒。游憩性公园和居住区绿地中的雕塑，因环境优雅、气氛闲逸，其塑造的形体就应显其美好而轻松，不宜凝重，不宜过大，要与人为邻。其艺术价值重在展现祥和美好的生存空间。雕塑的艺术价值不仅反映在形式上，更重要的是要表达内在的含义和展示真实的美。当一个美好的寓意、一种强烈的情感闪烁在艺术作品中时，它就能为人们所感受，所联想，使人们从单纯的感性反射上升到精神境界的审美享受。无论是公园里还是庭院中，雕塑的艺术价值都随着对环境的影响得以提高和完善。

五、园林雕塑的类型

雕塑按其形式分为圆雕、透雕和浮雕；按雕塑材料分为石雕、钢雕、铜雕、木雕、铁铸、水泥雕塑以及冰雕雪塑等；按在园林中的功能作用分为纪念性雕塑、主题性雕塑、装饰性雕塑、功能性雕塑以及陈列性雕塑五大类。

1. 纪念性雕塑

用来纪念人与事的雕塑为纪念性雕塑，常布置在纪念性园林绿地之内。如上海虹口公园的鲁迅雕塑（图10-3-18）、广州中山纪念堂前的孙中山铜雕像、杭州西湖西怜桥畔女革命家秋瑾的纪念雕塑等。

图10-3-18　上海虹口公园鲁迅雕塑

2. 主题性雕塑

用来揭示园林主题的雕塑为主题性雕塑，主题性雕塑同园林环境相结合，可以充分发挥雕塑艺术的特殊作用，把园林艺术无法具体表达的思想性，运用雕塑艺术表达出来。

主题性雕塑最重要的条件就是雕塑的选题要贴切。西安半坡村遗址陈列馆前的广场上塑造了一尊当时半坡村一位少女在河边汲水的形象，不是从考古战线的巨大成就来布置考古工作者形象的雕塑品，而是从这个博物馆的主题内容出发，以展示中华民族的祖先在原始氏族社会是如何生活的这一特定主题，从而发挥出了主题性雕塑的作用（图10-3-19）。

主题性雕塑可以采取直观的手法点题。我国桂林七星岩的少年乐园入口处"小八路"

图10-3-19　西安半坡村"半坡女"雕塑

的雕塑，尽管革命战争时期的小八路同现实生活中的少年乐园相距甚远，但它在少年儿童的心灵里却联系得很紧，少年儿童羡慕他们，并在自己的生活中仿效他们，这样的雕塑就收到了主题性雕塑的效果。

另外，还有一种特殊的主题性雕塑，就是以雕塑作为手段来展示某一个主题的雕塑园。例如，挪威奥斯陆市的福洛耐尔雕塑公园，称作维格兰雕塑群，总体布置了150多座雕塑，沿着一条轴线展开，有些在平地，有些在山坡，有些在山顶，有单尊的，有群体的，有的纪念性十足，有的装饰味很强，但它们统一围绕着"人生"这个主题，形象地表现了人生的哀乐。这种雕塑群不是纪念什么，因此不能列入纪念性雕塑的范围。当然也不是为了装饰点缀园林环境，因此也不能列为装饰性雕塑，它们是一个主题的综合体现，是主题性雕塑的特例。

在古典园林中，以塑造假山为主题的山石园也属于主题性雕塑。

3. 装饰性雕塑

用于装饰点缀园林环境的雕塑为装饰性雕塑，这是园林雕塑数量比较大的一个类型。装饰性雕塑对于丰富园林景观、美化园林环境、满足人们的游览观赏有着重要的作用。装饰性雕塑最重要的是以美的姿态、美的造型、美的构图、形成美的画面给人一种高尚的美的享受，好的装饰性雕塑就像一首抒情诗，像一幅高雅的图画，能够陶冶情操，美化生活。

装饰性雕塑常与喷水池结合，喷水的巧妙变化将给雕塑的装饰性增加更多的光彩。如沈阳新华公园一个主题为"上学去"的喷泉雕塑，喷水管隐藏在伞柄中，为表现姐弟俩雨中行走，弟弟还用手接着从伞面上流下来的水滴，这一雕塑显得生动自然（图10-3-20）。

一个好的成功的装饰性雕塑，能产生巨大的影响，引起人们的珍视，并能作为城市的标志。广州越秀公园的"五羊"雕塑就是一个典型，它是根据广州的别名"五羊城"的神话传说进行造型的，已经成为广州的城市标志（图10-3-21）。

图10-3-20　沈阳新华公园"上学去"喷泉雕塑　　　图10-3-21　广州越秀公园"五羊"雕塑

装饰性雕塑虽然并不强求鲜明的思想性，但应该从含蓄的艺术情趣中给人以积极向上的感受，使人们在艺术的享受中得到应有的教益。

4. 功能性雕塑

用雕塑作为手段使其具有美的造型而有一定实用目的的雕塑为功能性雕塑。如城市公园的大型儿童玩具、园林环境的果皮箱以及许多雕塑小品等都可以雕塑化，它们是以功能要求为主的雕塑品。

为了提高儿童玩具的趣味性与生动性，常将滑梯塑成大象或怪兽；儿童戏水池的滑梯塑成鲸鱼；儿童的迷宫可处理成海里的螺壳、鸟窝或蛋壳，攀登架塑造成枯树干或枯树根……这些都能使儿童的游性大增。

对园林内果皮箱巧妙地处理，不仅不会破坏园林景观，相反会增加园林的自然情趣。如把果皮箱塑造成带有枯朽树枝节疤的树桩或动物造型（图10-3-22），会使园林环境变得更为雅观。

图10-3-22　武汉东湖公园的果皮箱

另外，功能性雕塑还有许多方面的应用。例如，有的园林建筑物或构筑物的结构支柱，为了使环境内外交融，可塑成植物的树干；一组室外的休息桌椅可塑成砍伐树木剩下的粗细树桩的形状，粗者为桌，细者为凳；小桥的桥板或栏杆可塑成木板状或原木状……北京中华民族园的出入口，以植物雕塑的丛植榕树作为公园出入口，气势宏大，显示出浓厚的自然情趣，并能收到以假为真的效果。

5. 陈列性雕塑

用于安置在园林中作为陈设性的雕塑称为陈列性雕塑。园林构成要素的造景布局要和园林环境融为一体，园林雕塑同样也必须与环境紧密结合，这也是园林雕塑艺术布局的重要原则，但在特殊情况下，雕塑的布局仅仅作为陈列展览，供人观赏，如日本东京美术馆的庭院中，复制展览了著名雕塑家罗丹的"思想者"雕塑。在引人注目的比利时安特卫普郊区公园，20世纪著名现代雕塑展览的作品永久地安置其中，供人们长期观赏。北京石景山，但内安置塑造的雕塑多为装饰性雕塑或特殊性雕塑，雕塑公园主题不够明显。除此之外，根据园林雕塑的造型不同还可以分为人物雕塑、动物雕塑、植物雕塑、山石雕塑、几何形体雕塑等类型。刻画的形象可自然，可抽象；表达的主题可严肃，可浪漫。

六、园林雕塑的艺术布局

由于园林雕塑具有生活感、历史感、建筑感，雕塑必须从属于园林环境，雕塑具有视觉条件的特殊性，雕塑的题材形式和手法历来不拘一格，因此雕塑在园林中的布局要通盘考虑，合理安排，要服从于园林景区的主题思想和意境要求。

1. 园林雕塑的选题与选址

园林雕塑的取材应与园林环境相协调，要有统一的思想，使雕塑成为园林环境中一个有机的组成部分。此外，题材的选择要善于利用地方上的民间传说和历史遗迹。广州越秀公园的五羊雕塑就是选择了人们喜闻乐道的民间传说，五羊故事情节神奇美妙，引人入胜，在广州民间世代相传，五羊城、穗城之得名也源于此。越秀公园选择高地塑造五羊雕像，是十分适宜的。同样在南京莫愁湖公园庭院里所塑造的人物雕像，也只有莫愁女这一题材能予游人以艺术深刻的感受。因此雕塑的取材绝不能脱离园林的特定环境。"小憩的鹿群"所表现的那样悠闲、宁静、安静、安详、冥思的气氛，对一个庭院所追求的舒适、安宁是非常协调的；而"展翅飞翔的天鹅"所表现的欢快、乐观、向上的气氛，同公园供大量游人活动的欢跃的场景是十分合拍的。那种不看条件，不区别对象，任意设置同环境不相干的雕塑，其艺术的感染作用是难以发挥的。

纪念性雕塑应结合当地城市古往今来那些具有纪念意义的人和事，应该是在国内具有影响的，甚至是在国际上有影响的，这样的纪念性雕塑才具有更大的价值。

一般装饰性雕塑题材的选择比较自由，如同散文诗一样，可以抒发人们的情怀，应该注意题材的广泛性，以其装饰性和趣味性很强的小品造型来表达其生命的活力，青春的美妙、爱的高尚等，它们强烈的生活气息激发人们对美好生活的热爱和对未来的向往。从哈尔滨松花江边斯大林公园一组雕塑来看，我们完全可以理解它们深刻的内涵："跳水"表现了一个少儿对游泳的热爱和勇敢，"抚琴"从其专心致志地练琴的形象来看，我们可以从中体会生活的甜蜜和幸福，"攻读"表现了当代的青年人为"四化"建设如饥似渴的学习精神，"小憩"表现了丰收的喜悦和对美好未来的憧憬。

园林雕塑的布局选址，涉及园林的性质、规划形式、功能区划分、山水地形、道路、广场、建筑的布局、观赏条件、环境气氛等方面。规则式园林雕塑常布设在轴线的端点、两轴线的交点或轴线的两侧。自然式园林一般将雕塑布置在风景透视线的范围内。如将雕塑布置于广场、草坪、桥畔、山麓、堤旁和历史故事发源地，也可将雕塑与墙壁结合。雕塑可孤立设置，也可与水池、喷泉等组合，并注意雕塑背景的处理，使其形象更加鲜明突出。处于园林环境的雕塑群由于地形、植物的存在，人流活动线路的走向，空间的开阔与封闭等因素，雕塑的创作必须与其相适应。广州五羊雕塑同越秀公园木壳岗的山势相统一，老仙羊前腿屹立在山岩上翘首含穗，颈项高昂，形成了高耸的构图，其余四只仙羊互相依偎烘托出老仙羊的威严与慈爱，雕塑素材采用浅色的花岗石以天空为背景，形象鲜明醒目，整座雕塑非常妥贴地融合在岩岗绿丛中。

2.园林雕塑的艺术构思手法

（1）形象再现的手法

形象地再现是园林雕塑创作中最基本的构思手法，对那些内容比较具体、含义比较特定的纪念性雕塑是常用的。如杭州六和塔下为纪念蔡永祥大无畏的自我牺牲精神的雕塑，再现了他在风驰电掣般迎面冲到列车面前，勇敢地排除敌人安放在铁轨上的圆木而壮烈牺牲前的一刹那。

（2）环境烘托的手法

将雕塑布局在特定园林环境中，借以环境气氛的烘托，以表达雕塑的主题与内容，充分利用环境的美学特征来加强雕塑形式美的表现，以提高园林雕塑的表现力和感染力。例如杭州西湖孤山背山坡处的装饰性雕塑"放羊娃"，放羊娃设置在一块孤石的顶部，几只羊有呼有应地绕孤石而下，形成一个动态的画面。周围全是自然的山坡踏道以及林木，如果抽掉这些环境，那么将会大大地失去自然的情趣和山野风光，由于环境烘托的效果强烈，使这一组以"鸡毛信"主题为背景的雕塑具有很强的感染力。日本某海滨码头的"赤脚小女孩"雕塑，虽然周围没有任何多余的东西，人们都会理解她是在那里等待她久别的父兄，她望眼欲穿，日复一日地期盼着，这里只有她一人，孤独感更加刺激人的感情。由于环境的烘托，给雕塑以时间与空间的伸展，使人们不仅联想到过去、现在和未来，还感到欢欣与哀愁。

（3）含蓄影射的手法

含蓄影射的手法实质是园林艺术布局中意境的创造，运用这种构思手法，可使园林雕塑产生"画外音""意不尽"而富有诗情画意，使游人产生情思与联想，增强了雕塑的艺术魅力。例如日本福县藤野先生纪念性雕塑，在一块大石块平坦表面上作了一个藤野先生的浮雕像并在碑面上雕刻了"惜别"两个字的碑文。浮雕像是根据鲁迅先生在日本就读医专回国时的藤野先生（鲁迅的老师）送给他的那张照片雕刻的，"惜别"两字是藤野先生在那张照片背面的手书。这个纪念性雕塑采用含蓄影射的手法，把鲁迅作为一个潜在形象，紧紧地突出了藤野与鲁迅之间的真挚友谊这个主题；雕塑副碑上"藤野严九郎"是由鲁迅夫人许广平女士手书的，由此进一步扩大了日中两国人民之间友谊的象征这样一个大主题。

另外，还可借用历史典故或神话中的人物，运用含蓄影射的手法，揭示所要表达的主题。抽象雕塑就是这一手法的集中表现。

以上构思手法，不是教条地孤立地去运用，多数情况下是要灵活地、综合地运用。

3. 园林雕塑的平面布局与基座处理

园林雕塑的平面布局要结合环境与主题，同时应该满足人们的观赏视觉要求，应从特定的主题、特定的构思和特定的环境出发来进行安排，从而能够有效地创造出特定的气氛。要达到特定的观赏效果，应在雕塑主要观赏视线方向上留有适宜的观赏距离，当观赏距离为雕塑高度的3倍以上时，就能获得一个好的整体效果，不仅能看到陪衬雕塑的环境，而且雕塑在环境中也处于突出的地位，如果在雕塑高度2倍以上3倍以内的距离进行观赏，这时雕塑非常突出，环境退居第二位，如果近于高度1倍的距离，观赏者舒适程度大大降低了，只能观赏到雕塑的局部。

园林雕塑的基座处理与雕塑的性质、园林规划形式及园林环境有关，雕塑的基座有规则式和自然式两大类。依据雕塑与基座的高度关系大致可以分为碑式、座式、台式和平式四种类型。

① 碑式　基座的高度超过雕像的高度。
② 座式　基座的高度与雕像的高度相近。
③ 台式　雕塑的高度与像座的高度之比在1:0.5以下。
④ 平式　不显露基座的形式。

碑式基座几乎就是一个纪念碑，而雕像是为进一步阐明纪念的主题，如哈尔滨防洪胜利纪念碑，台式基座的艺术效果是近人的、亲切的，较多地用于主题性和装饰性雕塑上；让平式基座多用于自然式园林中，直接把雕塑设置在平地上、山石上、草坪上或水池中，呈现一种比较自然的状态，给游人的感觉当然是非常自由的、真实的。湛江某庭院草坪上的"双鹿"雕塑，静卧绿草丛中，尽情享受着阳光的温暖，其安祥的神情仿佛把人引到平静和谐的大自然。广州文化公园的"美人鱼"汉白玉浮雕平卧水中，更显水的明澈使雕塑的含蓄高雅。

参考文献

[1] 周维权. 中国古典园林史[M]. 北京：中国建筑工业出版社，1990.

[2] 郦芷若，朱建宁. 西方园林[M]. 郑州：河南科技大学出版社，2002.

[3] 王晓俊. 风景园林设计[M]. 南京：江苏科学技术出版社，2009.

[4] 任军. 文化视野下的中国传统庭院[M]. 天津：天津大学出版社，2005.

[5] 何小弟，仇必鳌. 园林艺术[M]. 北京：人民出版社，2008.

[6] 鲁敏，李英杰. 园林景观设计[M]. 北京：科学出版社，2004.

[7] 朱钧珍. 中国园林植物景观艺术[M].北京：中国建筑工业出版社，2003.

[8] 陈其兵. 风景园林植物造景[M].重庆：重庆大学出版社，2012.

[9] 刘荣凤. 园林植物景观设计与应用[M].北京：中国电力出版社，2009.

[10] 黄晓华. 园林规划设计[M]. 北京：高等教育出版社，2005.

[11] 卢新海. 园林规划设计[M]. 北京：化学工业出版社，2009.

[12] 王冬梅. 园林规划设计[M]. 合肥：合肥工业大学出版社，2010.

[13] 王晓俊. 西方现代园林设计[M]. 南京：东南大学出版社，2001.

[14] 王向荣，林箐. 西方现代景观设计的理论与实践[M].北京：中国建筑工业出版社，2002.

[15] 李铮生. 城市园林绿地规划与设计[M]. 北京：中国建筑工业出版社，2006.

[16] 江芳，郑艳宁. 园林景观规划设计[M]. 北京：北京理工大学出版社，2009.

[17] 彭一刚. 中国古典园林分析[M]. 北京：中国建筑工业出版社，1996.

[18] [美]约翰·O·西蒙兹，巴里·W·斯塔克著.朱强，俞孔坚，王志芳译.景观设计学：场地规划与设计手册[M].北京：中国建筑工业出版社，2009.

[19] 赵春仙，周涛. 园林设计基础[M]. 北京：中国林业出版社，2005.

[20] 张祖刚. 世界园林发展概论——走向自然的世界园林史图说[M]. 2003.

[21] 王晓俊. 风景园林设计[M]. 南京：江苏科学技术出版社，2009.

[22] 刘海燕. 中外造园艺术[M]. 北京：中国建筑工业出版社，2009.

[23] 刘滨谊. 现代景观规划设计[M]. 南京：东南大学出版社，2010.

[24] 丁邵刚. 风景园林概论[M]. 北京：中国建筑工业出版社，2008.

[25] 陈植. 中国造园史[M]. 北京：中国建筑工业出版社，2006.

[26] 郦芷若，朱建宁. 西方园林[M]. 郑州：河南科技大学出版社，2001.

[27] [英]西蒙·贝尔著.景观的视觉设计要素[M]. 王文彤译.北京：中国建筑工业出版社，2004.

[28] 张吉祥. 园林植物种植设计[M]. 北京：中国建筑工业出版社，2008.

[29] 任有华，李竹英. 园林规划设计[M]. 北京：中国电力出版社，2009.

[30] 孙明. 城市园林——园林设计类型与方法[M]. 天津：天津大学出版社，2007.

[31] 夏惠. 园林艺术[M]. 北京：中国建筑工业出版社，2007.

[32] 罗言云，陈红武，乔丽芳. 园林艺术概论[M]. 北京：化学工业出版社，2010.

[33] 郝赤彪，许从宝，解旭东. 景观设计原理[M]. 北京：中国电力出版社，2009.

[34] 陈玮. 园林构成要素实例解析——植物[M]. 沈阳：辽宁科学技术出版社，2002.

[35] 崔越. 园林构成要素实例解析——建筑[M]. 沈阳：辽宁科学技术出版社，2002.

[36] 张志全. 园林构成要素实例解析——水体[M]. 沈阳：辽宁科学技术出版社，2002.